PLUS VITE QUE LA LUMIÈRE

AF868352

Quai des SCIENCES

Embarquement immédiat !

Plus vite que la lumière
João Magueijo

Quand meurent les neurones
William Camu, Nicolas Chevassus-au-Louis
Préface de Axel Kahn

Matière noire et autres cachotteries de l'Univers
Alain Bouquet, Emmanuel Monnier
Préface de Trinh Xuan Thuan

Planète rouge, mythes et explorations
Francis Rocard

Les climats
Jean Jouzel, Anne Debroise

530.1
MAG

PLUS VITE QUE LA LUMIÈRE

João Magueijo
Docteur en physique
Professeur de physique théorique
à l'Imperial College (Londres)

BIBLIOTHEQUE MEYREUIL MUNICIPALE
RETIRE DES COLLECTIONS

Traduit de l'anglais par
Évelyne et Alain Bouquet

DUNOD

© 2003 by João Magueijo.

All rights reserved under the Pan-American and International Copyright Conventions.

Tous droits réservés selon la convention panaméricaine du Copyright et les conventions internationales sur le droit d'auteur.

First published in the United States by Perseus publishing, a member of Perseus books L.L.C.

L'édition originale de cet ouvrage a été publiée aux États-Unis par Perseus publishing, une société du groupe Perseus books L.L.C, sous le titre

Faster than the speed of light.

Création couverture : *Samoa*

Ce pictogramme mérite une explication. Son objet est d'alerter le lecteur sur la menace que représente pour l'avenir de l'écrit, particulièrement dans le domaine de l'édition technique et universitaire, le développement massif du **photocopillage**.

Le Code de la propriété intellectuelle du 1er juillet 1992 interdit en effet expressément la photocopie à usage collectif sans autorisation des ayants droit. Or, cette pratique s'est généralisée dans les établissements d'enseignement supérieur, provoquant une baisse brutale des achats de livres et de revues, au point que la possibilité même pour les auteurs de créer des œuvres nouvelles et de les faire éditer correctement est aujourd'hui menacée.

Nous rappelons donc que toute reproduction, partielle ou totale, de la présente publication est interdite sans autorisation du Centre français d'exploitation du droit de copie (**CFC**, 20 rue des Grands-Augustins, 75006 Paris).

DANGER

LE PHOTOCOPILLAGE TUE LE LIVRE

© Dunod, Paris, 2003 pour la traduction française

ISBN 2 10 007247 1

Toute représentation ou reproduction intégrale ou partielle faite sans le consentement de l'auteur ou de ses ayants droit ou ayants cause est illicite selon le Code de la propriété intellectuelle (Art L 122-4) et constitue une contrefaçon réprimée par le Code pénal. • Seules sont autorisées (Art L 122-5) les copies ou reproductions strictement réservées à l'usage privé du copiste et non destinées à une utilisation collective, ainsi que les analyses et courtes citations justifiées par le caractère critique, pédagogique ou d'information de l'œuvre à laquelle elles sont incorporées, sous réserve, toutefois, du respect des dispositions des articles L 122-10 à L 122-12 du même Code, relatives à la reproduction par reprographie.

1
Vraiment loufoque

Je suis un physicien théoricien professionnel et, selon tous les critères, un chercheur parfaitement authentique. Titulaire d'un doctorat de l'Université de Cambridge, j'ai ensuite obtenu une bourse post-doctorale prestigieuse à Saint John's College, à Cambridge également, bourse obtenue auparavant par les prix Nobel Paul Dirac et Abdus Salam, puis une bourse de chercheur de la Royal Society. Je suis maintenant professeur à l'Imperial College de Londres.

Si je mentionne tout cela d'entrée, ce n'est pas par vanité, mais parce que ce livre porte sur une spéculation scientifique qui soulève d'extraordinaires controverses. Peu de choses en science sont aussi solides que la théorie de la relativité d'Einstein, et cependant mes idées osent la défier, à un degré tel que l'on a pu parler du suicide d'une carrière scientifique. Il n'est pas étonnant qu'une revue de vulgarisation scientifique très connue ait pu titrer « Hérésie » un article sur mon travail.

Le terme *spéculation* est si fréquemment employé pour décrier les idées avec lesquelles on se trouve en désaccord, que l'on pourrait croire que la spéculation n'a pas sa place en science. C'est en fait le contraire qui est vrai. En physique théorique, et tout particulièrement dans mon domaine de recherche, la cosmologie, mes collègues et moi passons le plus clair de notre temps à chercher des failles dans les théories existantes, et à envisager de nouvelles spéculations théoriques qui pourraient rendre compte des observations aussi bien, sinon mieux. Nous sommes payés pour douter de tout ce qui été proposé auparavant, pour proposer des alternatives insensées, et pour argumenter sans fin les uns avec les autres.

Je fus initié à cette tradition quand je devins étudiant à Cambridge en 1989. Je réalisai très vite qu'un physicien théoricien passe la majeure partie de son temps à discuter avec ses pairs : les collègues remplacent en quelque sorte les expériences. À Cambridge, des rencontres informelles se tenaient chaque semaine, au cours desquelles nous débattions de tous les sujets qui occupaient alors nos pensées. Il existait aussi les « Rencontres itinérantes de cosmologie » qui réunissaient à cette époque des chercheurs de Cambridge, de Londres et de l'Université du Sussex pour débattre des idées qui les rendaient dingues. Plus prosaïquement, il y avait aussi l'environnement informel de mon bureau, que je partageais avec cinq autres personnes, jamais d'accord et toujours en train de ferrailler les unes contre les autres.

Ces sessions se limitaient parfois simplement à des discussions générales, ou se concentraient à l'occasion sur l'étude d'un article récemment publié. D'autres fois, au lieu de parler des idées nouvelles tirées d'expériences, de calculs mathématiques ou de simulations informatiques, nous faisions le tour du bureau en spéculant carrément. Nous discourions alors sur des idées qui n'avaient encore aucun fondement expérimental ou mathématique, des idées qui s'animaient simplement dans nos têtes à partir de connaissances générales en physique théorique.

C'est très amusant à pratiquer, tout particulièrement quand vous avez longuement discuté avec votre entourage et fini par le convaincre que vous avez raison, avant de vous frapper brusquement le front en réalisant qu'une faille, d'une embarrassante simplicité, ruine votre spéculation, et que vous avez stupidement induit tout le monde en erreur pendant une bonne heure. Ou inversement : vous avez été puérilement séduit par la spéculation erronée de quelqu'un.

Cette tradition de débats exerce une forte pression sur les nouveaux étudiants en thèse. Cela peut se révéler très intimidant, tout particulièrement quand vous réalisez au milieu d'une controverse que votre adversaire y est beaucoup plus expert que vous et que vous perdez complètement pied. Et Cambridge ne manquait nullement, parmi tous ses professeurs, de gens très intelligents qui aimaient bien se mettre en valeur, des gens qui ne se contentaient pas de vous montrer que vous aviez tort, mais qui prenaient un malin plaisir à vous démontrer que votre erreur était particulièrement évidente et à la portée de n'importe quel débutant. Ces expériences m'agaçaient prodigieusement, mais elles ne me déprimaient pas. Je les trouvais au contraire très motivantes. Vous en arriviez à penser que vous ne mériteriez pas votre place dans la communauté avant d'avoir imaginé quelque chose de vraiment neuf.

Au cours de ces réunions, l'un des sujets qui revenaient le plus souvent sur le tapis était « l'inflation ». Il s'agit de l'une des idées les plus populaires de la cosmologie moderne, cette branche de la physique qui s'attaque aux questions aussi profondes que « D'où vient l'Univers ? », « D'où vient la matière ? », « Comment finira le monde ? » Ces questions sont longtemps restées du domaine de la religion, du mythe ou de la philosophie. Elles ont aujourd'hui reçu une réponse scientifique sous la forme de la théorie du big-bang, qui assure que l'Univers est en expansion depuis un passé dense et chaud.

L'inflation est une théorie proposée par Alan Guth, un physicien renommé du MIT, puis progressivement améliorée par plusieurs autres savants pour répondre à ce que nous appelons dans notre jargon « les paradoxes cosmologiques ». Plus précisément, et bien que la quasi-totalité des cosmologistes accepte maintenant l'idée que le cosmos a commencé par un big-bang, certains aspects de l'Univers demeurent inexpliqués par cette théorie, telle que nous la comprenons actuellement. Schématiquement, ces paradoxes sont reliés à une instabilité inhérente au modèle : l'Univers ne peut exister tel que nous le voyons aujourd'hui que si son état initial, à l'instant du big-bang, est fixé de manière extrêmement précise. Les moindres déviations de ce point de départ magique conduisent rapidement au désastre (tel qu'une fin prématurée de l'Univers). Cette condition initiale très improbable doit être « mise à la main » alors que nous souhaiterions la déduire de processus physiques concrets et calculables. Les cosmologistes jugent la situation très peu satisfaisante.

La théorie de l'inflation dit que l'Univers se dilatait incroyablement plus vite quand il était jeune (c'est en ce sens qu'il y a eu « inflation »). C'est actuellement la meilleure réponse aux paradoxes cosmologiques et la meilleure explication de l'aspect de l'Univers présent. Il est raisonnable de penser que la théorie est correcte, mais aucune preuve expérimentale de l'inflation n'a encore été apportée. Selon les normes scientifiques les plus rigoureuses, cela signifie que l'inflation demeure une spéculation.

Si l'enthousiasme de la plupart des savants n'en est nullement refroidi, la communauté des théoriciens britanniques n'a jamais vraiment admis que la théorie de l'inflation était *la* bonne réponse. Cela peut sembler du chauvinisme (car la théorie a d'abord été avancée par un Américain) ou de l'entêtement, ou de la science. Quoi qu'il en soit, quand nous étions assis autour d'une table lors de ces réunions, la question de l'inflation était inévitablement abordée et l'assentiment général était que l'inflation, telle qu'on la comprenait, ne permettait pas de résoudre certains problèmes décisifs.

Au début, je ne pensais pas tellement à l'inflation car mon domaine d'activité était bien différent : les « défauts topologiques ». Il s'agit d'une théorie expliquant l'origine des galaxies et des autres grandes structures de l'Univers. Les défauts topologiques entrent en compétition avec l'inflation pour expliquer ces structures, mais ils ne résolvent malheureusement pas les paradoxes cosmologiques. Mais à force d'entendre sans cesse que l'inflation n'avait absolument aucun ancrage dans la physique des particules que nous connaissons, et qu'elle n'était rien d'autre qu'un succès américain de relations publiques, la nature humaine étant ce qu'elle est, je me mis moi aussi à penser à des alternatives.

Un novice dans le domaine peut ne pas percevoir clairement en quoi l'inflation résout les paradoxes cosmologiques. Il est encore moins évident de comprendre pourquoi il est difficile de les résoudre sans inflation. Mais un cosmologiste entraîné est parfaitement conscient de cette difficulté, d'autant plus irritante que personne n'a réussi à construire une alternative. L'inflation gagnait par défaut. Pendant plusieurs années, je gardais derrière la tête, et parfois devant, l'idée qu'il existait peut-être une autre façon, n'importe quelle autre façon, de résoudre les paradoxes cosmologiques.

La sixième année de mon séjour à Cambridge, la seconde de ma bourse à Saint John's College, la réponse me sembla un jour tomber du ciel. La matinée était triste, pluvieuse, typiquement anglaise, et je traversais les pelouses du collège avec une méchante gueule de bois, quand je réalisai soudain qu'il me suffisait, pour résoudre les paradoxes sans l'inflation, de violer une seule règle du jeu, mais une règle sacrée. L'idée était d'une simplicité admirable, bien plus simple que l'inflation, mais je me sentis immédiatement mal à l'aise à l'idée de la proposer en guise d'explication. Elle supposait ce qui, pour un scientifique chevronné, tient de la folie. Elle remettait en cause la règle sans doute la plus fondamentale de la physique moderne : celle qui énonce que la vitesse de la lumière est constante.

S'il est une notion que chaque écolier retient d'Einstein et de la théorie de la relativité, c'est que la vitesse de la lumière est constante dans le vide[1]. Quelles que soient les circonstances, la lumière voyage dans le vide à la même vitesse, une vitesse constante que les physiciens notent par la lettre c : 299 790 km/s. La constance de la vitesse de la lumière est la base même de la physique moderne, la base sur laquelle sont bâties toutes les théories cosmologiques, l'étalon à l'aune duquel tout est mesuré dans l'Univers.

En 1887, au terme de l'une des expériences scientifiques les plus importantes jamais entreprises, les physiciens Albert Michelson et Edward Morley démontrèrent que la vitesse apparente de la lumière n'était pas modifiée par le mouvement de la Terre. Ce résultat parut fort troublant à l'époque, contredisant la notion courante que les vitesses s'ajoutent toujours. Un missile va plus vite s'il est tiré d'un avion que s'il est tiré du sol, car la vitesse de l'avion s'ajoute à celle du missile. Si je jette quelque chose vers l'avant, de l'intérieur d'un train en mouvement, sa vitesse par rapport au train s'ajoute à la vitesse du train. Il est naturel

1. En traversant une substance appropriée, la lumière peut ralentir, s'arrêter et même, en un certain sens, accélérer. Cela ne contredit pas l'axiome fondamental de la théorie de la relativité qui concerne la vitesse de la lumière *dans le vide*.

de penser que les choses se passent de la même façon pour la lumière, et que celle qui est émise du train va plus vite. Pourtant, les expériences de Michelson et de Morley montraient que ce n'était pas le cas : la lumière se déplace toujours obstinément à la même vitesse. Cela signifie que si je prends un rayon de lumière et que je demande à plusieurs observateurs en mouvement les uns par rapport aux autres de mesurer la vitesse de ce rayon, ils trouveront tous la même vitesse apparente !

La théorie de la relativité restreinte, présentée par Einstein en 1905, était en partie une réponse à ce résultat étonnant. Einstein réalisa que si la vitesse *c* de la lumière ne variait pas, alors quelque chose d'autre devait changer. Ce quelque chose était la notion d'un espace et d'un temps universels et immuables. Ceci est profondément, follement, contraire à l'intuition. Dans notre vie quotidienne, nous percevons l'espace et le temps comme rigides et universels. Einstein concevait au contraire l'espace et le temps (l'espace-temps) comme un objet qui pouvait se déformer et se modifier, se dilater et se contracter, selon les mouvements relatifs de l'observateur et de ce qu'il observait. L'unique aspect de l'Univers qui ne changeait pas était la vitesse de la lumière.

Depuis lors, la constance de la vitesse de la lumière a toujours été tissée dans la trame même de la physique, dans la manière dont les équations de la physique sont écrites et même dans la notation utilisée. De nos jours, « varier » la vitesse de la lumière n'est même pas un mot grossier, c'est tout simplement un mot absent du vocabulaire de la physique. Des centaines d'expériences ont vérifié cet axiome fondamental, et la théorie de la relativité est au cœur de notre compréhension du fonctionnement de l'Univers. Et mon idée était précisément de construire une théorie où la vitesse de la lumière variait.

Plus exactement, je commençais à envisager la possibilité que la lumière se déplaçait plus vite qu'aujourd'hui dans l'Univers primordial. Je découvris avec surprise que cette hypothèse résolvait apparemment certains paradoxes cosmologiques sans faire appel à l'inflation. Mieux encore, leurs solutions apparaissaient comme une conséquence inévitable d'une théorie de la vitesse variable de la lumière (une « théorie VVL »). Tout se passait comme si les paradoxes du big-bang cherchaient précisément à nous dire que la lumière était réellement plus rapide dans l'Univers primordial, et qu'à un niveau très fondamental la physique devait être fondée sur une structure plus riche que la théorie de la relativité.

La première fois que, dans une discussion, j'avançai ma solution aux paradoxes cosmologiques, elle fut accueillie par un silence embarrassé. J'étais conscient que beaucoup de travail restait à faire avant que mon idée n'acquière quelque respectabilité. Telle quelle, elle pouvait passer pour délirante, mais j'étais très enthousiaste à son égard. Aussi, lorsque j'en parlai à l'un de mes meilleurs amis (aujourd'hui professeur de physique à l'université d'Oxford), je ne m'attendais pas à une réaction de totale apathie. Mais c'est ce que j'obtins : pas même un commentaire, juste un silence puis un « Humm… » prudent. Malgré toute ma ténacité, je n'arrivais même pas à discuter avec lui de ma nouvelle idée, à la manière dont les théoriciens discutent toujours de leurs spéculations même les plus effrénées.

Les mois suivants, chaque fois que je présentais mon idée aux gens autour de moi, les réactions étaient semblables. Ils hochaient la tête et, dans le meilleur des cas, ils disaient « Arrête, ne sois pas ridicule. » Dans le pire des cas, britanniques jusqu'au bout des ongles, ils disaient très diplomatiquement « Oh, je ne connais rien de ce sujet. » Au cours des six années précédentes, j'avais lancé au fil de discussions plus que ma part d'idées folles, mais je n'avais jamais rencontré ce genre de réactions. Quand je baptisai mon idée VVL, pour Vitesse Variable de la Lumière, quelqu'un suggéra que cela voulait dire « Vraiment Vraiment Loufoque ».

Il ne faut jamais prendre trop à cœur ce qui se passe dans ces réunions. En science, la manière la plus rapide de devenir fou est d'ailleurs de considérer tout assaut contre vos idées comme une insulte personnelle. Cela reste vrai même si les attaques sont méprisantes ou venimeuses, et même si vous êtes absolument certain qu'autour de vous, tout le monde vous considère comme fou. C'est ainsi que fonctionne la science. Toute idée neuve n'est que galimatias jusqu'à ce qu'elle survive aux attaques les plus violentes. Après tout, mon idée était précisément motivée par une remise en cause de la validité de l'inflation.

Mais quel que soit le nombre de gens jugeant loufoque l'idée d'une variation de la vitesse de la lumière, celle-ci continuait à m'inspirer le respect, sinon l'allégeance. Plus j'y pensais, plus je l'aimais. Je décidais donc de persévérer et de voir où elle me conduirait.

Pendant longtemps, elle ne me conduisit nulle part. Il arrive souvent en science qu'un projet ne décolle pas tant que les bonnes personnes ne sont pas rassemblées. La science moderne résulte la plupart du temps de collaborations, et j'avais désespérément besoin à cette époque du collaborateur adéquat. Livré à moi-même, je tournais en rond et je me heurtais aux mêmes détails secondaires. Rien de cohérent ne semblait jamais émerger et toute l'affaire me rendait dingue.

Malgré tout, le reste de mon travail de recherche avançait bien, et l'année suivante je ressentis une joie intense en recevant une bourse de la Royal Society. Rien n'est plus enviable pour un jeune chercheur, en Grande-Bretagne sinon dans le monde entier, que de recevoir cette bourse. Elle vous accorde un financement et une sécurité pendant dix ans, ainsi que la liberté d'aller où vous voulez, faire ce que vous voulez. Je décidai alors que j'en avais assez de Cambridge et qu'il était temps d'aller voir ailleurs. J'ai toujours aimé les grandes villes et j'ai donc choisi d'aller à Londres, à l'Imperial College, université de pointe en physique théorique.

À cette époque, le principal cosmologiste à l'Imperial College était Andy Albrecht. Andy était l'un des inventeurs de l'inflation, mais depuis plusieurs années, il se demandait si c'était vraiment la bonne théorie. Son article fondamental sur l'inflation était aussi son premier article scientifique, et il l'avait écrit quand il était encore étudiant. Andy lui-même disait en plaisantant : « Il est invraisemblable que la réponse à tous les problèmes de l'Univers se trouve dans l'article d'un débutant. » Il avait donc tenté, à de nombreuses reprises, de trouver une alternative à l'inflation et, comme nous tous, avait misérablement échoué. C'est avec plaisir que nous nous sommes rapidement mis à travailler sur une théorie d'une vitesse variable de la lumière. J'avais trouvé mon collaborateur.

Les années suivantes furent intenses, poignantes, telles que je n'imaginais pas que la science puisse en offrir. Ce livre est en grande partie le récit de leur traversée, se déployant de Princeton à Goa, d'Aspen à Londres. C'est une chronique qui relate la manière dont les savants collaborent, dans une relation d'amour mêlé de haine qui, parfois, finit bien. Elle conte la façon dont cette idée folle prit corps progressivement, avant d'atteindre l'étape de l'article écrit, puis les combats avec les rédacteurs des revues auxquelles nous l'avons soumis pour publication, et avec les collègues qui n'étaient nullement convaincus que notre travail méritait même d'être publié. C'est enfin l'histoire de la manière dont une idée se révèle ne pas être si délirante après tout, et comment une spéculation profondément théorique peut acquérir plus de soutien des observations que d'autres théories, plus reconnues.

Même si cette idée finit par être disqualifiée, ce qui demeure toujours une possibilité fort vraisemblable dans toute avancée intellectuelle, il reste de nombreuses raisons qui rendent son histoire intéressante. D'abord, j'aimerais que les gens comprennent ce qu'est réellement le processus de la recherche : rigoureux, compétitif, affectif et dialectique. Les débats sont perpétuels et les arguments sont parfois exprimés violemment. Je voudrais aussi que les profanes réalisent que l'histoire des sciences est jonchée de spéculations qui paraissaient formidables, mais qui se révélèrent dénuées de pouvoir explicatif, et qui finirent dans les poubelles de la recherche scientifique. L'examen des idées nouvelles, leur acceptation ou leur rejet, c'est cela la science.

Mais le plus important, c'est qu'en racontant l'histoire de la VVL, je serai obligé d'expliquer en détail les idées même que cette théorie contredit, ou qu'elle court-circuite : la relativité et l'inflation. De manière quelque peu paradoxale, vous les verrez ainsi sous leur meilleur aspect : j'ai toujours pensé que les idées les plus brillantes présentées dans les manuels sont mieux expliquées par leurs contraires. Les obliger à affronter un concurrent irrespectueux, l'équivalent d'un contre-interrogatoire devant un tribunal, les rend plus vivantes.

C'est pour toutes ces raisons que j'estime que vous devriez lire ce livre, même si au bout du compte la théorie VVL ne tient pas toutes ses promesses. Il est bien sûr évident que l'histoire sera beaucoup plus passionnante si la théorie atteint brillamment ses objectifs. Je ne peux certainement pas garantir que ce sera le cas, même si je pense cela vraisemblable.

Au cours de ces dernières années, plusieurs indications sont venues suggérer que la théorie VVL pourrait bien devenir un jour aussi dominante que le sont aujourd'hui la théorie de l'inflation ou celle de la relativité. D'abord, beaucoup d'autres personnes ont commencé à travailler dans cette direction, et en science, le « plus » est toujours le « meilleur ». Le nombre d'articles écrits sur la théorie VVL augmente chaque jour, et elle commence à figurer dans les sujets de conférence. Une petite communauté se développe autour de ces idées, et cela me réjouit beaucoup.

Ensuite, la théorie VVL a quitté son « berceau » cosmologique et a commencé à résoudre d'autres problèmes. Des recherches récentes ont montré que cette théorie avait quelque chose à apporter à chaque fois que nous parvenons aux frontières de notre compréhension de la physique. Ainsi, si la théorie VVL est correcte, les trous noirs auraient des propriétés bien différentes de ce que nous pensions. Au terme de leur effondrement, les étoiles auraient un sort tout à fait distinct et leur mort serait plus baroque. Le sort du voyageur spatial serait bien meilleur. Dans l'ensemble, nous sommes témoins d'une explosion de travaux théoriques conduisant à une étonnante ménagerie de nouveaux effets prédits lorsque la vitesse de la lumière varie, à chaque fois que les conditions physiques deviennent extrêmes. Quelque part au milieu de toutes ces prédictions se trouve l'espoir que la théorie VVL sera confirmée par les expériences.

Mais quelque chose de plus spectaculaire encore pourrait arriver. Depuis plusieurs décennies, nous savons que notre connaissance de la nature est incomplète. Deux branches dominent la physique moderne : la théorie relativiste et la théorie quantique. Chacune est un succès dans son propre domaine, mais lorsque les théoriciens tentent de les réunir dans une théorie chimérique appelée la gravitation quantique, le désastre frappe. Il nous manque la théorie unificatrice ultime, le rêve inabouti d'Einstein d'un cadre unique et cohérent rassemblant tous les phénomènes connus.

La théorie VVL devient maintenant un acteur dans cette quête. Il est possible que l'ingrédient qui manque depuis si longtemps soit précisément une variation de la vitesse de la lumière. Cela ne manquerait pas d'ironie : pour accomplir le rêve d'Einstein nous devrions abandonner son unique certitude. En ce cas, la théorie VVL serait bien plus qu'une spéculation scientifique, elle pourrait approfondir notre compréhension du fonctionnement de l'Univers selon des voies que je n'avais jamais imaginées.

Partie I

La vitesse de la lumière

2
Les rêves « bovins » d'Einstein

À l'âge de onze ans, mon père me donna un livre fascinant écrit par Albert Einstein et Leopold Infeld, *L'évolution de la physique*. Dans son introduction, la science est comparée à un roman policier. Sauf qu'il ne s'agit pas de trouver un coupable mais de comprendre comment fonctionne le monde.

Comme dans tout bon roman policier, les enquêteurs suivent souvent de fausses pistes. À plusieurs reprises ils doivent revenir en arrière pour écarter les indices erronés et identifier les vrais. Finalement, un tableau d'ensemble finit par se dessiner quand un nombre suffisant de faits ont été rassemblés et que les enquêteurs peuvent appliquer cet outil humain particulièrement puissant, la déduction, pour leur donner un sens. Ayant bâti une théorie sur l'origine du mystère, et avec un peu de chance, ils en déduisent certaines conséquences. Ils examinent alors si ces conséquences sont effectivement avérées et ainsi, espèrent-ils, résolvent le mystère.

Au bout de quelques paragraphes, cependant, le livre abandonne brusquement l'analogie avec un roman policier. Nous y apprenons que les savants se heurtent à une difficulté inconnue des détectives. Dans leur enquête sur le mystère de l'Univers, les savants ne peuvent jamais déclarer l'affaire close. Qu'ils le veuillent ou non, ils n'enquêtent jamais sur une affaire isolée, mais sur un élément d'un ensemble gigantesque de mystères enchevêtrés. Très souvent, la solution apportée à un élément de l'enquête suggère que de précédentes réponses à d'autres éléments sont fausses, ou nécessitent au minimum un réexamen. Le jeu de la science peut être décrit avec exactitude comme une insulte sans fin à l'intelligence humaine.

Malgré l'indignité à laquelle elle nous soumet, j'ai tout de suite trouvé fascinante la physique. J'aimais en particulier la façon dont les mystères de l'Univers étaient posés. Les questions paraissent superficiellement très simples, mais leur signification se révèle extrêmement profonde. Elles revêtent élégamment l'abstraction des expériences de pensée et de la logique pure.

Mais ce n'est qu'après avoir bien avancé dans ma carrière de physicien que je me suis rendu compte que la majorité des problèmes en physique n'est pas abordée de manière froidement rationnelle, pas au début en tout cas. Avant d'être des savants, nous sommes des *Homo sapiens*, une espèce qui, malgré son nom pompeux, est beaucoup plus souvent menée par ses émotions que par sa raison. Nous ne distinguons pas toujours soigneusement les indices erronés et les hypothèses fausses, et nous ne nous limitons pas aux techniques les plus rationnelles pour résoudre les problèmes.

Dans les premières étapes du développement d'une idée nouvelle, notre comportement est proche de celui des artistes et nous sommes portés par nos humeurs et nos goûts. En d'autres termes, nous partons d'un pressentiment, d'une impression, voire d'un désir que le monde soit d'une certaine manière, et nous progressons à partir de cette intuition, en nous y accrochant souvent bien après que les données nous

BIBLIOTHÈQUE MUNICIPALE MEYREUIL

aient indiqué que nous nous étions engagés dans une impasse, nous et ceux qui nous ont fait confiance. Ce qui finit par nous sauver, en fin de compte, est que l'expérience est notre juge ultime et règle tous les différends. Aussi vive et subtile que soit notre intuition, il arrive un moment où nous devons la mettre à l'épreuve de faits froids et têtus. Sinon, nos intuitions, aussi chéries soient-elles, ne seront jamais rien d'autre que cela.

Cela s'applique tout particulièrement à cette branche de la physique que l'on appelle la cosmologie, l'étude de l'Univers dans son ensemble. La cosmologie ne traite pas de telle ou telle étoile, de telle ou telle galaxie. Ceci relève de l'astronomie. Pour le cosmologiste, les galaxies ne sont que de simples molécules d'une substance particulière que nous appelons le fluide cosmologique. C'est le comportement global de ce fluide universel que les cosmologistes cherchent à comprendre. L'astronomie s'occupe des arbres, la cosmologie de la forêt.

Il va sans dire que ce domaine est un terrain idéal ouvert à la spéculation. Ses arcanes nous ont conduits à un roman policier complexe empli d'indices, de fausses pistes, de déductions et de données empiriques. Il est inévitable que l'on y trouve aussi des savants s'appuyant beaucoup plus longtemps sur leurs intuitions et leurs spéculations qu'ils ne veulent bien l'admettre.

La cosmologie a longtemps relevé de la religion, et qu'elle soit devenue une branche de la physique est dans une certaine mesure une réussite spectaculaire. Comment un système aussi complexe que l'Univers peut-il être soumis à une enquête scientifique ? La réponse peut vous surprendre : au regard des forces qui y règnent, l'Univers n'est pas très compliqué. Il est par exemple bien plus simple qu'un écosystème, ou qu'un animal. La dynamique d'un pont suspendu est plus difficile à décrire que celle de l'Univers. C'est d'avoir compris cela qui a ouvert la porte à la cosmologie scientifique.

Le grand bond est venu de la découverte de la théorie de la relativité, en même temps que les observations astronomiques progressaient. Les héros de cette histoire sont Albert Einstein, le juriste et astronome américain Edwin Hubble, et le physicien et météorologue russe Alexandre Alexandrovitch Friedmann[1]. Ensemble, ils intégrèrent la constance de la vitesse de la lumière et ses étonnantes implications à un mystère plus vaste : les origines de l'Univers. Et tout commença par un rêve...

Quand Albert Einstein était adolescent, il eut un rêve très particulier. Plusieurs années après, il se sentait encore profondément marqué par ce rêve, et cette obsession finit par se métamorphoser en réflexions profondes. Ces réflexions allaient profondément modifier notre compréhension de l'espace et du temps, et finalement toute notre perception de la réalité physique qui nous entoure. En vérité, elles allaient déclencher la plus radicale des révolutions en science depuis Isaac Newton, et elles allaient remettre en question la rigidité même de l'espace et du temps qui fondent notre culture occidentale.

Voici ce rêve :

Par un matin brumeux de printemps, en haute montagne, Einstein suivait un sentier zigzagant le long d'un torrent dévalant des sommets enneigés. Ce n'était plus le froid glacial de la nuit, mais il faisait encore très frais car le soleil émergeait lentement à travers la brume. Les oiseaux chantaient à tue-tête couvrant de leurs chants le bouillonne-

1. Sans oublier bien sûr le physicien belge Georges Lemaître, qui fut le premier à relier la théorie de la relativité aux observations astronomiques et à lancer ainsi la théorie du Big-Bang (note du traducteur).

ment des eaux tumultueuses. Les pentes étaient couvertes de forêts denses, seulement interrompues ici et là par des falaises vertigineuses.

En descendant, le paysage devenait plus ouvert et la forêt dense s'ouvrait de plus en plus sur de vastes clairières et des pâturages. Peu après, le fond des vallées apparut, et dans le lointain Einstein pouvait voir une multitude de champs portant toutes les marques inimitables de la civilisation. Certains champs étaient cultivés et des barrières les divisaient en formes plus ou moins régulières. Ailleurs, Einstein pouvait voir des vaches pâturant paresseusement, dispersées à travers les prairies.

Le soleil pénétrait maintenant de plus en plus profondément la brume, et ainsi il diluait l'atmosphère en un flou léger et ténu à travers lequel Einstein commençait à voir les détails des champs au-dessous de lui. Dans cette région, il était courant de séparer les propriétés par des barrières électrifiées. Elles étaient particulièrement laides, et de plus la plupart semblaient ne pas fonctionner du tout. Il n'y avait qu'à voir toutes ces vaches mâchonner joyeusement l'herbe auparavant inaccessible de l'autre côté de la barrière, leur tête passant entre les fils avec un manque choquant d'égards pour la propriété privée...

Quand Einstein atteignit la prairie la plus proche, il alla examiner la barrière électrifiée. Il la toucha et, comme il s'y attendait, ne ressentit aucun choc. Il n'était pas surprenant que les vaches ne s'en soucient pas. Tandis qu'il jouait avec la barrière, Einstein vit une forte silhouette s'approcher du côté opposé de la prairie. C'était un éleveur portant une batterie neuve, et qui s'approchait d'un petit chalet. Einstein le vit y entrer et remplacer la batterie vide. À travers la porte ouverte, Einstein vit l'homme brancher la batterie neuve et *exactement au même moment* il vit les vaches reculer d'un bond de la barrière (figure 2.1). *Tout se passa en même temps, exactement.* Un long meuglement de mécontentement s'en suivit.

Figure 2.1

Einstein continua sa promenade, et au moment où il atteignait l'autre extrémité du pâturage, l'éleveur rentrait chez lui. Ils se saluèrent poliment, puis un dialogue étrange s'en suivit, le genre d'échange que l'on ne trouve jamais que dans la brume folle des rêves.

« Vos vaches ont des réflexes extraordinaires », dit Einstein. « À l'instant même, je vous ai vu brancher votre batterie neuve et, sans perdre de temps, elles ont toutes sauté en même temps. »

En entendant ces paroles, l'éleveur sembla extrêmement troublé, et il regarda Einstein avec incrédulité. « Elles ont toutes sauté en même temps ? Merci de votre compliment, mais mes vaches ne sont pas en chaleur. Moi aussi, je les regardais quand j'ai branché la batterie neuve, parce que j'espérais leur causer une peur violente : j'aime bien jouer des tours à mes vaches. Pendant un bref instant, il ne se passa rien. Et puis j'ai vu la vache la plus proche de moi sauter en arrière, puis la suivante, et ainsi de suite, progressivement, jusqu'à ce que la dernière saute elle aussi. » (figure 2.2). C'était au tour d'Einstein d'être troublé. L'éleveur racontait-il des histoires ? Pourquoi mentirait-il ? Et pourtant il était bien sûr de ce qu'il avait vu : l'éleveur branche la nouvelle batterie, la première vache saute en l'air, la dernière vache saute en l'air, *exactement au même moment.* Et cependant il n'allait pas se disputer avec l'éleveur, quoiqu'il commençât à avoir envie de l'étrangler.

Figure 2.2

C'est alors qu'il se réveilla. Quel rêve idiot, et avec des vaches qui plus est. Et pourquoi avait-il eu un tel désir d'homicide pour si peu ? Autant oublier tout ce non-sens.

Dans beaucoup de rêves étranges, cependant, une signification plus profonde émerge finalement dans l'esprit du rêveur, et en vérité, avant d'oublier le rêve tout à fait, Einstein eut soudain un éclair. Ce n'était qu'un rêve, et cependant, en un sens, il ne faisait rien d'autre que d'exagérer une caractéristique réelle de notre monde. La lumière voyage très vite, mais pas à une vitesse infinie, et ce que ce rêve apparemment innocent impliquait, c'était qu'une propriété physique aussi simple de la lumière conduit à une conséquence totalement folle : le temps doit être relatif ! Ce qui arrive « au même moment » pour une personne peut très bien se présenter comme une succession d'événements pour quelqu'un d'autre.

En fait, la lumière voyage si vite qu'elle semble infiniment rapide, mais cela est simplement dû aux limitations de nos sens. Une expérience soigneuse révèle immédiatement la vérité : la lumière voyage à un peu moins de 300 000 kilomètres par seconde. La vitesse finie du son est plus évidente pour nous parce que cette vitesse est beaucoup plus faible que celle de la lumière : le son voyage à 300 mètres par seconde environ. Aussi, quand vous criez devant une falaise située à 300 mètres de vous, vous entendez deux secondes plus tard votre écho : votre cri atteint la falaise en une seconde, il est renvoyé par elle et il vous revient en écho une seconde plus tard.

Envoyez un éclair de lumière sur un miroir à 300 000 kilomètres de vous, et deux secondes plus tard, votre « écho de lumière » vous reviendra, un phénomène bien connu dans les communications radio dans l'espace, par exemple au cours des missions lunaires. L'écho pour une mission sur Mars reviendrait au bout de trente minutes : vous envoyez un message radio depuis la Terre, il voyage à la vitesse de la lumière jusqu'à Mars en quinze minutes à peu près, et la réaction de l'astronaute vous revient en quinze autres minutes. Une discussion au téléphone pendant des vacances sur Mars serait certainement exaspérante.

Le rêve des vaches ne décrit rien d'autre que ce qui se passe vraiment dans la réalité, bien que fortement exagéré. C'est à peu près ce que nos sens percevraient si la vitesse de la lumière ressemblait plus à la vitesse du son. Dans le rêve d'Einstein, l'électricité se propage le long des fils à la vitesse de la lumière[1]. Par conséquent l'image de l'éleveur branchant la batterie voyage en direction d'Einstein côte à côte avec l'impulsion

1. Licence artistique.

électrique parcourant les fils. Elles atteignent simultanément la première vache, et l'impulsion lui donne un choc. On sous-entend ici que le temps de réaction de la vache est nul[1], et par conséquent l'image de l'éleveur branchant la batterie, l'image de la première vache sursautant et l'impulsion électrique parcourant les fils voyagent maintenant toutes les trois côte à côte en direction d'Einstein.

Quand elles arrivent à la hauteur de la deuxième vache, celle-ci sursaute et l'image de son sursaut se joint aux précédentes. Maintenant, l'image de l'éleveur branchant la batterie, les images des deux premières vaches sautant en l'air et l'impulsion électrique le long des fils voyagent de concert vers Einstein. Et cela continue jusqu'à la dernière vache. C'est pour cela qu'Einstein voit exactement au même moment l'éleveur brancher sa batterie et toutes les vaches sauter simultanément. S'il avait placé une main sur la barrière, il aurait reçu un choc électrique et se serait exclamé « Scheisse ! » à l'instant même où il vit tout cela arriver. Il n'était pas victime d'une hallucination, tout cela se serait *vraiment* passé en même temps. Ou plus précisément, au même instant de son temps *à lui*.

Le point de vue de l'éleveur est par contre assez différent. Il est sujet à ce qui ressemble à une succession d'échos de lumière renvoyés par des falaises/miroirs de plus en plus éloignés de lui. Quand il branche sa batterie, c'est l'équivalent d'un homme qui crie par-dessus un abîme. L'impulsion électrique voyage vers la première vache, qui sursaute au moment où elle est atteinte : c'est comme le cri voyageant vers la falaise de l'autre côté de l'abîme et s'y réfléchissant. L'image de la vache sursautant venant vers l'éleveur est l'analogue de l'écho revenant. Il observe donc un délai entre le branchement de la batterie et la

1. Licence artistique, à nouveau.

réception de l'image de la première vache sautant, comme il y a un délai entre le cri et l'écho. Les images des vaches successives sautant en l'air sont analogues à une série d'échos renvoyés par des falaises de plus en plus lointaines, et elles arrivent donc avec des délais de plus en plus longs, et elles se succèdent donc dans le temps.

L'éleveur ne souffre donc pas non plus d'hallucinations. Il observe réellement un délai entre le branchement de la batterie et le saut de la première vache, et il voit vraiment les vaches sauter les unes après les autres et non pas simultanément. Et si Einstein avait placé sa main sur la barrière, il l'aurait également vu sauter et jurer après toutes les vaches.

Il n'existe aucune contradiction entre Einstein et l'éleveur, aucun sujet de dispute. Les observateurs ont bien dit ce qu'ils avaient vu, simplement de deux points de vue différents. Si la lumière avait voyagé à une vitesse infinie, le rêve d'Einstein n'aurait jamais été possible. Telles que sont les choses, il n'est qu'une simple exagération.

Et pourtant si, il y a une contradiction ! Le rêve d'Einstein nous dit qu'il n'existe pas de concept absolu de « c'est arrivé au même moment », absolu dans ce sens qu'il doit être vrai sans ambiguïté pour tous les observateurs. Ce rêve montre au contraire que le temps doit être relatif et varier d'un observateur à l'autre. Un ensemble d'événements qui arrivent tous simultanément pour un observateur peut très bien apparaître en séquence pour un autre.

Mais est-ce une illusion ? Ou le concept de temps est-il réellement plus complexe que ce à quoi nous sommes habitués ? Dans notre expérience quotidienne, deux événements qui arrivent au même moment arrivent toujours au même moment pour tout le monde. Serait-il possible que ce ne soit qu'une grossière approximation ? Est-ce cela que signifie le rêve d'Einstein ? Le temps peut-il être relatif ?

Le monde dans lequel naquit Einstein était un monde où les savants concevaient l'Univers comme un mouvement d'horlogerie, un monde dans lequel les horloges battraient partout la même mesure. Le temps était conçu comme la constance même et l'espace était perçu comme une structure rigide et absolue. Ces deux entités, le temps absolu et l'espace absolu, se combinaient pour former le cadre immuable de la perception newtonienne du monde, un Univers mécanique.

Cette vision du monde résonne à travers toute notre culture. La vérité en cette matière est que nous abhorrons le qualitatif, surtout dans les questions de finance : nous préférons définir une unité monétaire, et nous référer ensuite à la valeur de n'importe quel bien sous la forme d'un nombre précis de fois cette unité.

De façon plus générale, la définition d'une unité permet d'unir la rigueur quantitative des mathématiques (c'est-à-dire des nombres) à la réalité physique. L'unité fournit une quantité standard d'un type donné d'objet, et le nombre la convertit dans la quantité exacte que nous essayons de décrire.

Le kilogramme, par exemple, nous permet d'être précis quand nous parlons de sept kilos d'ananas et du prix que cela doit coûter. Le cadre de notre civilisation n'existerait pas sans le concept d'unité allié au concept de nombre. Aussi poètes que nous nous sentions, nous aimons et ne pouvons pas vivre sans rigueur quantitative. J'ai rencontré très très peu d'anarchistes authentiques dans ma vie, et j'ai pourtant rencontré des gens franchement bizarres.

Cette philosophie de la vie irradie sur notre conception de l'espace et du temps. L'espace est défini par une unité de longueur, le mètre par exemple. Je peux alors raconter qu'un éléphant se trouve à 315 mètres d'ici sur une route donnée, et cela signifie 315 fois une unité rigide, le mètre. Nous pouvons être ainsi absolument rigoureux quant à la position de l'éléphant.

Si je veux tracer la carte d'une région donnée à la surface de la Terre, je dois introduire une structure spatiale double. Je définis des directions orthogonales, disons nord-sud et est-ouest, et je peux alors préciser exactement où se trouve quelque chose par rapport à moi grâce à deux nombres : la distance le long de la direction est-ouest et la distance le long de la direction nord-sud. Pareil cadre définit exactement la position, et notre obsession de savoir de façon précise où se trouve chaque chose trouve son expression la plus aboutie dans le GPS, le système global de positionnement par satellites : toute position sur la Terre peut désormais être relevée et étiquetée avec une précision absurde grâce à deux coordonnées.

Tout cela est, bien entendu, pure convention. Les aborigènes d'Australie établissent la carte de leurs territoires par les « pistes de chant ». L'Australie n'est pas pour eux une correspondance biunivoque entre un point sur le sol et une paire de nombres, les coordonnées de ce point. Leur terre est au contraire parcourue par un réseau entrecroisé de lignes très sinueuses, et le long de chacune d'entre elles se déroule un chant particulier. Chaque chant raconte une histoire qui s'est déroulée le long de cette piste, habituellement un mythe mettant en scène des animaux humanisés, un récit subtil plein d'une signification émotionnelle.

Le réseau des pistes de chant dessine un entrelacs complexe, et un point ne peut donc pas se réduire à une paire unique de nombres, car cela dépend non seulement de l'endroit où vous êtes (selon notre conception) mais également d'où vous venez, et finalement de tout votre chemin passé et futur. Ce qui est, à nos yeux, un point unique peut être éclaté pour des aborigènes en une infinité d'identités car ce point peut appartenir à de multiples pistes de chant qui s'y croisent. Inévitablement, cette conception engendre un sentiment de propriété qui ne s'insère pas dans notre culture. Les individus héritent de pistes de chant, et non de terrains. On ne peut pas construire de GPS qui opère dans l'espace des pistes de chant.

L'Australie existe cependant, malgré tout. Les pistes de chant soulignent le fait que, dans une grande mesure, toute description de l'espace est affaire de choix et de conventions. Nous choisissons de vivre dans un espace rigide et exact formé d'un ensemble de positions, l'espace newtonien (que certains appellent euclidien).

Toutes ces considérations s'appliquent pareillement au temps. Une horloge n'est rien d'autre que quelque chose qui change à un rythme régulier (le tic-tac). Chaque tic-tac définit une unité de temps, et une unité de temps nous permet de préciser, au moyen d'un nombre, la durée exacte d'un événement donné. Ce que nous déclarons être un rythme « régulier » de changement est affaire de conventions et de définitions. Et pourtant, comme pour beaucoup de conventions, elle n'est pas purement gratuite et elle nous permet une description simple et précise de la réalité physique qui nous entoure.

Nous avons une confiance si grande dans notre capacité à chronométrer les choses que, depuis l'époque de Newton, le flux du temps est considéré comme uniforme et absolu. Uniforme par définition, et absolu parce qu'aucune raison n'apparaît pour que des observateurs différents soient en désaccord sur la durée d'un événement.

Oui, pourquoi le seraient-ils ? Et cependant à l'époque du rêve d'Einstein, une crise se préparait. Son rêve était prémonitoire : la conception rigide d'un espace et d'un temps absolus était sur le point de voler en éclats.

Un soir d'orage, les mêmes vaches apparues dans le rêve d'Einstein, se mirent à présenter sans ambiguïté les symptômes de la folie. Sans aucune raison apparente, elles se mirent à traverser la prairie à une vitesse proche de celle de la lumière. Peut-être souffraient-elles d'une variante de la maladie de la vache folle provoquée par leur électrocution antérieure.

En entendant le martèlement des sabots, l'éleveur se dirigea vers la prairie avec une torche, mais les vaches l'entendirent arriver, et elles se calmèrent et se rassemblèrent près de la lisière du pré. Mais quand l'éleveur dirigeait sa torche vers les vaches, elles s'éloignèrent de lui de plus en plus rapidement, approchant de plus en plus près de la vitesse de la lumière. L'éleveur finissait par se demander si ses vaches n'étaient pas en chaleur, après tout.

Mais il se posait aussi des questions sur autre chose. Il venait juste de diriger le faisceau de sa torche vers des vaches qui s'écartaient de lui à une vitesse proche de celle de la lumière. Quand elles atteindraient pratiquement la vitesse de la lumière, verraient-elles son faisceau s'arrêter ? Cela serait franchement bizarre, comment imaginer une lumière arrêtée ? Existe t-il même un sens à la notion de lumière immobile ?

Pour répondre à cette question profonde, l'éleveur s'adressa à Cornelia, l'une des vaches les plus brillantes du troupeau, pour lui demander ce qu'elle voyait quand elle courait côte à côte avec un rayon de lumière. Elle lui répondit qu'elle n'avait rien remarqué d'inhabituel dans la lumière de la torche, c'était une lumière comme n'importe quelle autre. Cornelia était d'ailleurs une vache très obligeante et, pour plus de sûreté, elle prit toutes les dispositions pour mesurer la vitesse de la lumière. Elle employa les méthodes habituelles pour cela, se munissant d'horloges et de mètres. Elle parvint à un résultat des plus étranges : elle obtint le résultat habituel. La lumière se déplaçait à 300 000 km/s par rapport à elle.

C'était au tour de l'éleveur d'avoir envie d'étrangler quelqu'un, Cornelia en l'occurrence. Désormais certain qu'elle provenait d'un élevage britannique, il décida de demander à deux autres vaches de mesurer la vitesse de la lumière qui sortait de sa torche. Mais la pagaïe s'était désormais installée et les vaches les plus boiteuses couraient moins vite que les autres. Les deux qu'avait sélectionnées l'éleveur s'éloignaient de lui, l'une à 100 000 km/s et à l'autre à 200 000 km/s. Pour éviter une prolifération de noms stupides, appelons-les vache A et vache B (voir la figure 2.3)

Figure 2.3

Comme l'éleveur voit sa lumière s'écarter de lui à 300 000 km/s, il s'attend à ce que ces vaches plus raisonnables lui indiquent les résultats suivants : la vitesse de la lumière devrait être 200 000 km/s pour la vache A (soit 300 000 moins 100 000) et 100 000 km/s pour la vache B (soit 300 000 moins 200 000). C'est de l'arithmétique élémentaire après tout. Nous avons tous appris à l'école que les vitesses s'additionnent (ou se soustraient, cela dépend de leur direction relative). Donc, pour obtenir la vitesse de la lumière par rapport à une vache donnée, il n'y a qu'à soustraire la vitesse de la vache de la vitesse de la lumière, non ? À moins que ces revêches professeurs de physique du lycée ne nous aient raconté des histoires, comme nous l'avions toujours soupçonné ?

Malheureusement, selon notre perception habituelle de l'espace et du temps, ces professeurs de physique doivent avoir raison. Prenons deux voitures partant du même endroit, sur la même route rectiligne, et roulant respectivement à 100 et à 200 km/h. Cela signifie que lorsque ma montre indique qu'une heure s'est écoulée, la première voiture a parcouru 100 km et la seconde 200 km. Quelle est la vitesse de la voiture la plus rapide par rapport à la plus lente ?

Eh bien, au bout d'une heure, la plus rapide est clairement à 100 km devant la plus lente (200 km moins 100 km). La vitesse de la plus rapide par rapport à la plus lente est donc de 100 km/h. C'est assez logique : les distances se soustraient, la durée est la même et donc les vitesses se soustraient. Où peut se nicher une controverse là-dedans ?

Pareillement, si je lance un faisceau de lumière se déplaçant à 300 000 km/s en direction de vaches s'éloignant de moi à 100 000 km/s et 200 000 km/s, ces vaches doivent, respectivement, voir ma lumière se déplacer à 200 000 et 100 000 km/s.

Mais le rapport des vaches est étrange. Toutes indiquent que la lumière se déplace à 300 000 km/s par rapport à elles. Par conséquent, non seulement elles contredisent la logique de l'éleveur, mais en plus elles semblent se contredire elles-mêmes.

Devons-nous croire les vaches ? Ou devons-nous croire nos professeurs de physique ? La bonne nouvelle est que l'expérience nous oblige à croire les vaches ! Mais cela nous met nez à nez avec un paradoxe. Où est le défaut de notre argumentation qui nous a conduits à la conclusion que les vitesses devaient tout simplement se soustraire ? Telles que se présentent les choses, ce qu'observent les vaches n'a tout bonnement aucun sens.

Cette situation était plus ou moins celle à laquelle se heurtaient les savants à la fin du XIXe siècle. Les expériences appuyant les observations faites par les vaches sont aujourd'hui connues sous le nom d'expériences de Michelson et Morley. Ils établirent empiriquement que la vitesse relative de la lumière était toujours identique, quel que soit le mouvement de l'observateur. Si je marche dans un train, ma vitesse par rapport au quai est augmentée de la vitesse propre du train. Michelson et Morley observèrent qu'un rayon lumineux émis depuis la Terre en mouvement se déplaçait encore à la même vitesse : d'une manière étrange 1+1 = 1 en prenant pour unité la vitesse de la lumière. Ces expériences aboutissaient à un résultat profondément illogique pour la physique, un résultat qui contredisait le dogme *évident* et logique que les vitesses devaient toujours s'additionner ou se soustraire.

Le paradoxe fut levé par la théorie de la relativité restreinte d'Einstein. Lorsqu'il proposa sa théorie, Einstein, de façon surprenante, ne connaissait pas le résultat de Michelson et Morley. Cette théorie doit apparemment plus au rêve des vaches qu'aux expériences, aussi allons-nous présenter en ces termes la solution d'Einstein.

Demandons à nouveau à Cornelia de nous rendre service, en la priant de se placer à côté de l'éleveur. Quand celui-ci allume sa torche, Cornelia se lance à la poursuite du faisceau à pleines jambes, à 200 000 km/s. L'éleveur voit sa lumière s'éloigner à 300 000 km/s et donc, au bout d'une seconde, il la voit parcourir 300 000 km, et

Cornelia parcourir 200 000 km. Il en déduit donc que Cornelia devrait voir la lumière 100 000 km devant elle, et comme une seconde s'est écoulée, il pense que Cornelia devrait observer la lumière se déplacer à 100 000 km/s par rapport à elle (voir la figure 2.4). Mais lorsqu'il demande à Cornelia de mesurer la vitesse de la lumière, elle maintient qu'elle trouve 300 000 km/s. Qu'est ce qui peut aller de travers ?

Figure 2.4

C'est là qu'Einstein a montré son grand génie et son courage. Il eut l'audace de suggérer qu'il se pouvait que le temps ne fût pas le même pour tous. Il se pouvait que, là où une seconde s'écoulait pour l'éleveur, un tiers de seconde seulement s'écoulait pour Cornelia. En ce cas, Cornelia, voyant la lumière 100 000 km devant elle et divisant cette distance par le temps passé, aurait naturellement trouvé une vitesse de 300 000 km/s (voir la figure 2.5). En d'autres termes, si le temps s'écoule plus lentement pour des observateurs en mouvement, nous pouvons expliquer comment tout le monde arrive à s'accorder sur la même valeur de la vitesse de la lumière, en contradiction flagrante avec ce que donnerait une simple soustraction des vitesses.

Figure 2.5

Figure 2.6

Mais il existe une autre possibilité. Il se pourrait que, lorsqu'une seconde s'écoule pour l'éleveur, une seconde s'écoule aussi pour Cornelia et que le temps soit vraiment absolu. C'est peut-être l'espace qui nous joue des tours. L'éleveur situe la lumière à 100 000 km devant Cornelia parce que celle-ci n'a parcouru que 200 000 km tandis que la lumière en a parcouru 300 000. Mais que voit Cornelia ? Il est possible que ce que l'éleveur perçoit comme mesurant 100 000 km en paraisse 300 000 à Cornelia (voir la figure 2.6). Dans ce cas, Cornelia mesurerait encore la même chose : en une seconde, la lumière se trouve à

300 000 km d'elle, selon ses règles étalon, et par conséquent sa vitesse, par rapport à Cornelia et mesurée par Cornelia, est bien de 300 000 km/s. Mais cela implique que des objets en mouvement apparaissent comprimés dans la direction de leur mouvement. L'espace se contracte-t-il à cause du mouvement ?

Ce sont les deux possibilités extrêmes, et il en existe évidemment une troisième : un mélange des deux. Il se pourrait, à la fois, que le temps s'écoule plus lentement pour Cornelia *et* que sa notion de distance soit déformée par rapport à celle de l'éleveur, les deux effets se combinant pour lui donner toujours la même valeur de la vitesse de la lumière. Tandis que pour l'éleveur, une seconde s'est écoulée et la lumière est 100 000 km devant Cornelia, pour cette dernière une durée plus courte s'est écoulée *et* la lumière est plus loin d'elle, selon ses règles. Effectivement, lorsqu'on examine mathématiquement tout cela, on trouve que c'est bien un mélange des deux effets qui est la solution du dilemme.

C'est une manière folle de le résoudre. Mais est-elle vraie ? En vérité, l'éleveur se rend compte rapidement que toute cette folie a un effet étonnant sur ses vaches : elles ne vieillissent pas ! Puisque le temps s'écoule moins vite pour des objets en mouvement rapide, l'éleveur vieillit de jour en jour tandis que ces vaches folles conservent leur jeunesse. Une folle vie rapide préserve la jeunesse bovine.

Il voit également ses vaches comprimées de manière inquiétante, quasiment aplaties en disques, quand elles passent très vite à côté de lui. Le mouvement a des effets étranges : le temps s'écoule plus lentement, la taille rétrécit. Bien entendu, personne n'a jamais essayé de mesurer ces effets avec des vaches, mais ils ont tous les deux été observés chez des particules élémentaires, les muons produits quand des rayons cosmiques rencontrent l'atmosphère terrestre.

Clairement, quelque chose est à revoir dans l'argumentation qui conduit à la soustraction des vitesses. Ce quelque chose est la notion de temps et d'espace absolus. Les vaches d'Einstein, sous la forme des expériences de Michelson et Morley, ont fait voler en éclats l'Univers mécanique en refusant à l'espace et au temps une signification absolue et constante. Un concept flexible d'espace et de temps en émerge, et le résultat s'exprime dans ce qu'on appelle maintenant la théorie de la relativité restreinte.

Quand nous examinons la solution d'Einstein au paradoxe de la lumière, deux choses nous frappent : son extravagance et son élégance. Qui donc a pu concevoir pareille idée ? Qui est ce type ? Cent ans plus tard, nous savons tous qui il est, mais si nous rembobinons le film et si nous le regardons à la manière dont s'est déroulée l'histoire en 1905, je crains qu'une image assez différente n'apparaisse.

Albert Einstein, jeune homme, était un rêveur éveillé et un individualiste. Ses résultats scolaires étaient incohérents. Parfois, il réussissait très bien, en particulier quand il aimait le sujet. D'autres fois, la catastrophe s'abattait. Par exemple, il échoua à son examen d'entrée à l'université, la première fois. Il détestait le militarisme allemand et la nature autoritaire de l'éducation de son époque. En 1896, à l'âge de 17 ans, il renonça à la citoyenneté allemande et il fut apatride pendant plusieurs années.

Dans une lettre écrite à un ami, le jeune Einstein se décrivait de façon plutôt méprisante comme désordonné, distant, et pas très populaire. Comme c'est souvent le cas pour de telles personnalités, il était considéré comme un « chien paresseux » par les personnes sensées (l'expression est due à l'un de ses professeurs d'université). Après avoir reçu son diplôme de l'université, il se brouilla avec le corps professoral, et un éminent professeur conduisit une guérilla pour l'empêcher d'obtenir un doctorat ou un emploi à l'université. Pire encore, Einstein se sentait en complet décalage avec le reste du monde, ou en d'autres termes profondément « désœuvré ».

À l'âge de 22 ans, nous le trouvons tragiquement déchiré. D'une part, il avait la confiance présomptueuse de tous les libres-penseurs, et en privé il ne faisait aucun mystère de son opinion sur le degré de vacuité qu'il attribuait au monde des attitudes respectables. D'autre part, il ressentait cette insécurité de savoir qu'il était officiellement sans avenir, et qu'il devait se montrer servile auprès des gens importants dans l'espoir de décrocher un travail. Dans une lettre à un célèbre savant de l'époque, son père le dépeint alors de la manière suivante : « Mon fils ressent douloureusement son manque actuel de poste, et la pensée que sa carrière est partie dans une mauvaise direction et qu'il n'est plus au courant de rien est chaque jour plus profondément ancrée. »

Malgré tous ses efforts, Einstein n'obtint jamais de poste de professeur, ou plus exactement il n'en obtint que bien après avoir accompli la plus grande partie du travail qui le rendit célèbre. Le début de sa vie ressemble au grand roman de Jack London, *Martin Eden*, un fait qui ternit pour toujours le monde universitaire, et ses continuels jeux mesquins de puissance et d'influence. Finalement, après bien des tribulations, un ami et collègue des années d'université dénicha pour Einstein un travail d'expert à l'Office Fédéral des Brevets, à Berne en Suisse. Le travail n'était pas très bien payé, mais en vérité, il n'y avait pas grand-chose à faire non plus.

C'est à son bureau de l'Office des Brevets, à l'âge de vingt-six ans, qu'Einstein s'épanouit. Accomplissant le peu de travail qu'il était censé faire, il produisit, parmi bien d'autres perles, la théorie de la relativité restreinte[1]. En rendant hommage à son ami de l'université, Einstein disait plusieurs années plus tard : « Alors, à la fin de mes études, je me sentis soudain abandonné par tous, et face à la vie, je ne savais pas dans quelle direction me tourner. Mais il était près de moi, et grâce à lui et à son père, j'allai voir Haller à l'Office des Brevets quelques années après. D'une certaine façon, cela m'a sauvé la vie. Bien sûr, je ne serais pas mort sinon, mais je serais devenu intellectuellement rabougri. »

Le « type » dont nous parlons était donc un marginal de la société, et en fin de compte, plutôt heureux ainsi. Et qui d'autre aurait pu construire une théorie apparemment aussi loufoque que celle de la relativité ? Malheureusement, dans la plupart des cas similaires, surtout pour des personnes isolées, ce qui émerge, ce sont en fait des idées délirantes et inutiles. J'ai, sur l'une de mes étagères, des centaines de lettres qui en donnent des exemples parfaits. Tout bien pesé, nous devons rendre hommage à cet homme, il n'était pas seulement un marginal, il était Albert Einstein. Sans lui, le monde aurait été intellectuellement rabougri[2].

Son article présentant la relativité restreinte fut immédiatement accepté. Le responsable du journal qui prit la décision disait plus tard

1. Einstein disait plus tard que s'il avait obtenu le poste universitaire qu'il demandait, il n'aurait jamais construit la théorie de la relativité.

2. Comment Einstein découvrit-il la relativité restreinte ? Nous savons très peu de choses à ce sujet, car il a jeté tous ses brouillons. Il nous a cependant laissé un indice important : à la période la plus cruciale, il dormait près de dix heures chaque nuit. J'attribue la plus grande importance à ce fait. Un préjugé populaire assure que les gens très intelligents dorment beaucoup moins que « nous autres, mortels ordinaires ». À l 'appui de cette théorie, on cite généralement les nobles exemples de Napoléon Bonaparte, de Winston Churchill, voire même de Mme Thatcher, qui réussissaient apparemment tous très bien avec quatre heures de sommeil. Que ces personnes soient ou non des exemples éminents d'intelligence, je ne souhaite pas en discuter ici, mais j'espère fermement que l'exemple d'Einstein réfutera définitivement cette théorie pernicieuse et erronée.

qu'il considérait son acceptation immédiate d'un article aussi loufoque comme sa principale contribution à la science. Mais Einstein avait-il réalisé la portée de ce qu'il venait de faire ?

Beaucoup plus tard, Maja, la sœur d'Einstein, se souvenait en ces termes des mois qui suivirent :

Le jeune chercheur imaginait que la publication de son article dans une revue très renommée et très lue attirerait sur lui une attention immédiate. Il s'attendait à une franche opposition et aux critiques les plus sévères. Mais il fut très déçu. La publication fut suivie par un silence glacial. Les numéros suivants de la revue ne mentionnaient pas du tout son article. Les cercles professionnels restaient sur l'expectative. Quelque temps après la publication de l'article, Albert reçut une lettre de Berlin. Elle était envoyée par le très célèbre professeur Planck, qui demandait des précisions sur certains points qu'il trouvait obscurs. Après cette longue attente, c'était le premier signe que quelqu'un avait lu son article. La joie du jeune savant était particulièrement intense, parce que cette reconnaissance de ses activités venait de l'un de plus grands physiciens de l'époque.

En réalité, ce qu'Einstein avait accompli allait très loin dans de nombreuses directions, bien au-delà de la simple introduction d'un espace et d'un temps relatif. La relativité vola de succès en succès, et les premières mésaventures d'Einstein furent vite oubliées quand le monde reconnut sa grande réussite. Les implications de la relativité étaient immenses, et comme je l'ai déjà dit, le langage de la physique moderne est en quelque sorte le langage de la relativité restreinte. Mais comme ce livre ne traite pas essentiellement de la relativité, je vais juste souligner ce que j'estime en être les trois plus importantes conséquences.

La première est que cette vitesse constante, la vitesse de la lumière qui est identique pour tous les observateurs à toutes les époques et à tous les points de l'Univers, est aussi une limite de vitesse cosmique. C'est l'un des effets les plus surprenants prédits par la théorie de la relativité restreinte, mais elle est une conséquence logique de son principe fondamental. La démonstration est la suivante : si nous ne pouvons pas accélérer ou ralentir la lumière, nous ne pouvons pas non plus accélérer quelque chose qui se déplace moins vite que la lumière jusqu'à la vitesse de la lumière. En effet, une telle opération serait exactement l'inverse d'un freinage de la lumière. Si elle était possible, son image inversée serait également possible et contredirait la relativité restreinte. Par conséquent, la vitesse de la lumière est une limite de vitesse universelle.

Ce point peut sembler étrange, mais la physique est souvent contraire à l'intuition. Sans doute, les films de science-fiction adorent montrer des vaisseaux spatiaux franchir la barrière de la vitesse de la lumière. Selon la théorie de la relativité, la question n'est pas tellement de savoir s'ils auraient ou non une amende pour excès de vitesse, mais bien plutôt qu'ils n'auraient jamais assez de puissance pour y arriver, quelle que soit la nature de leur moteur.

L'existence d'une vitesse limite a un impact considérable sur la manière dont nous devrions percevoir notre place dans l'Univers. L'étoile la plus proche de nous, Alpha du Centaure, se trouve à trois années de lumière. Cela signifie que, quels que soient nos progrès technologiques, un voyage aller-retour prendra au moins six ans tels que mesurés sur Terre.[1] Pour les astronautes, cela pourrait ne durer qu'une fraction de

1. Je néglige ici la difficulté importante qui consiste à accélérer les astronautes à une vitesse proche de la lumière et à les ralentir ensuite. Le faire aussi vite que possible sans tuer personne peut se révéler la limitation principale.

seconde, en raison de l'effet de dilatation du temps. À la fin du voyage, il pourrait donc y avoir un décalage de six ans entre l'âge des astronautes et celui de leurs proches laissés derrière eux. Cela causerait peut-être quelques divorces mais rien de plus grave, du moins peut-on l'espérer.

Et pourtant cette étoile est à peine au coin de la rue, en termes astronomiques. Et que penser d'un objet plus éloigné, à distance « cosmologique » ? Ne soyons pas encore aussi audacieux et imaginons seulement un voyage de l'autre côté de notre propre galaxie. Il se trouve à quelques dizaines de milliers d'années de lumière. En poussant la technologie jusqu'à ses dernières limites, un voyage aller-retour prendrait donc plusieurs dizaines de milliers d'années (mesurées sur Terre), et nous devrions nous assurer que l'effet de dilatation du temps est suffisant pour que le voyage ne dure que quelques années pour les astronautes, si nous voulons éviter que cette mission spatiale devienne un cimetière ambulant.

Et c'est bien là que se situe le piège. Si la technologie est assez performante pour qu'un voyage se déroule presque à la vitesse de la lumière, un astronaute peut parcourir des distances immenses en quelques années de son temps propre, mais cela correspond toujours à des milliers d'années sur Terre. Une mission spatiale vraiment dénuée d'intérêt : à leur retour sur Terre, les astronautes pourraient aussi bien visiter une autre planète. Ce n'est plus une question de quelques divorces, ces pauvres astronautes seraient complètement coupés de la civilisation qu'ils auraient quittée.

Pour éviter de tels désastres, il nous faut rester bien en dessous de la vitesse de la lumière, et donc ne guère s'éloigner de la maison. Notre rayon d'action doit être beaucoup plus réduit que le produit de la vitesse de la lumière par la durée d'une vie humaine, et il ne saurait donc dépasser quelques dizaines d'années de lumière. C'est un chiffre ridicule à l'échelle cosmologique. Notre galaxie est des milliers de fois plus étendue que cela, et notre amas local de galaxies est un million de fois plus grand.

L'image globale se révèle : nous sommes prisonniers de notre minuscule quartier de l'Univers. Imaginons notre vie sur la Terre, si nous ne pouvions pas nous déplacer de plus d'un mètre par siècle : une liberté de mouvement extrêmement réduite en vérité, et un sentiment des plus déprimants.

La deuxième conséquence importante de la théorie de la relativité est la conception qu'elle offre du monde : celle d'un objet à quatre dimensions. Nous concevons en général l'espace comme ayant trois dimensions (largeur, hauteur et profondeur par exemple). Et la durée ? Effectivement, tout objet possède aussi une « profondeur de temps », une durée d'existence, mais nous savons que le temps diffère de façon essentielle de l'espace. Par conséquent, inclure ou non le temps dans le décompte est une question purement académique. Ou du moins, c'était le cas avant la théorie de la relativité.

Selon la relativité, l'espace et le temps varient selon l'observateur, la distance et la durée peuvent se dilater ou se contracter selon le mouvement relatif de l'observateur et de l'observé. Mais si la distance se contracte quand la durée se dilate, n'est-ce pas que l'espace se transforme en temps ? Si tel est bien le cas, le monde a réellement quatre dimensions, et nous ne pouvons pas laisser le temps en dehors du compte tout simplement parce que l'espace peut se transformer en temps et réciproquement.

Telle est la perception moderne, qu'on appelle l'espace-temps de Minkowski (le même professeur Minkowski qui traitait son étudiant

Albert Einstein de « chien paresseux »). Selon la relativité, l'espace et le temps ne sont pas des absolus. Seule une fusion des deux demeure absolue. Cela évoque le théorème de la conservation de l'énergie, que nous avons tous appris à l'école : il existe de nombreuses formes d'énergie, comme le mouvement ou la chaleur, et aucune n'est conservée isolément puisque nous pouvons par exemple transformer la chaleur en mouvement (au moyen d'une machine à vapeur), mais l'énergie totale est conservée et reste toujours la même. Pareillement, l'espace et le temps ne sont pas constants, ils dépendent de qui est votre interlocuteur. Selon celui à qui vous vous adressez, la durée et la distance peuvent se dilater ou se contracter, mais l'ensemble, l'espace-temps, est le même pour tous.

Cette image d'un espace-temps est profondément révolutionnaire, si on y réfléchit une seconde. L'unité fondamentale de l'existence n'est plus un point dans l'espace, mais la trajectoire que parcourt ce point dans l'espace-temps quand vous le considérez à tous les instants, ce que Minkowski appela sa « ligne d'Univers ». Ne vous concevez pas vous-même comme un volume dans l'espace à trois dimensions, mais comme un tube dans un espace-temps à quatre dimensions, un tube formé de votre volume se décalant dans le temps. Dans un trait d'esprit un peu précieux, le physicien George Gamow donna pour titre à son autobiographie *Ma ligne d'Univers.*

La dernière conséquence de la relativité restreinte que je souhaite souligner est la célèbre équation $E = mc^2$: l'énergie est égale au produit de la masse par le carré de la vitesse de la lumière. Il s'agit certainement de la plus célèbre équation de la physique moderne. D'où vient-elle ?

Sa dérivation est en fait intimement liée à la preuve que la vitesse de la lumière est une limite de vitesse universelle. Nous en avons, il y a quelques pages, donné une preuve *logique*, en montrant que si nous pouvions accélérer un objet quelconque jusqu'à la vitesse de la lumière, nous pourrions inversement le ralentir depuis cette vitesse, en contradiction avec la constance de cette vitesse. Cela semble raisonnable, mais quelle est la raison *dynamique* qui nous empêche d'atteindre et de dépasser la vitesse de la lumière ?

Si vous poussez quelque chose, vous l'accélérez, c'est-à-dire que vous en changez la vitesse. Cependant, plus la masse de l'objet est grande (plus familièrement, plus l'objet est lourd [1]) et plus grande est la force requise pour produire la même accélération. Einstein trouva que plus un objet se déplaçait rapidement et plus sa masse paraissait élevée, et que lorsqu'il approchait de la vitesse de la lumière sa masse apparente devenait infinie. Quand la masse devient infinie, aucune force de l'Univers n'est assez grande pour lui apporter une accélération, aussi faible soit-elle. Rien ne peut fournir le petit surplus d'accélération qui pousserait l'objet jusqu'à la vitesse de la lumière, et au-delà.

C'est pour cela que la vitesse de la lumière est une limite de vitesse cosmologique. Vous arrivez à court de puissance quand vous tentez quelque chose d'illégal. Ce que vous poussez devient de plus en plus lourd, et vous n'avez pas la force suffisante pour dépasser la limite de vitesse et récolter cette amende cosmologique, que vous le vouliez ou non.

Quel rapport avec $E = mc^2$? Ce qui suit montre l'esprit d'Einstein dans toute sa pureté, guidé par la désarmante simplicité de la symétrie et de l'esthétique. Il note que le mouvement est une forme d'énergie, l'énergie cinétique. Si augmenter le mouvement d'un objet augmente

1. La distinction subtile entre le poids et la masse est à la base de la relativité générale dont nous parlerons dans le prochain chapitre.

sa masse, c'est donc qu'augmenter son énergie (ici sous forme cinétique) augmente sa masse. Mais qu'aurait donc de particulier l'énergie sous forme de mouvement ? Nous savons qu'il est possible de convertir n'importe quelle forme d'énergie dans n'importe quelle autre. Pourquoi ne pas dire alors qu'augmenter l'énergie d'un corps (sous quelque forme que ce soit) augmente sa masse ?

C'est une généralisation hardie, mais ses conséquences sont, en principe, observables. Chauffez un objet, et sa masse augmente. Étirez un ruban de caoutchouc et il accumule de l'énergie élastique : sa masse doit donc augmenter. Pas beaucoup, un tout petit peu. Et de même pour toutes les formes d'énergie. Par une intuition fulgurante, Einstein propose donc, dans un article de trois pages publié en 1905, qu'augmenter l'énergie d'un corps d'une quantité E augmente sa masse d'une quantité m donnée par le rapport de E sur le carré de la vitesse de la lumière c :

$$m = E / c^2$$

L'argument repose sur le fait qu'ajouter à un corps de l'énergie cinétique augmente sa masse, et que par raison de symétrie, cela doit aussi être le cas pour toutes les formes d'énergie.

Mais deux ans plus tard, en 1907, Einstein poussa son sentiment de la beauté et de l'esthétique encore plus loin, pour le meilleur ou pour le pire pour nous tous. Il avait d'abord jugé que limiter une relation entre masse et énergie à la seule énergie cinétique dégradait l'unité, et que toute forme d'énergie devait augmenter la masse du corps. Mais cela ne signifiait-il pas que l'énergie possédait déjà une masse, ou mieux encore qu'énergie et masse étaient une seule et même chose ?

Identifier masse et énergie semble améliorer l'harmonie, l'unité, la perfection de la théorie. Mais si toute forme d'énergie possède une masse, toute masse ne doit-elle pas posséder une énergie ? Devons-nous identifier la masse à une forme d'énergie ? Einstein modifia donc l'équation précédente d'une manière d'une horrible simplicité. Il la réécrivit comme :

$$E = mc^2$$

Cela paraît simple et primitif, mais le saut conceptuel est gigantesque. La généralisation est hardie, mais nullement gratuite. Elle conduit à des prédictions, que l'on peut soumettre à l'épreuve. En portant les valeurs numériques dans cette équation et que l'on effectue le bref calcul, elle implique que dans un gramme de matière réside une énergie endormie équivalant à l'explosion de vingt tonnes d'explosif.

Cela est visiblement erroné, n'est-ce pas ? Comment Einstein résolut-il cette contradiction évidente ? Pas de problème. Einstein fit remarquer que nous ne sommes pas sensibles à l'énergie elle-même, mais seulement aux variations d'énergie. Je ressens le froid m'envahir si de l'énergie thermique quitte mon corps vers mon environnement. Je sens ma voiture accélérer quand j'appuie sur la pédale et consomme du carburant, convertissant l'énergie chimique du carburant en énergie cinétique. L'énergie colossale endormie dans un gramme de matière n'est pas remarquée parce qu'elle n'est jamais libérée dans le monde. Elle se comporte comme un immense réservoir d'énergie situé à l'intérieur des corps ne révélant jamais sa présence.

Dans un exposé de vulgarisation de ce concept, Einstein présente l'analogie d'un homme d'une richesse phénoménale qui ne se sépare jamais de son argent. Il vit très modestement, et ne dépense jamais que de très petites sommes. Personne n'imagine son immense fortune, car seules les minimes variations de sa fortune sont perceptibles à l'extérieur. La grande énergie associée à la masse des objets se comporte de la même manière.

Peut-être dois-je ici rappeler que, à l'époque où tout ceci se déroulait, la physique nucléaire était à peine balbutiante. Tout le concept d'équivalence entre masse et énergie fut conçu avec un papier et un crayon et, ce qui est ironique, de considérations de symétrie et de beauté. Einstein, le pacifiste, n'imaginait pas ce qu'il allait permettre...

Le 6 août 1945, « l'homme d'une richesse phénoménale » imaginé par Einstein dispersait sur le monde sa macabre fortune.

La théorie de la relativité fut un séisme intellectuel de grande ampleur. Personne aujourd'hui ne conteste qu'elle a révolutionné la physique, mais elle a également changé pour toujours notre perception de la réalité, sans même mentionner son impact sur l'histoire du XXe siècle. À tel point que tout le monde a aujourd'hui entendu parler de la théorie de la relativité d'Einstein.

Mais Einstein n'en avait pas fini. Il réalisa très vite que sa théorie était incomplète, et c'est pour cela qu'il l'appela « restreinte ». Il se mit immédiatement à la recherche de la théorie complète, « générale », de la relativité. Le résultat fut un nouveau séisme, plus violent et plus fantastique encore. Mais l'histoire de cette découverte n'est plus si simple.

L'adolescence et l'innocence rêveuse étaient maintenant lointaines et le parcours d'Einstein vers la relativité générale ressembla plutôt à un cauchemar d'adulte. Les photos d'Einstein prises à l'époque où il terminait enfin la théorie générale montrent un homme complètement épuisé. Il présente l'aspect d'un homme émergeant d'une longue et farouche bataille intellectuelle.

3
Questions de gravité

Tout le monde a entendu parler de la théorie de la relativité d'Einstein, sans toujours être conscient de l'existence, en réalité, de deux théories de la relativité : la relativité restreinte et la relativité générale. Nous venons seulement de parler de la relativité restreinte, et cette théorie n'a en réalité de valeur que dans les circonstances où peut être négligée la force de gravité. Ce sont bien entendu des circonstances très « restreintes ». Dans des circonstances plus « générales », la gravité importe : pensons à ce qui nous retient sur Terre, ce qui dirige le mouvement des planètes ou, plus en rapport avec l'objet de ce livre (puisque la théorie VVL est un modèle cosmologique) à ce qui contrôle globalement la vie de l'Univers. La nécessité se fait donc sentir d'une théorie générale de la relativité, qui demeure valable même quand la gravité ne peut pas être ignorée.

La théorie générale se révéla une entreprise d'une tout autre ampleur que la théorie restreinte. Dès 1905, après avoir proposé la théorie restreinte, Einstein savait déjà que son dernier rejeton ne pouvait pas être une bonne description de la nature en présence de gravité. Il savait aussi que la théorie alors régnante, celle de Newton, était incompatible avec la relativité restreinte, avec la constance de la vitesse de la lumière, et avec le concept d'un temps relatif. Mais trouver une théorie « relativiste » de la gravité se révéla un combat de titan, même pour un géant.

Tristement, rien de l'expérience acquise dans la construction de la relativité restreinte n'était utile dans celle de la théorie générale, et il fallut à Einstein dix ans de travail acharné pour aboutir. En 1912, il déclarait : « Je me consacre uniquement au problème de la gravitation, et je crois maintenant que j'arriverai à surmonter toutes les difficultés grâce à l'aide d'un ami mathématicien. [...] Comparée à ce problème, la théorie originelle de la relativité n'est qu'un jeu d'enfant. »

L'entreprise était effectivement ambitieuse. Elle exigeait une expertise en mathématique très supérieure à la sienne, au point qu'il dut associer à son œuvre les services de mathématiciens professionnels. Il commit des erreurs, les corrigea, en commit d'autres. Il tomba par hasard sur la théorie correcte, et évidemment il la rejeta. Puis il y revint. L'histoire ressemble à une suite de quiproquos, mais elle finit bien, et seul un génie pouvait en concevoir le résultat.

En cours de route, en 1911, Einstein proposa même une théorie où la vitesse de la lumière variait ! Aujourd'hui, les scientifiques sont soit horrifiés par cet article écrit par le grand Albert Einstein, alors professeur à Prague, soit tout simplement ignorants de son existence. Banesh Hoffman, collègue et biographe d'Einstein, décrit ce texte de la manière suivante : « Et cela signifie... Quoi ! Que la vitesse de la lumière n'est pas constante, que la gravitation la ralentit. Hérésie ! Et de la part d'Einstein lui-même. »

Cette réaction est révélatrice, et très amusante. Il me semble que contredire une maxime des livres ne peut sembler une hérésie qu'aux yeux de ceux qui l'ont apprise dans ces livres. Si vous êtes vous-même l'auteur de cette maxime, vous vous sentez beaucoup moins fondamentaliste à son propos. Mais je me hâte de préciser que cette théorie de 1911 n'a aucun rapport avec celle dont traite ce livre, et qui n'a été proposée qu'à la fin du XXe siècle. La théorie de 1911 était fausse, et Einstein la jeta à la poubelle sans regret, en compagnie de quelques autres impasses.

Ce n'est qu'en 1915, en pleine Première Guerre Mondiale, qu'Einstein finit par aboutir à ce que nous connaissons désormais comme la théorie de la relativité générale. Le résultat est un monument de l'intelligence humaine, une cathédrale d'ingéniosité mathématique et de puissante intuition physique. Sans elle, la cosmologie moderne n'existerait pas (ni la théorie VVL, ni ce livre).

Cette théorie est aussi d'une complexité phénoménale, exigeant la connaissance d'une branche des mathématiques jusqu'alors peu utilisée en physique, la géométrie différentielle. Elle est très difficile à comprendre en profondeur sans être physicien professionnel. J'en veux pour témoignage mes propres relations, initialement fort laborieuses, avec les détails de la relativité générale.

Après avoir lu le livre d'Einstein et Infeld quand j'avais onze ans, j'avais décidé que je voulais comprendre plus en détail la relativité. En particulier, je voulais voir les équations, pas juste une suite de mots. Ma chance fut de tomber sur un excellent livre de Max Born qui exposait mathématiquement la relativité restreinte, mais en n'utilisant que les mathématiques du lycée.

C'était exactement le livre qu'il me fallait. Si vous détestez les mathématiques, vous aurez peut-être du mal à comprendre pourquoi quelqu'un peut souhaiter apprendre quelque chose au moyen d'équations alors qu'existent des descriptions verbales. Mais c'est ainsi que fonctionne l'esprit du physicien, et je pensais déjà comme un physicien. Nous ne jugeons pas qu'une idée soit réellement devenue une théorie physique avant de l'avoir vue exprimée dans le formalisme des mathématiques. Pour reprendre les mots de Galilée, le livre de la nature est écrit en langue mathématique. Avec allégresse, je suivais soigneusement toutes les dérivations mathématiques du livre de Born, et à la fin du chapitre sur la relativité restreinte, j'eus l'impression que j'avais finalement réussi à la maîtriser. Mais quand le livre passa à la relativité générale, il devint soudain très vague et verbeux. J'eus le sentiment d'être à nouveau retombé au niveau insupportable des phrases creuses, et je sentais le sujet m'échapper.

Un exposé plus technique de la relativité générale se trouvait dans un autre livre, *La signification de la relativité*, écrit par Einstein à partir de conférences données en 1921 à l'université de Princeton. Un jour, mon meilleur ami arriva au lycée avec un exemplaire de ce livre. Nous n'en comprenions pas un mot, mais nous nous émerveillions pourtant de sa complexité : tant de mathématiques compliquées, tant d'arguments impénétrables... Stupidement, je pensais à nouveau que c'était exactement le livre qu'il me fallait.

Je me précipitais à la librairie où mon ami avait acheté son exemplaire, mais, à ma grande déception, le libraire refusa de me vendre son dernier exemplaire. Il me précisa que c'était une édition très rare, depuis longtemps épuisée. Je fus très contrarié sur le moment, mais je comprends maintenant sa réaction. Sur vos rayons se trouvent les deux derniers exemplaires d'un livre assez rare et très technique écrit par Einstein, et deux adolescents se présentent pour les acheter... Je me demande encore aujourd'hui quelles intentions il nous prêtait : peut-être la construction d'une bombe nucléaire. Il pensait certainement que nous n'en ferions rien de bien, ce qui était plutôt juste dans une certaine mesure.

Mais à cette époque, je pensais que je venais d'être la victime d'une discrimination flagrante, un anti-jeunisme si l'on peut dire. Je me rebellai donc et je demandai à mon papa d'aller chercher le livre pour moi. Au début, il était d'accord, mais il revint le lendemain les mains vides, hochant la tête en manière de désapprobation. Il me dit que « ce n'était pas une lecture pour les enfants ». Je me demandai s'il avait bien compris quel livre j'avais demandé. Mais il poursuivit en me disant que le livre d'Einstein ne ferait qu'augmenter ma confusion parce que je ne connaîtrai pas le sens de « tous ces symboles, tous ces paramètres ». Comme peuvent l'imaginer les gens qui ont des enfants, je fis un tapage tel que mon père, pour avoir la paix, retourna à la librairie m'acheter le livre.

Je travaillai dur, mais après beaucoup d'efforts, je me rendis compte que je ne comprenais toujours strictement rien du contenu de ce livre. Je me sentis plutôt stupide, mais je me rendis compte que le problème était que ce livre, à la différence de celui de Born, demandait un niveau de mathématiques supérieur à celui du lycée. Il exigeait des notions de calcul différentiel que l'on n'apprend qu'à l'université, et je n'y connaissais rien. À travers cette expérience précoce, je me trouvais confronté avec ce fait que la théorie de la relativité générale est profondément différente de la théorie de la relativité restreinte.

Je refusai cependant d'abandonner, et je décidai que la première étape serait d'apprendre par moi-même le calcul différentiel. Je rassemblai donc plusieurs livres sur la question, et au cours des années suivantes, je les étudiais en détail. Je mis au point un rituel peu banal : tous les six mois environ, j'ouvrais le livre d'Einstein pour vérifier si mes progrès en mathématiques me permettaient enfin de comprendre un passage quelconque dans ce livre, aussi simple soit-il. Et comme on pouvait s'y attendre, je me retrouvais toujours complètement dans le noir.

Ce traumatisme précoce est responsable de presque toute mon éducation mathématique. J'ai acquis presque tous mes outils de calcul différentiel en m'enseignant moi-même pour atteindre le niveau où j'espérais comprendre ce livre. Mais je commençais à arriver au bout des nouveautés mathématiques à apprendre, et comme je ne comprenais toujours pas un mot, je perdis peu à peu tout espoir. J'allai à l'université, je devins un physicien, et les pages délaissées du livre devinrent friables tandis que j'abandonnais l'espoir de comprendre « la signification de la relativité ».

Bien des années plus tard, déjà physicien à Cambridge, je tombai par hasard sur ce vieil exemplaire du livre d'Einstein, oublié chez mes parents. Je l'ouvrai et soudain, tout devint clair. Je ne pouvais pas en comprendre un mot, non pas parce que j'ignorais les notions indispensables de mathématiques et de physique, mais parce que la notation utilisée était impénétrable.

Peut-être à cause de son éloignement forcé de l'université au début de sa carrière, Einstein utilisait effectivement un jeu de symboles très baroque, que personne d'autre n'a jamais utilisé, ni à l'époque, ni depuis. Par exemple, la vitesse de la lumière n'est pas notée c mais V. $E = mc^2$? Pas du tout… $L = MV^2$ est bien mieux ! Ces deux exemples ne sont pas trop difficiles à interpréter, mais lorsqu'on arrive à la relativité générale, le résultat ressemble à un texte codé : des lignes d'intégrales multiples, une débauche de lettres gothiques, des tenseurs écrits comme des matrices complètes, une parfaite caricature du griffonnage d'un savant fou ! Pour avoir un quelconque espoir d'en comprendre une ligne, il faut commencer par en briser le code.

Bien entendu, ayant appris la relativité générale par d'autres moyens, je pouvais la reconnaître dans ce livre, inverser la démarche, et déchiffrer cette notation démente. Mais si vous deviez découvrir la relativité générale dans ce livre, vous n'auriez aucune chance quelles que soient vos connaissances. Ce livre aurait aussi bien pu être écrit en chinois.

Mon père avait donc raison, bien que pour une mauvaise raison sans doute. En vérité, je ne pouvais pas comprendre le sens de « tous ces symboles, tous ces paramètres ». Mais comme il arrive souvent, vous finissez par gravir le mont Everest en voulant atteindre la Lune. De toutes manières, les enfants n'écoutent jamais leurs parents…

En 1906, Einstein était parfaitement conscient du fait que la théorie newtonienne de la gravité contredisait sa théorie de la relativité restreinte à un niveau très fondamental. Elle contredisait l'idée que rien ne peut voyager plus vite que la vitesse de la lumière. Ce n'est pas très difficile à comprendre.

La force de gravité est l'une des plus évidentes dans notre vie quotidienne. Pour commencer, elle nous empêche de nous envoler dans le ciel. Mais la gravité diffère de toutes les autres forces de la vie quotidienne de par un aspect très important. Toutes les autres forces semblent des forces de contact. Si vous boxez quelqu'un, cette personne a peu de doute qu'un contact a été établi. Et tout le reste, pousser, tirer, frotter, etc., toutes les forces mécaniques qui nous entourent semblent agir par contact direct, à tel point que l'idée de force comme action résultant d'un contact domine notre conception quotidienne de la force.

La seule exception apparente est la gravité, qui semble agir à distance. Quand je saute du haut d'un plongeoir, aucun câble ne me relie à la Terre, et pourtant celle-ci m'attire vers son centre. Le Soleil tire la Terre le long de son orbite en étant situé à 150 millions de kilomètres, à nouveau sans aucun besoin de câble. Ces faits ennuyaient Newton à un tel point qu'il exprima sa frustration au sujet de sa propre théorie dans les termes suivants : « Que la gravité puisse être telle qu'un corps agisse sur un autre, à distance, à travers le vide, sans la médiation de quoi que ce soit par lequel cette action et cette force puissent être transportées de l'un à l'autre des corps, cela me paraît être une absurdité si grande que je ne saurais croire qu'un homme puisse jamais y tomber. » Clairement, Newton aurait été beaucoup plus heureux si la Terre et le Soleil avaient vraiment été reliés par des câbles.

Bien entendu, l'idée d'action à distance n'est que superficiellement paradoxale : une brève réflexion montre que toutes les actions même celles que nous associons à un contact, sont en réalité des actions à distance. Êtes-vous réellement entrés en contact lors de ce coup de poing ? Essayez de visualiser les molécules dont vous êtes composés. Pensez par exemple à ces molécules comme à des systèmes solaires miniatures, gouvernés par l'électricité au lieu de la gravité, qui se repoussent les uns les autres quand on les approche. Elles ne se touchent pas réellement, elles se repoussent à une certaine distance quand on les approche assez près les unes des autres, et c'est ce qui produit l'impression de contact dans ce coup de poing. Il est même possible que quelques molécules aient été éjectées de votre main et du visage de l'autre, mais il n'y a certainement jamais eu de contact réel entre ces molécules.

Envisagées à l'échelle moléculaire, les forces mécaniques de contact sont donc également des actions à distance, bien que de type électrique. À un niveau fondamental, toutes les forces quotidiennes sont en réalité des actions à distance, soit gravitationnelles soit électromagnétiques. Il existe cependant plusieurs différences entre ces deux types de forces. Les forces électriques peuvent devenir insensibles à grande distance parce que les objets peuvent être électriquement neutres. Au contraire, rien n'est gravitationnellement neutre. Les forces électriques sont également beaucoup plus intenses que la gravité : une grande quantité de masse doit être rassemblée avant que la gravité devienne importante. Illustrons cela par le destin d'un homme sautant d'un avion sans parachute : la gravité met un certain temps à l'accélérer mais les forces électriques qu'il rencontre en s'écrasant au sol le freinent très rapidement !

En 1906, il y avait aussi une autre différence cruciale. On savait que les modes « électriques » d'action voyageaient à la vitesse de la lumière. En fait, toute la relativité restreinte est associée à la théorie électromagnétique de la lumière, et non pas avec les vaches comme je vous l'ai laissé croire. La gravité newtonienne était au contraire envisagée comme une action instantanée à distance. Et c'est là que se trouve la contradiction entre la gravité newtonienne et la relativité restreinte. D'après cette dernière, rien ne peut se propager plus vite que la lumière, et encore moins à une vitesse infinie.

La contradiction est plus fondamentale encore que cela. Dans la gravité newtonienne, si le Soleil change de position, la Terre le sait instantanément, via la force de gravité. Mais stop ! Instantanément signifie « au même instant », mais nous savons, dans le cadre de la relativité restreinte, que le concept de « même instant » est relatif et qu'il a une signification différente pour des observateurs différents. Par conséquent, une théorie qui affirme qu'une force s'exerce instantanément ne peut pas être cohérente avec la relativité restreinte, car nous savons que l'action doit avoir un sens absolu, identique pour tous les observateurs, pour éviter une contradiction.

Einstein devait faire face à ces difficultés : il disposait d'une part de sa théorie de la relativité restreinte et de l'autre de la gravité. Il devait remplacer l'action *instantanée* à distance de Newton, par une théorie dans laquelle la gravité se déplaçait à une vitesse finie, laquelle par simplicité devait être la vitesse de la lumière. Cela paraît simple ? Cela paraît toujours simple comme l'œuf de Colomb, quand le problème est résolu. En réalité, pour diverses raisons techniques, la gravité se refusait à voyager à la vitesse de la lumière, et Einstein tâtonna longtemps dans le noir.

L'inspiration vint enfin d'une ancienne expérience prêtée à Galilée et que personne n'avait jamais complètement comprise.

Dans un joli coin de la ville italienne de Pise s'élève un monument symbole de la capacité humaine à commettre des bourdes : une tour penchée, dont certains parient qu'elle ne restera plus longtemps debout malgré tous les efforts faits pour la consolider au moyen de la technologie moderne. La tour commença à pencher dès le début de sa construction, alors que les premiers étages commençaient à s'élever. Il est peu connu qu'à cette époque la tour penchait dans l'autre sens. Dans leur effort pour corriger l'affaissement des fondations, les architectes exagérèrent un peu, et la tour se mit rapidement à pencher dans l'autre sens, dans la direction actuelle.

Au fur et à mesure que s'élevaient les étages, on tenta de déguiser ce défaut en construisant les nouveaux étages horizontalement, une fois l'affaissement pris en compte. La conséquence en est que les étages intermédiaires de la tour ont la forme d'une banane. L'astuce a pu marcher au début, mais comme l'affaissement a continué au cours des siècles, cette forme courbée est désormais douloureusement visible.

La tour penchée de Pise est une succession d'erreurs, un peu comme les années qui conduisirent Einstein à la relativité générale. La différence est que, pour la tour, les erreurs sont toujours là, tandis que pour la relativité générale, seul le résultat final demeure.

On prétend que c'est du haut de cette tour que Galilée exécuta l'expérience célèbre au cours de laquelle il lâcha une série d'objets aussi lisses les uns que les autres (pour subir le même frottement de l'air) mais de poids différents. Il observa qu'ils mettaient tous le même temps pour arriver au sol, voyageant tous à la même vitesse. Cela contredisait la physique d'Aristote qui axiomatise cette notion de « bon sens » selon laquelle les objets lourds tombent plus vite que les objets légers. Mais, une fois soustrait l'effet du frottement, et en vérité tous les objets, lourds ou légers, soumis *exclusivement* à la gravité, tombent exactement à la même vitesse.

Vous n'êtes pas convaincu ? Prenez une feuille de papier, placez-la sur le dessus d'un gros livre (plus grand que la feuille) et laissez tomber le tout : vous verrez que le livre et la feuille arrivent en même temps au sol[1].

Ce fait étrange est contraire à l'intuition, et les réactions des gens sont parfois très passionnées. Je me souviens de m'être trouvé un jour en haut d'un plongeoir avec ma sœur et un type qui se demandait ce qui se passerait si la planche se cassait et que nous tombions tous. Il pensait que le désastre serait total car la planche, plus lourde, tomberait

1. L'expérience est un peu fallacieuse, mais faute d'aller sur la Lune, elle permet d'établir ce point.

plus vite que nous et nous écraserions ensuite dessus. Une controverse véhémente s'ensuivit, jusqu'à ce que ma sœur, plus intéressée à flirter avec ce type, nous dise d'arrêter tout ce non-sens.

Cet étrange phénomène fournit la base qui inspira la relativité générale. D'abord, il pointait une lacune de la théorie même qu'Einstein voulait remplacer : la théorie de Newton n'avait jamais vraiment pu expliquer pourquoi les corps lourds tombent avec la même accélération que les corps légers. En science comme dans les romans policiers, avant de trouver la solution correcte du mystère, vous devez trouver la faille dans la théorie dominante, mais fausse, l'erreur judiciaire qui a envoyé un innocent en prison et laissé en liberté le vrai criminel.

Comment Newton expliquait-il que tout tombait de la même manière ? Les corps massifs résistent plus aux forces, comme nous le savons. Cette résistance s'appelle l'inertie, et elle est mesurée par la *masse inertielle*. Plus la masse inertielle d'un objet est élevée et plus grande doit être la force nécessaire pour lui communiquer une accélération donnée.

Mais la gravité contrecarre cet effet en raison d'une particularité : elle attire avec plus d'intensité les corps massifs. Plus ils sont massifs et plus intense est la force de gravité qui s'exerce sur eux. Ce fait est mesuré par le poids, ou *masse gravitationnelle* d'un objet. Il se trouve que, pour tous les objets, la masse gravitationnelle est égale à la masse inertielle. Cette coïncidence est tellement évidente qu'il est rare de réaliser qu'elle n'a aucune raison d'être.

Donc, plus un objet est grand ou dense, plus son inertie (sa résistance à une accélération) est élevée, mais aussi plus son poids est élevé (la force de gravité qui s'exerce sur lui). Le corps résiste plus à la gravité, mais celle-ci tire aussi plus fort, et les deux effets se compensent *exacte-*

ment de sorte que l'accélération communiquée est la même, indépendamment de la masse.

Pourquoi ce fait constitue-t-il une lacune de la théorie de Newton de la gravité ? Parce que celle-ci ne fournit aucune explication à l'égalité exacte de la masse inertielle et de la masse gravitationnelle. Pour elle, c'est une coïncidence, voire une curiosité. L'observation montre une égalité exacte entre deux quantités assez différentes, une égalité qui s'applique à *tous* les objets sans distinction, et la théorie n'offre aucune explication de ce fait saisissant. Elle se contente d'affirmer qu'il est vrai.

Malgré cela, les succès de la théorie de Newton étaient, et continuent à être, si éclatants que personne ne s'est vraiment soucié, pendant deux siècles, de ce défaut conceptuel. À un certain point, le facteur essentiel dans le succès d'une théorie est de savoir si elle est opérationnellement correcte. Et aujourd'hui encore, les lancements de fusées sont basés sur la théorie de Newton de la gravité, et personne ne s'est jamais perdu dans l'espace.

Einstein ne partageait pas ce point de vue, et il réalisa vite qu'un innocent était en prison : il attira l'attention sur la lacune conceptuelle de la théorie de Newton. Il commença à se demander si le fait que tous les corps tombent de la même manière avait une signification.

Je sais bien que cela peut sembler dément, mais essayons de nous plonger dans la vision suivante. Prenons tous les objets qui ne sont gouvernés que par la gravité (les planètes autour du soleil, les comètes traversant le système solaire, les météorites tombant du ciel), et devenons maintenant complètement fous en imaginant que l'ensemble de l'espace et du temps, l'espace-temps, soit rempli de tels objets imaginaires en chute libre. Chaque point de l'espace-temps en possède, un pour chaque direction et pour chaque vitesse possible. Comme nous venons juste de le voir, la nature de l'objet affecté à chaque point n'a aucune importance, car tous tombent de la même manière et tous suivent une trajectoire qui ne se soucie pas de qui l'emprunte. C'est à tel point qu'il semble que les trajectoires suivies par cet essaim d'objets libres ne dépendent pas de qui tombe, mais sont une propriété de l'espace-temps dans lequel ils tombent, un espace-temps parcouru par la gravité.

En général, ces trajectoires sont plutôt courbes car une propriété fondamentale de la gravité est de détourner des objets d'un mouvement rectiligne uniforme. Préparons nous maintenant pour le grand saut conceptuel : tout se passe comme si ces lignes, les trajectoires des objets en chute libre, qui appartiennent en réalité plus à l'espace-temps qu'aux objets qui tombent, décrivaient la topographie d'une surface courbée. Cela veut dire qu'elles essaient de nous faire comprendre que cette surface à quatre dimensions, l'espace-temps, est courbe. En d'autres termes, les objets en chute libre matérialisent pour nous les méridiens, le squelette, d'un espace-temps courbe, de la même façon que vous pourriez matérialiser la surface d'une montagne en y peignant tous les chemins les plus courts parcourus par tous les randonneurs possibles.

De fait, après beaucoup d'essais et d'erreurs, Einstein finit par réaliser qu'une manière de comprendre l'effet de la gravité sur des objets en chute libre était de déclarer que ces objets suivent des lignes que l'on appelle des géodésiques, qui sont les lignes les plus droites possible dans un espace-temps courbe. Et la gravité n'est rien d'autre que la courbure de l'espace-temps. Un corps massif comme le Soleil ne fait en réalité rien d'autre autour de lui que de courber l'espace-temps. Les objets libres suivent alors les géodésiques de cette topographie déformée.

La figure 3.1 montre la raison pour laquelle la Terre parcoure un cercle autour du Soleil. Selon Einstein, l'espace autour du Soleil devient tubulaire comme le montre la figure. Pour faire le tour du tube en suivant le chemin le plus court, vous devez voyager en cercle (vous pouvez essayer vous-même les autres possibilités). Bien que ce soit là une représentation un peu grossière de ce qui se passe en réalité, cela vous en donne une idée.

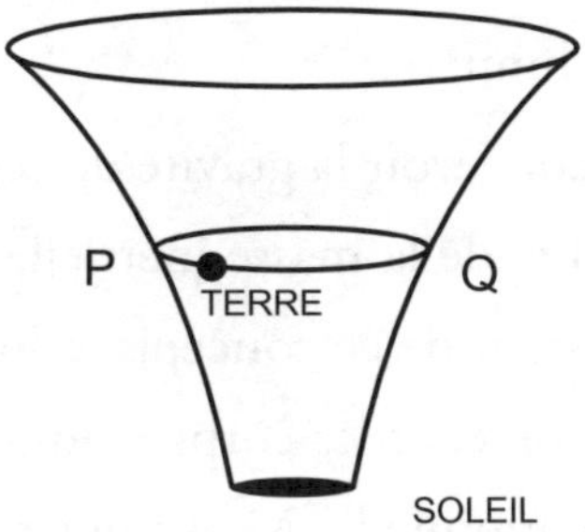

Figure 3.1

Dans l'espace tubulaire qui entoure le Soleil, la Terre suit le chemin le plus court entre les points P et Q. Alors que dans un espace plat, un tel chemin est une ligne droite, dans cet espace il est approximativement circulaire. Ceci est un peu simplifié, car la trajectoire de la Terre est une géodésique dans l'espace-temps et non dans l'espace seul. Parce que la Terre se déplace le long de la direction du temps à la vitesse de la lumière, sa trajectoire dans l'espace-temps est en réalité une spirale très étirée.

Cela se révéla le bon chemin dans le labyrinthe. C'est une manière excentrique de voir les choses, mais elle possède de nombreuses vertus. La première est de vous apporter un outil, la géométrie différentielle, qui traite des surfaces courbes : c'est exactement cette horrible discipline mathématique que j'essayais sans succès d'apprendre quand j'étais jeune. La géométrie différentielle est admirablement bien adaptée à la description d'une telle perception du monde. Quand vous l'utilisez pour écrire les équations qui disent comment la matière produit une courbure à distance, vous trouvez qu'il est extrêmement facile d'inscrire dans cette action « géométrique » à distance une vitesse de propagation, qui n'est autre que la vitesse de la lumière. Nous avons ainsi une manière d'éviter l'incohérence entre gravité et relativité restreinte. La gravité n'est plus une action instantanée à distance, mais plutôt la manière dont une masse courbe l'espace-temps ; son action voyage à la vitesse de la lumière.

La seconde vertu de concevoir la gravité de cette manière est d'expliquer la mystérieuse égalité de la masse inertielle et de la masse gravitationnelle, en se débarrassant de ce concept : selon la relativité générale, la gravité n'est pas une force, et les corps n'ont donc pas réellement de poids ni de masse gravitationnelle. Mais nous ressentons le poids, et si cette sensation n'est pas une force, qu'est-ce que c'est ?

Pour la relativité, la gravité est simplement une distorsion de l'espace-temps. Dans un espace plat, la loi de l'inertie vous dit qu'un corps sur lequel aucune force n'agit se déplace en ligne droite à vitesse constante. En d'autres termes, il ne subit aucune accélération. La théorie d'Einstein énonce que sous l'effet de la gravité, les corps ne sont soumis à aucune force mais qu'ils se déplacent en ligne droite à vitesse constante dans un espace-temps courbe.

De ce point de vue, la courbure s'occupe de tout : il n'existe plus de force de gravité, le concept de masse gravitationnelle n'a plus de sens et son identité avec la masse inertielle n'est plus un mystère. Cependant si leur identité dans l'image newtonienne était violée, aussi faible que soit cette violation, nous serions dans l'incapacité de réinterpréter la gravité à la manière d'Einstein et de la concevoir comme géométrie plutôt que comme force. Telles que sont les choses, et chaque chose à sa place…

Pour résumer, dans cette étonnante interprétation de la gravité, la matière affecte la forme de l'espace qui l'entoure en le courbant. À son tour, cet espace courbe détermine les trajectoires des objets qui s'y déplacent. La matière dit à l'espace comment il doit se courber, et l'espace dit à la matière comment elle doit se déplacer.

Ce qui restait à déterminer était l'équation exacte précisant comment la matière courbe l'espace, ce que l'on appelle aujourd'hui l'équation d'Einstein du champ gravitationnel. Ce fut un dur travail, mais les difficultés conceptuelles étaient surmontées.

Les gens se demandent souvent comment Einstein, après tant d'essais et d'erreurs, sut que sa solution était juste. On dit parfois que son « sens de l'élégance » lui dit qu'il était parvenu à la vérité. Ce n'est qu'en partie vrai. Bien sûr, Einstein abouti en 1915 à quelque chose qui était trop beau pour ne pas être vrai. Mais il était déjà tombé dessus auparavant, et l'avait abandonné. En fait, il existait de nombreuses raisons simples et objectives pour éliminer les autres possibilités, et pour moi ces motifs sont, de tous, ceux qui ont le plus de valeur. Ils sont certainement les plus appropriés à mon propre travail sur une théorie de la vitesse variable de la lumière.

Dès le début, Einstein était guidé par ce fait absolument évident que la théorie de Newton rendait très bien compte de toutes les observations : comme je le disais, les agences spatiales l'utilisent quotidiennement. De fait, en 1915, elle expliquait tous les phénomènes gouvernés par la gravité (à une seule exception près, très subtile, et dont je parlerai bientôt). Par conséquent, Einstein savait que sa théorie générale, quelle que soit la forme qu'elle finirait par prendre, devrait donner, pour tout calcul effectif que l'on voudrait faire avec elle, un résultat extrêmement proche de celui de la théorie de Newton. Fort heureusement, ce critère très simple éliminait la majorité des candidats : il ne s'agissait pas tellement de trouver la proverbiale aiguille dans une botte de foin, mais plutôt de trouver une botte de foin dans un pré.

Cette approche astucieuse révèle la volonté d'Einstein de progresser en s'appuyant sur Newton. Il est courant de croire que les savants rêvent de détruire tout ce qui a été accompli avant eux, à la manière de certains autres intellectuels. Mais c'est rarement le cas en physique. Comme des rabbins, les physiciens doivent toujours commencer par réaffirmer et louer hautement tout ce que leurs prédécesseurs ont affirmé, avant d'avancer des subtilités nouvelles. Et c'est ce qui se passa pour les théories d'Einstein et de Newton.

La distinction entre elles serait cependant une pure affaire de goût si, à un niveau très subtil, elles ne prédisaient pas des résultats différents. C'est là qu'une révolution se préparait. Une révolution en deux parties, comme nous allons le voir, portant sur une question qui déconcerte les non-scientifiques : la science doit-elle prédire ou « post-dire » l'expérience ?

J'ai donné un jour une interview à la télévision à propos de la théorie VVL, à la fin de laquelle je déclarais qu'au point où j'en étais, je cherchais des expériences pour trancher si elle était juste ou fausse. Le jour suivant, un journaliste m'accusa d'avoir compliqué les choses en reconnaissant que la théorie VVL n'était « qu'une théorie » ! En fait, la science n'est en grande partie « qu'une théorie » et n'est *pas* essentiellement motivée par l'existence d'observations réclamant à tout prix une explication. Ces « pures théories » doivent cependant clairement prédire de nouvelles observations, de nouveaux faits déduits par les théoriciens de pures considérations mathématiques. Si ces prédictions sont confirmées par les observations, la théorie est correcte, si elles sont réfutées, elle est fausse. C'est aussi simple que cela, la science n'est pas une religion.

Derrière la prédiction se cache l'idée selon laquelle les théoriciens ont la responsabilité de dire aux observateurs ce qu'ils doivent rechercher. Vouloir élargir nos connaissances en attendant que de nouvelles découvertes soient faites par accident est aussi efficace que de vouloir chasser en pleine obscurité. Avec autant de directions possibles, comment savoir dans laquelle rechercher quelque chose de neuf ? Il est préférable d'avoir une théorie qui vous guide pour savoir ce que vous devez chercher. Il est indubitable que c'est bien l'observation qui établit les faits, mais sans théorie, beaucoup de temps risque d'être perdu à chercher en vain.

Naturellement, la science va parfois dans l'autre sens, et c'est aussi bien quand cela se passe ainsi. L'expérience peut avoir de l'avance sur la théorie et nous pouvons découvrir de nouveaux faits par l'observation. La théorie a alors pour objectif de « post-dire » des observations établies. Le rôle du théoricien est alors de rassembler les nouvelles données existantes et de bâtir une théorie qui « explique tout », c'est-à-dire un cadre dans lequel toutes les observations trouvent leur interprétation.

Dans la réalité, par conséquent, prédiction et « postdiction » jouent toutes deux un rôle important pour la science et elles ne sont pas exclusives l'une de l'autre. La vision d'Einstein de la gravité fut effectivement confirmée par deux observations spectaculaires : la première était une postdiction et la seconde une prédiction.

Il n'existait en 1915 qu'un seul phénomène inexpliqué par la théorie de Newton de la gravité. Les planètes décrivent autour du Soleil des orbites presque circulaires, mais une inspection plus rigoureuse montre qu'il s'agit en réalité d'ellipses quasiment circulaires. La figure 3.2 nous montre une ellipse en exagérant fortement sa différence avec un cercle : une ellipse a deux axes, aussi montrés, et plus leurs longueurs sont différentes plus l'ellipse s'écarte du cercle. Dans leur jargon, les mathématiciens disent que *l'excentricité* de l'ellipse est de plus en plus grande.

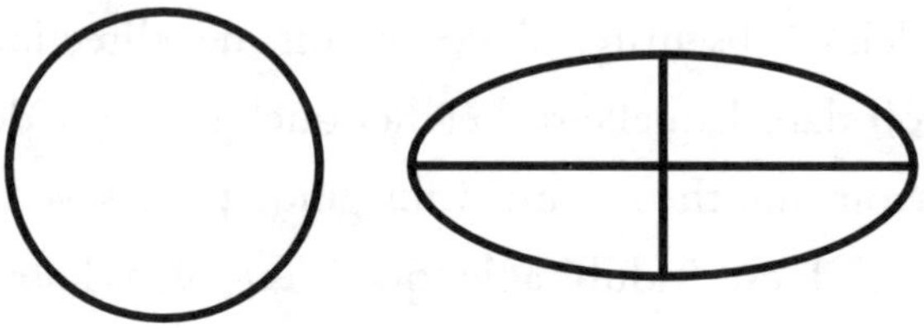

Figure 3.2

Un cercle à gauche ; une ellipse et ses axes à droite. Plus un axe diffère de l'autre, plus l'ellipse diffère d'un cercle et plus grande est son « excentricité ».

À l'exception de celles de Mercure et de Pluton, les orbites des planètes du système solaire ne sont pas très excentriques. Par exemple, les deux axes ne diffèrent que de quelques pour cent dans le cas de la Terre, et notre distance au Soleil varie donc fort peu. Cependant l'écart entre les orbites planétaires et des cercles est parfaitement à la portée des observations astronomiques et il fut rapidement établi dans la vague qui suivit la révolution copernicienne (expression sophistiquée pour dire que le Soleil et non la Terre était au centre du système solaire). La nature elliptique de ces orbites fut d'abord déduite des observations astronomiques par Johannes Kepler, et donne ce que l'on appelle maintenant la première loi de Kepler.

Cette loi est en quelque sorte une postdiction de la théorie de Newton. Celui-ci la déduit mathématiquement dans son ouvrage célèbre, les *Principia*. Seulement cette déduction suppose que le système solaire ne contient que le Soleil et une planète (n'importe laquelle mais une seule). Mais en réalité il y a plusieurs planètes, et chacune n'est donc pas seulement soumise à l'attraction du Soleil, mais également, quoiqu'à un moindre degré, à celle de toutes les autres planètes. Il est donc indispensable de corriger l'approximation faite par Newton. La manière de procéder est de dire que, dans un premier temps, les planètes ne connaissent que le Soleil et s'ignorent mutuellement. Elles suivent alors des orbites elliptiques. Ce mouvement est, dans un second temps, perturbé par toutes les autres planètes, et les orbites elliptiques sont modifiées en conséquence. La seule chose à faire est de calculer cette petite correction.

C'est un calcul classique de physicien, dont le résultat, selon la théorie de Newton, est que chaque ellipse pivote lentement à cause des perturbations des autres planètes : le grand axe change lentement de direction là où la planète se déplace le plus vite. La prédiction newtonienne exacte est donc que les orbites des planètes sont des rosaces comme celle de la figure 3.3. L'effet est tout petit, presque imperceptible et chaque révolution quasi-elliptique se referme pratiquement. Chaque nouvelle « année », une planète parcourt donc un territoire très légèrement décalé par rapport à la précédente. Une rotation complète de l'ellipse dure en général des milliers d'années planétaires.

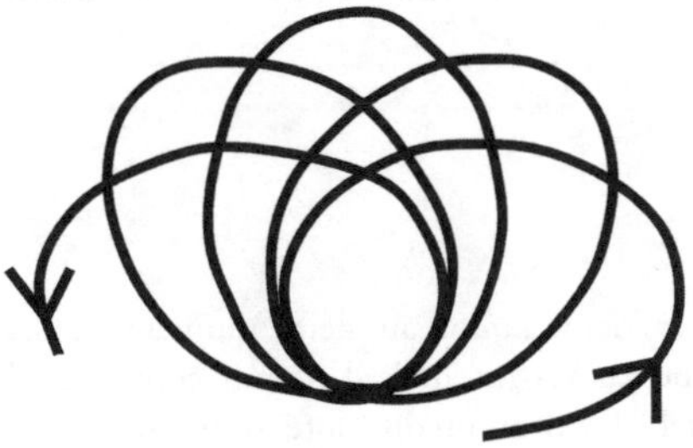

Figure 3.3

Ce phénomène fut effectivement observé au XIXe siècle, alors que toutes les planètes jusqu'à Uranus étaient connues. Un accord excellent fut trouvé avec les calculs newtoniens pour les orbites de Vénus, de la Terre, de Mars, de Jupiter et de Saturne. Un désaccord minime subsistait entre théorie et observation pour l'orbite d'Uranus : en calculant l'effet des perturbations dues à toutes les planètes intérieures (Neptune et Pluton étaient encore inconnues) on n'aboutissait pas exactement à la rosace observée. Quelque chose manquait, soit dans la théorie, soit dans les observations.

À ce point, nous pouvons apprécier un chef-d'œuvre de prédiction, élaboré par l'astronome français Urbain Le Verrier. La foi de ce dernier dans la théorie de Newton était telle qu'il s'autorisa quelque chose de radical. Il décida que la façon la plus simple de sortir de l'impasse était de postuler l'existence d'une planète plus lointaine, dont l'effet perturbateur sur Uranus serait capable d'expliquer, dans le cadre de la théorie de Newton, exactement ce qui était observé [1].

Cette planète, baptisée Neptune, devait se trouver suffisamment loin du Soleil pour que son éclat soit faible, ce qui expliquerait pourquoi les astronomes ne l'avaient jamais vue jusque-là. Le Verrier calcula plusieurs des propriétés requises pour cette planète hypothétique. Il indiqua aux astronomes où ils devraient la trouver, et quelques semaines plus tard elle fut effectivement observée à l'endroit prédit. Impressionnant [2].

1. John Adams accomplit le même exploit au même moment en Grande-Bretagne, parvenant aux mêmes résultats que Le Verrier, mais il ne put convaincre l'Astronome Royal de Sa Majesté d'observer le ciel à l'endroit prédit (note du traducteur).
2. Pluton est bien trop éloignée et trop petite pour avoir un effet visible sur Uranus ou sur Neptune.

Cet incident joua un grand rôle pour établir encore plus solidement la théorie de Newton de la gravité. Mais peu après, une autre anomalie planétaire fut découverte. Elle concernait cette fois l'orbite de Mercure, dont l'ellipse est particulièrement excentrique et pivote sur elle-même plus rapidement que celle des autres planètes. Une révolution complète de l'ellipse de Mercure prend tout de même 23 143 années terrestres (cette durée ne doit pas être confondue avec le temps mis par Mercure pour faire le tour de cette ellipse, qui n'est que de 88 jours terrestres).

Cependant, le calcul utilisant la théorie de Newton, tenant compte des perturbations de toutes les planètes, conduisait à une valeur différente : l'ellipse de Mercure aurait dû accomplir une révolution complète en 23 321 années terrestres. Elle pivotait légèrement plus vite que dans la prédiction newtonienne. À nouveau, les savants conclurent que quelque chose manquait, soit dans la théorie, soit dans les observations. Il n'est pas surprenant que Le Verrier après son précédent succès, décide de rejouer la même carte, et il postula l'existence d'une planète à l'intérieur de l'orbite de Mercure. Cette planète, baptisée Vulcain, devait être plus petite que Mercure et très proche du Soleil. Son observation serait donc extrêmement difficile, puisqu'elle serait très peu lumineuse et toujours très proche du Soleil (il était possible qu'on ne puisse jamais la voir de nuit). Cela expliquerait pourquoi elle n'avait jamais été observée. De nouveau, Le Verrier calcula où et quand les astronomes devraient chercher Vulcain, et il se prépara à recevoir une nouvelle ovation.

Mais quand la recherche de cette nouvelle planète fut entreprise, les résultats furent très décevants. Vulcain ne fut jamais observée. Les années passèrent et de temps à autre des astronomes amateurs à la recherche de leur quart d'heure de gloire « observaient » la planète fantôme, mais aucune de ces prétentions ne fut jamais vérifiée indépendamment. Vulcain tomba dans le territoire qu'occupent aujourd'hui les OVNI : elle apparaissait à ceux qui désiraient intensément la voir, mais aucune détection scientifique certaine ne fut jamais accomplie. Les savants ne savaient pas très bien ce qu'ils devaient en conclure. Cela devint un mystère avec lequel les gens décidèrent de vivre plutôt que de l'expliquer.

Imaginez la joie d'Einstein quand il se rendit compte qu'en appliquant sa théorie finale de la gravité à l'orbite de Mercure, il pouvait rendre compte exactement de la rosace observée sans nul besoin de Vulcain ! La correction que sa théorie imposait aux calculs newtoniens était mesurable pour Mercure, mais elle était négligeable pour toutes les autres planètes. Sa théorie récupérait ainsi tous les succès de celle de Newton, tout en résolvant l'unique problème que celle-ci était incapable d'expliquer. La situation n'aurait pu être meilleure.

Einstein raconte lui-même que, pendant quelques jours, il était surexcité, incapable de rien faire, immergé dans une stupeur enchantée : il vivait comme dans un rêve. La nature lui avait parlé. Je dis souvent que la physique est jubilatoire parce qu'elle peut vous donner une poussée massive d'adrénaline. Ce jour-là, Einstein a dû ressentir une super overdose.

Une seconde approbation de la nature l'attendait, cette fois dans le territoire périlleux des prédictions. Dès le début de ses réflexions, Einstein avait conclu que si l'expérience de Galilée à la Tour Penchée était prise au sérieux, la lumière aussi devait tomber sous l'effet de la gravité. Si la gravité ne s'intéresse pas à la nature de ce qui tombe, la lumière devait se comporter exactement comme les autres objets rapides. Ces objets voient leur trajectoire courbée par la gravité, d'autant plus courbée qu'ils sont lents. Par conséquent, les rayons de lumière devaient être courbés en passant à proximité de corps très massifs, même si c'était très légèrement. La question était maintenant de savoir l'ampleur de la déviation.

Il apparut que la réponse variait considérablement d'une théorie à une autre, même en se limitant à celles qui redonnaient des prédictions newtoniennes en première approximation. Einstein effectua les premiers calculs de cette déviation aux alentours de 1911 (en fait dans le cadre de sa théorie où la vitesse de la lumière changeait). Pour que l'effet soit aussi grand que possible et que les astronomes aient une chance de l'observer, il considéra la situation suivante.

Il rechercha d'abord l'objet le plus massif autour de nous, puisque plus la masse était importante, plus la gravité serait intense, et donc plus la lumière serait déviée. Il choisit donc le Soleil comme source de gravité.

Il considéra ensuite les rayons lumineux qui frôlaient le Soleil. Il savait que l'effet de la gravité décroît rapidement avec la distance, et donc plus un rayon lumineux passait près du Soleil, et plus il serait dévié.

Il examina donc ce qui arriverait à l'image des étoiles se trouvant dans le ciel juste au bord du disque du Soleil. Plus précisément, il calcula comment leurs positions apparentes dans le ciel changeraient en raison de la déviation de leurs rayons lumineux.

Mais, bien entendu, personne ne peut voir d'étoiles près du Soleil, car si vous pouvez voir le Soleil, il ne fait pas nuit ! Eh bien, ce n'est pas tout à fait juste. C'est à cela que servent les éclipses, en ce qui concerne les astronomes en tout cas. Au cours d'une éclipse totale, le disque de la

Lune recouvre complètement celui du Soleil, et il est donc possible de voir les étoiles proches du Soleil au cours de cette nuit exotique en plein jour. La proposition d'Einstein est schématisée sur la figure 3.4. Comme le montre cette image, la gravité du Soleil jouerait comme une loupe subtile et gigantesque agrandissant les images. Et d'ailleurs le terme de *lentille gravitationnelle* est quelquefois utilisé pour décrire ce phénomène. Il est même possible de voir des étoiles « derrière » le Soleil, parce que les rayons lumineux peuvent tourner autour d'un coin, si le coin est suffisamment massif.

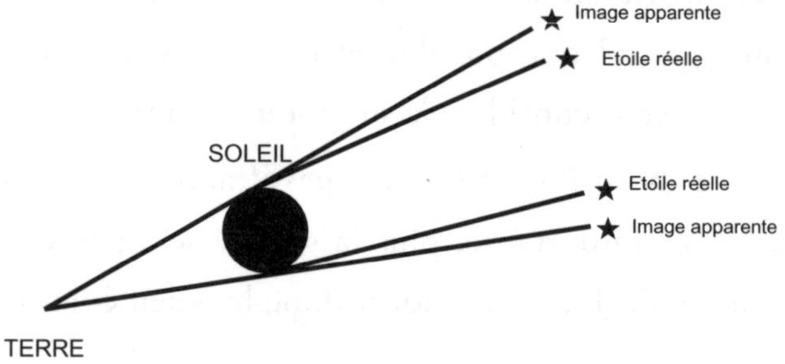

Figure 3.4

La proposition d'Einstein pour détecter la déviation des rayons lumineux par le Soleil : un observateur sur Terre observe des étoiles dont la lumière frôle le bord du Soleil. La déviation donne l'impression que l'image de l'étoile se trouve un peu plus écartée du Soleil.

L'effet est bien sûr très faible, et il s'agit d'une expérience délicate nécessitant l'utilisation experte de quelques astuces. La plus évidente est de s'intéresser à des amas d'étoiles plutôt qu'à une étoile isolée et d'examiner comment leur position relative se déforme à cause de la déviation des rayons lumineux passant près du Soleil. Il existe de nombreux amas d'étoiles dans le ciel et, avec un peu de chance, l'un d'eux peut se trouver juste derrière le Soleil (vu de la Terre) au moment d'une éclipse totale. La seule chose à faire était de prendre deux photos de l'amas, l'une loin du Soleil et l'autre pendant l'éclipse quand la lumière de ses étoiles frôlait le Soleil. En comparant les deux images, la seconde devrait montrer l'amas légèrement dilaté, comme s'il était vu au travers d'une lentille (voir la figure 3.5).

Figure 3.5

L'effet de lentille gravitationnelle du Soleil : un amas d'étoiles (à gauche) passant derrière le Soleil au moment d'une éclipse doit apparaître agrandi (à droite). L'effet est ici fortement exagéré.

Tel était l'objectif donné par Einstein aux astronomes. Il lui restait à calculer l'angle exact de déviation dans la théorie de la relativité générale. Le calcul de 1911 avait conduit à une prédiction concrète : il prévoyait qu'un rayon lumineux frôlant le Soleil devait être dévié de 0,00024 degré. Cela représente l'angle sous lequel serait vu un ballon de football à 50 km de distance. Un angle très petit en vérité. Par comparaison, le Soleil ou la Lune sont vus sous un angle d'un demi-degré environ. Heureusement, résoudre (comme disent les astronomes) un angle si petit était — de justesse — à la portée des meilleurs télescopes disponibles au début du XXe siècle. L'effet prévu par la relativité générale était donc, en principe, mesurable.

Restait à trouver la bonne conjonction de conditions favorables. Les éclipses totales sont rares si on se limite à une région réduite de la Terre, mais elles sont relativement fréquentes pour la Terre entière : il arrive chaque année deux éclipses de Soleil au minimum, cinq au maximum. Mais toutes ne sont pas des éclipses totales au cours desquelles la Lune masque totalement le Soleil. De plus, toutes les éclipses totales ne sont pas utilisables, car il faut encore avoir la chance qu'un amas d'étoiles soit à ce moment-là dans l'axe de l'alignement Terre-Lune-Soleil. Ces deux événements n'ont aucun rapport, et c'est un peu comme d'avoir une pleine Lune précisément un vendredi 13. Les astronomes devaient donc attendre patiemment l'arrivée de conditions favorables avant de mettre enfin la théorie à l'épreuve.

C'était d'ailleurs aussi bien. Il se trouve que l'angle de déviation calculé en 1911 par Einstein n'était pas le bon. J'ai dit que le résultat du calcul dépendait de manière sensible des détails fins de la théorie de la gravité employée, et toutes les formulations intermédiaires de la relativité générale conduisaient à un résultat faux. La forme définitive de la théorie donne en fait le double de la valeur indiquée en 1911 : 0,00048 degrés de déviation. Avant d'aboutir, en 1915, à sa théorie définitive, Einstein faisait donc une prédiction erronée pour cet effet. Cela eut été fort embarrassant.

Pour rendre la situation pire encore, par une ironie du destin, deux éclipses aux conditions parfaites pour observer l'effet de lentille gravitationnelle eurent lieu entre 1911 et 1915, et des expéditions astronomiques furent dépêchées dans les régions du globe où elles devaient se produire.

La première expédition, conduite par des Argentins, devait tirer profit d'une prometteuse éclipse totale attendue au Brésil en 1912. Un riche amas d'étoiles se trouverait alors derrière le Soleil, dans les conditions optimales pour l'observation. Des jeux de photos de l'amas furent pris tandis qu'il était loin du Soleil, et l'expédition partit pleine d'espoir. Hélas, il plut à torrents toute la journée et il n'y avait rien d'autre à voir qu'une épaisse couche de nuages.

La seconde expédition était conduite par des Allemands et sa cible était une éclipse visible de Crimée en 1914. Les tables astronomiques révélaient à nouveau des conditions parfaites pour observer l'effet de lentille gravitationnelle, et un dense amas d'étoiles devait se trouver derrière le Soleil. Des jeux de photographies, prises loin du Soleil, furent à nouveau préparés et l'expédition partit pleine d'enthousiasme. Tout se passait bien et la météorologie était plutôt optimiste quand, à quelques jours de l'éclipse, la Première Guerre Mondiale éclata. L'expédition se trouvait soudain en plein territoire ennemi, certains membres fuirent à temps, d'autres furent faits prisonniers. Ils finirent tous par rentrer chez eux sains et saufs, mais, est-il besoin de le préciser, sans aucune donnée.

Une bonne étoile semblait donc veiller sur Einstein par-dessus son épaule tandis qu'il commettait des erreurs, les corrigeait, et progressait péniblement vers la version finale de sa théorie. Les astronomes lui accordèrent, par accident, un sursis tandis qu'il mettait au point les détails les plus fins.

Ce n'est qu'en 1919 qu'une expédition britannique, conduite par Eddington et Crommelin, finit par observer cet effet. À ce moment, Einstein avait abouti à la version finale de sa théorie et à la prédiction correcte, que l'observation confirma brillamment.

Sacré veinard !

4
La plus grande erreur de sa vie

J'aime à considérer l'Univers comme un être vivant, un être organique. Nous sommes les cellules de cet être, tous les soleils que nous voyons dans le ciel rayonnent la lumière qui constitue le sang qui circule à travers les immenses cycles de l'Univers. Les forces qui gouvernent cet organisme unique sont des forces physiques, comme celles qui constituent et qui gouvernent les êtres humains. Et comme pour chacun d'entre nous, quand nous regardons le tableau d'ensemble, nous constatons que l'organisme global transcende immensément le mécanisme qui contrôle les pièces et les éléments de cet ensemble.

L'entreprise suivante d'Einstein n'était rien de moins qu'un modèle mathématique, fondé sur la relativité générale, de cet organisme gigantesque. Ce modèle décrivait l'Univers comme empli d'une substance inhabituelle, le *fluide cosmologique*, fluide dont chacune des extraordinaires molécules était une galaxie entière. Einstein trouva que son équation du champ gravitationnel lui permettait de calculer les relations entre toutes les variables qui décrivaient l'Univers, ainsi que la façon dont ces variables changeaient au cours du temps. En faisant cela, Einstein eut un choc désagréable : son équation suggérait un Univers remuant plutôt qu'immobile. La relativité générale conduisait à un Univers explosant depuis une naissance violente au moment du big-bang.

Sous certains aspects, l'Univers remuant révélé par la relativité générale ressemble à certaines personnes : sauvage, indompté, malappris. La différence est que cet Univers inconvenant doit son effervescence à un simple problème hormonal : la gravité attire. Cela est vrai que nous la concevions comme une force, à la manière de Newton, ou comme une géométrie, à la manière d'Einstein. C'est un simple bon sens : la Terre nous attire vers elle au lieu de nous envoyer au ciel.

Ce simple fait, le côté attirant de la gravité, suffit à suggérer qu'un Univers immobile, statique, est impossible, et Einstein réalisa cela immédiatement. Cela est facile à voir. Imaginez un Univers statique et laissez-le évoluer. Laissé à sa propre gravité, il s'effondre rapidement sous son propre poids, chacune de ses parties attirant toutes les autres dans un mouvement de contraction destiné à s'achever par un grand écrasement. La seule manière d'empêcher la gravité de mener à une contraction généralisée est de permettre une expansion généralisée dans laquelle toutes les parties s'éloignent les unes des autres. La gravité ralentit alors cette expansion, chaque partie attirant chaque partie et freinant son éloignement. Mais si l'expansion est assez rapide, l'attirance gravitationnelle ne suffit pas à l'arrêter et l'écrasement est évité.

Pour être plus précis, si nous autorisons une expansion de l'Univers, nous avons deux facteurs en lutte : le mouvement cosmique et la force de gravité. Nous devons alors comparer la vitesse d'expansion de l'Univers à un moment donné avec la masse qu'il contient (laquelle règle l'intensité de la gravité). Le calcul indique qu'il existe une vitesse d'expansion critique pour une masse donnée, une vitesse de libération pour l'Univers. Cela ressemble assez à ce qui arrive à une fusée qui veut quitter la Terre. Si sa vitesse initiale est suffisante, elle finira par échapper à la gravité de la Terre et partir à l'infini. Si elle est trop faible, la gravité finira par la ramener sur Terre. De la même façon, pour une densité donnée de matière dans l'Univers, il existe une vitesse critique d'expansion cosmique, en dessous de laquelle l'expansion finira par s'arrêter et l'Univers retomber sur lui-même, et au-dessus de laquelle l'expansion continue éternellement.

Dans aucun scénario possible, et simplement parce que la gravité attire, l'Univers ne peut demeurer immobile. Têtu, il veut bouger, se contracter ou se dilater, ce qu'Einstein se refusait à croire. Et de là vient la plus grande erreur de sa vie : le combat pour trouver une solution statique de son équation du champ gravitationnel.

La permanence de l'Univers était, en 1917, une croyance fixée dans la philosophie occidentale : « Les cieux durent de l'éternité à l'éternité. » Einstein était donc profondément troublé de découvrir que son équation du champ ne prévoyait aucune solution statique. Face à cette contradiction entre sa théorie et les croyances philosophiques établies [1], Einstein eut un moment de faiblesse : il modifia sa théorie.

S'il avait été un peu moins brillant, il n'aurait peut-être jamais commis cette erreur. Il n'aurait pas réussi à trouver une façon de corriger un problème inexistant, et il aurait sans doute fini par accepter ce que lui enseignaient ses propres mathématiques. Mais il était (malheureusement pour lui) « trop » intelligent, et trouva rapidement une

1. Affirmation discutable. D'une part, la philosophie *chrétienne*, sur laquelle s'appuie une partie non négligeable de la civilisation occidentale, suppose une création (et une fin) du monde. D'autre part, en 1917, les connaissances astronomiques favorisaient un Univers statique. Friedmann n'était pas freiné par ces connaissances qu'il ignorait et, quelques années plus tard, Lemaître connaissait les données de Slipher et de Hubble (note du traducteur).

modification simple de son équation du champ qui lui permettait de construire, dans son esprit, un Univers statique.

Il y arriva en ajoutant un terme supplémentaire dans l'équation du champ. Ce terme s'appelle « la constante cosmologique » et elle est souvent dénotée Lambda, d'après la lettre grecque utilisée par Einstein. Cette modification obscure revenait essentiellement à attribuer une énergie, une masse et un poids au *néant*, au *vide*. Elle formait une horrible tache sur une théorie aussi belle, quelque chose ajoutée arbitrairement sans autre raison que de permettre à la théorie de la relativité générale de prédire un Univers statique.

La constante cosmologique est une modification simple de l'équation du champ gravitationnel, et elle semble à première vue totalement inoffensive. Ses conséquences sur l'orbite de Mercure ou sur la déviation de la lumière étaient quasiment négligeables. Mais, dans le cas de la cosmologie, ainsi qu'à un niveau très fondamental, la situation était complètement différente. La constante cosmologique est le 666 de la physique, le nombre horrible dont nous semblons encore aujourd'hui incapables de nous défaire. Tandis que je travaillais sur la théorie VVL, j'ai perdu bien des nuits de sommeil, hanté par le spectre de Lambda.

Comme toute chose démoniaque, les premiers jours de la constante cosmologique furent innocents. D'après la relativité générale, comme nous le savons, tout tombe démocratiquement, de la même manière, le long de ces lignes de l'espace-temps que l'on appelle des géodésiques. Le revers de la médaille est que tout est également source de gravité, tout courbe l'espace-temps et déforme les géodésiques. Ceci conduit à de nouveaux effets surprenants, bien éloignés de notre expérience, mais que l'on sait depuis le début être des prédictions solides de la relativité. Par exemple, lumière et électricité sont pesantes. Non seulement la lumière est déviée par la gravité, mais elle attire aussi les autres objets. Un rayon lumineux suffisamment énergétique vous attirerait à lui. Le mouvement a lui aussi un poids, et une étoile rapide attire plus intensément qu'une étoile lente. En pratique, la gravité émane de tout, de la chaleur, de la lumière, des champs magnétiques, et aussi de la gravité elle-même. Ce dernier point rend les mathématiques de la relativité générale très compliquées, car elles décrivent comment la matière engendre la gravité, puis comment cette gravité engendre plus de gravité, et ainsi de suite dans une cascade imbriquée.

Cela était déjà clair dans l'équation standard du champ gravitationnel, mais Einstein posa alors une question pénétrante : le « néant », le vide, peut-il aussi engendrer la gravité ? Et dans ce cas, quel est le poids du néant ?

La question paraît absolument démente, mais nous avons déjà vu cet homme poser des questions folles, avec des conséquences dévastatrices. En fait, les relations entre Einstein et le « néant » furent toujours complexes et, d'une certaine façon cette question et la genèse de la constante cosmologique furent le zénith d'une liaison longue et chaotique.

Il y eut un temps où les savants pensaient que « quelque chose » emplissait le « néant », et ce quelque chose était nommé « l'éther », équivalent scientifique d'un ectoplasme. La théorie de l'éther atteignit sa plus grande popularité au XIXe siècle, en parallèle avec la théorie électromagnétique de la lumière. Bien que la notion d'éther paraisse aujourd'hui bizarre, un instant de réflexion montre qu'elle est *a priori* parfaitement raisonnable.

L'argument en faveur de l'éther était le suivant. La lumière est une vibration, une onde, ce qui était bien compris à l'époque et appuyé par une large gamme d'expériences. Toutes les autres vibrations, le son ou les vagues à la surface de l'eau d'un lac, nécessitent un milieu pour les soutenir, quelque chose qui vibre vraiment. Si nous ôtons l'air d'un récipient, aucun son ne peut plus s'y propager car rien ne peut y vibrer et former un son. Des vagues à la surface d'un lac asséché, cela n'a pas de sens non plus.

Mais si nous vidons complètement un récipient pour y créer un vide parfait, la lumière s'y propage toujours. En vérité l'espace interplanétaire représente un vide quasi parfait, et nous voyons parfaitement les étoiles scintiller. On dirait qu'en pompant tout ce que contenait le récipient, nous y avons oublié une substance qui soutient les vibrations lumineuses, et que le vide interplanétaire est rempli d'une substance similaire. L'éther est le nom donné à cette substance subtile partout présente et dont l'existence n'est déduite que de la lumière elle-même. Nous ne pouvons pas la toucher, ni la sentir, ni l'extraire d'un récipient. Et pourtant, comme l'attestait la propagation de la lumière, cette substance éthérée était omniprésente. L'éther était donc considéré comme une part de la réalité aussi matérielle que tout autre élément, et il se trouve fréquemment mentionné au XIXe siècle en marge des tables périodiques des éléments.

L'éther fut tué par la théorie de la relativité restreinte d'Einstein car il contredisait la constance de la vitesse de la lumière. Un « vent d'éther » accélérerait ou ralentirait les vibrations qu'il supporte, c'est-à-dire la lumière. C'est d'ailleurs ce vent d'éther, et non des meuglements dans une prairie, qui motivèrent les expériences de Michelson et Morley. La Terre se déplaçant à travers l'éther, nous devrions être balayés par un vent d'éther de direction variable selon la direction du mouvement de la Terre, et cela devrait se traduire par une variation de la vitesse de la lumière selon la direction de la lumière par rapport à celle de l'éther.

Si vous acceptez la réalité de l'éther, les résultats négatifs des expériences de Michelson et Morley sont incompréhensibles. Comment des observateurs en mouvement les uns par rapport aux autres pourraient-ils avoir la même vitesse par rapport à l'éther ? La constance de la vitesse de la lumière est déjà difficile à admettre par elle-même, mais dans la théorie de l'éther, elle est incompréhensible.

Cette impasse conduisit à toutes sortes de propositions désespérées. Certains soulignèrent que les expériences de Michelson et Morley s'étaient toutes déroulées dans le sous-sol des laboratoires, et que peut-être, si l'éther y restait coincé, cela expliquerait leurs résultats négatifs. L'explication est parfaitement ridicule : si nous sommes incapables de détecter l'éther par quelque moyen que ce soit, comment les sous-sols auraient-ils la capacité de le piéger ? Si l'éther est piégé par un bâtiment, nous devrions pouvoir le piéger dans un récipient, ou l'en extraire. Dans l'espoir de détecter un changement de la vitesse de la lumière, certains répétèrent pourtant l'expérience au sommet de montagnes, où la possibilité que l'éther soit piégé était naturellement exclue. Sans succès : aucun vent d'éther ne fut jamais détecté.

Einstein fut le premier à proposer que la lumière était une vibration sans milieu support, une onde dans le vide. Sans ce saut conceptuel, la théorie de la relativité n'aurait jamais été possible. En fait, si vous n'avez pas trouvé la relativité restreinte un concept trop difficile à assimiler, c'est probablement parce que la théorie de l'éther ne vous a jamais été enseignée à l'école[1]. Depuis la percée d'Einstein en 1905, l'éther est devenu le fief des historiens des sciences, et les quelques

1. J'ai rencontré pour la première fois le concept d'éther lors de ma lecture précoce de *L'évolution de la physique*. Quand j'interrogeai mon professeur de physique à ce propos, il me répondit de ne pas être stupide, me disant que « si tout était empli d'éther, nous serions tous anesthésiés ! »

savants qui le connaissent le tournent en ridicule. Et pourtant il était le principal blocage mental qui a retardé la relativité restreinte, et s'en être débarrassé est une grande part du génie d'Einstein. Pour reprendre ses propres mots, dans son article fondateur de 1905 : « L'introduction de l'éther luminifère devient superflue dans notre théorie puisque nous n'avons pas besoin du concept d'espace au repos absolu. »

Il renvoya donc le néant au néant, le vide au vide. Et voilà que, douze années plus tard, au milieu d'une détresse cosmique, il changeait complètement de bord et se demandait s'il n'était pas après tout possible d'attribuer une sorte d'existence au vide, et qu'il puisse ainsi engendrer une gravité. Le néant pourrait-il être quelque chose ?

Au temps où il était expert à l'Office des Brevets et vivait à Berne, Einstein effectuait ses travaux de recherche dans un petit bureau en dehors de sa maison. Il y accueillait un grand nombre de chats, qu'il aimait beaucoup. Les chats sont cependant parfois envahissants, grattant continuellement à la porte des pièces fermées, exigeant de vagabonder librement dans la maison. Comme il ne pouvait pas laisser toutes les portes ouvertes, il décida de découper des ouvertures au bas des portes, d'ouvrir de jolies petites chatières.

Cette année-là, il avait à peu près autant de gros chats que de petits chats et il décida par conséquent, très logiquement, d'ouvrir deux trous dans chaque porte : un grand pour les gros chats, et un plus petit pour les petits chats. Cela était tout à fait rationnel.

On peut déduire de cette histoire que l'esprit compliqué d'Einstein exigeait déjà que le rien soit quelque chose. Un trou devait avoir une existence concrète, et les petits chats seraient offensés si un rien personnalisé n'était pas préparé à leur intention. Si vous êtes maintenant prêt à suivre ce chemin surréaliste, le reste de l'argument vous paraîtra sans doute tout naturel. De manière similaire, Einstein attribua une existence au néant en proposant que le vide engendre une gravité. Mais en recherchant une manière cohérente de le rendre possible dans sa théorie, il obtint un résultat curieux : le vide devait être gravitationnellement répulsif. C'est alors qu'il dut sauter en l'air, car il savait que l'impossibilité d'un Univers statique résultait directement de la nature attractive de la gravité. Une énergie du vide répulsive serait-elle la façon de s'en sortir ?

La preuve du caractère répulsif de la gravité du vide découle de résultats mathématiquement bien établis de la relativité générale. Selon elle, la puissance d'attraction d'un corps est une combinaison de sa masse et de sa pression. Comprimez un objet, et sa capacité à attirer d'autres objets en est accrue. Le Soleil est sous pression et sa capacité à attirer les planètes est plus grande que s'il était une boule de poussière sans pression. L'effet est très faible en réalité car pour les objets ordinaires, et même pour le Soleil, l'effet de la pression est très inférieur à celui de la masse. Mais cet effet est clairement prédit par la relativité générale, et si l'on pouvait surcomprimer un objet, on pourrait l'observer.

Jusque-là, aucune controverse ne s'élevait : cela faisait intrinsèquement partie des prédictions de la relativité. Mais remarquons maintenant un point intéressant : une tension est une pression négative, et la présence d'une tension devait avoir pour effet de réduire la capacité attractive des objets. Un ruban de caoutchouc tendu devait moins attirer que ne l'indiquerait son seul contenu en masse et en énergie. Un hypothétique Soleil sous tension perdrait aussi de son pouvoir attractif.

Là aussi, cet effet est dérisoire pour des objets normaux, mais rien ne nous empêche en principe d'augmenter la tension d'un objet jusqu'à rendre négative sa gravité. La relativité générale n'oblige donc pas la gravité à être attractive. Pour créer une gravité négative, il suffit de trouver quelque chose de vraiment extrême, surchargé de tension et prêt à claquer.

Quoi par exemple ? La surprise vient de ce que le vide pourrait bien en être un très bon exemple. Tandis qu'Einstein tentait d'établir une théorie mathématiquement cohérente pour donner une masse (et donc une énergie) au vide, il découvrit qu'il ne pouvait pas éviter de lui donner aussi une tension très élevée. C'est bizarre, mais cela découle de la seule équation possible permettant une énergie du vide qui soit cohérente avec la géométrie différentielle.

La tension du vide est très élevée, à un point tel que son effet gravitationnel dépasse celui de sa masse, et le résultat est que le vide est gravitationnellement répulsif. Dans un vocabulaire newtonien, le vide a un poids négatif.

Naturellement, l'énergie du vide est très diluée et répartie uniformément à travers tout. À l'échelle du système solaire, les effets gravitationnels de la matière l'emportent de très loin sur ceux du vide. Il faut considérer des distances cosmiques pour que la densité du vide devienne comparable à celle de la matière ordinaire, et que le versant répulsif de la gravité commence à se manifester.

Pour résumer, Einstein savait qu'un Univers remuant était une conséquence immédiate de la nature attractive de la gravité. Mais il savait aussi désormais qu'avec une constante cosmologique la gravité n'était pas obligatoirement attractive. La question était alors : peut-on construire un Univers statique par un usage judicieux de ces ingrédients ?

La recette d'Einstein fut la suivante. Prendre d'abord un modèle d'Univers dont l'expansion soit plus lente que la vitesse critique. Il arrive un moment où la gravité l'emporte sur l'expansion et où celle-ci va devenir une contraction (finissant par un écrasement généralisé).

Examiner ensuite cet Univers juste à ce moment où il est temporairement immobile et le saupoudrer alors d'une quantité soigneusement mesurée de constante cosmologique. Comme celle-ci est répulsive, elle contrecarre l'attraction de la gravité normale. L'une veut contracter l'Univers, l'autre veut le dilater. Si les ingrédients sont dans les bonnes proportions, la répulsion compense exactement l'attraction et l'Univers demeure immobile.

Einstein parvint donc à élaborer un modèle statique dans la relativité générale, mais seulement avec l'appoint de la constante cosmologique. En vérité, cet Univers statique n'est pas très heureux, il semble engoncé dans un costume rigide et sa tranquillité imposée est instable. Mais il demeure malgré tout immobile, pour le bénéfice des générations à venir.

L'Univers se conforme ainsi à ce qui n'est qu'un préjugé semi religieux, une croyance soutenue comme allant de soi dans le contexte de la culture occidentale. Il est ironique qu'à l'instant où la cosmologie échappait à l'emprise de la religion et de la philosophie, celles-ci prenaient leur revanche et empoisonnaient le premier modèle scientifique du cosmos. Il est juste de dire pour défendre Einstein que la science s'appuie sur des données, mais comme il n'existait pas alors de données cosmologiques, les préjugés les remplacèrent. La recette qu'il trouva pour les accommoder est ingénieuse, et nous n'aurions peut-être jamais connu la possibilité d'une constante cosmologique sans cela. C'est ainsi qu'Einstein construisit ce que l'on appelle aujourd'hui son modèle statique de l'Univers, la plus grande erreur de sa vie.

Mais un flot de données astronomiques sur l'Univers commença rapidement à se déverser. Dans les années 1920, l'astronome Edwin Hubble mena une série d'observations décisives à l'observatoire du Mont Wilson en Californie, qui disposait à l'époque des meilleurs instruments pour étudier l'Univers. Le télescope utilisé par Hubble devint si célèbre que les stars d'Hollywood imploraient de pouvoir regarder à travers. L'Univers était à la mode.

Hubble avait une formation de juriste, mais il réalisa vite que ce n'était pas sa voie et il se consacra à plein temps à l'astronomie. Sa carrière n'est cependant pas exactement celle d'un savant. Il était un sportif remarquable, excellant en basket, boxe, escrime et tir. Ce dernier talent lui fut d'ailleurs bien utile au cours d'un duel avec un officier allemand dont la femme était tombée dans un canal et qui querellait Hubble pour l'avoir sauvée. Anglophile[1], il étudia à Oxford où il semble avoir acquis de la culture britannique une tendance à l'excentricité comme le montrèrent ses observations astronomiques originales. Il était aidé par un autre astronome autodidacte, Milton Humason, dont la fascination pour l'astronomie l'avait conduit à rejoindre, adolescent, l'équipe du Mont Wilson (au début comme conducteur des mules qui gravissaient la montagne pour apporter l'équipement). Les deux hommes avaient en commun la même absence de formation astronomique académique, mais ils partageaient le même enthousiasme pour leur travail et leur intuition était sans rivale. Ensemble, ils allaient changer la perspective de la cosmologie.

C'est peut-être son manque de formation qui conduisit Hubble à des observations peu ordinaires. Le télescope était installé dans un bâtiment qui tournait comme une horloge, pour compenser exactement la rotation de la Terre. Il pouvait donc rester pointé pendant de longues durées dans la même direction. Les observations ne se faisaient plus l'œil attaché au bout du télescope, elles utilisaient des plaques photographiques permettant des poses de très longue durée.

1. Et insupportablement snob, ce qui ne le rendait guère populaire.

Le résultat de telles observations fut un choc. La figure 4.1 montre une image de galaxie, une île d'étoiles semblable à notre Voie lactée, et elle ne vous choque sans doute pas. Mais avant Hubble personne n'avait vu de galaxie, de spirale de milliards d'étoiles tourbillonnant autour d'un centre brillant, et les gens furent donc naturellement effarouchés à l'époque[1]. Un peu comme si quelqu'un avait inventé un nouvel appareil photo et qu'à la première photo prise on découvre que nous sommes tous entourés de petits hommes verts invisibles vivant joyeusement à côté de nous.

Figure 4.1

Les galaxies ne sont pas des objets de petite taille dans le ciel : les plus grandes ont la même taille apparente que la pleine Lune. Mais elles sont en général trop pâles pour être visibles à l'œil nu, et même

1. Les galaxies, ou plutôt les nébuleuses comme on les appelait alors, étaient connues depuis longtemps (le catalogue de Messier date du XVIIIe siècle, et Kant y voyait déjà des « Univers îles »), mais les astronomes ne savaient pas de quoi il s'agissait. Sous le même vocable était regroupés des restes d'étoiles (nébuleuse du Crabe, nébuleuses planétaires) et les galaxies elliptiques ou spirales comme la nébuleuse d'Andromède. Hubble démontra en 1924 que celle-ci se trouvait très loin, à *l'extérieur* de la Voie lactée, et qu'il en était sûrement de même de toutes les galaxies (note du traducteur).

souvent avec un télescope. Ce sont des poses longues qui permettent de les faire ressortir sur le fond sombre du ciel.

La découverte de la nature des galaxies devait changer radicalement la perspective de la cosmologie en montrant à quel point les théoriciens étaient partis dans la mauvaise direction. En observant le ciel à l'œil nu par une nuit claire, nous pouvons voir quantité de détails : planètes, étoiles, notre propre galaxie, la Voie lactée, et (en allant vers le Sud) un aperçu des Nuages de Magellan, satellites de notre galaxie. Nous observons tant de détails que prédire le comportement global de l'Univers semble une tâche presque impossible, comme de prédire la météo sur Terre ou la trajectoire des courants marins à partir d'un unique petit point d'observation.

La découverte de Hubble montre cependant que ce ne sont que des détails sans importance. De très bons télescopes nous montrent que les étoiles visibles ne sont que des éléments de la galaxie appelée Voie lactée, que cette galaxie n'est que l'une des milliards « d'îles d'étoiles » flottant à travers l'Univers, et qui tendent à se rassembler en groupes et en amas.

En allant encore plus loin, l'image change considérablement : toutes ces structures, jusqu'aux galaxies, amas et aux plus immenses agencements visibles, ne sont que les molécules constituant une soupe monotone, le fluide cosmologique. Contrastant avec la diversité et la complexité de notre voisinage, cette soupe paraît extrêmement uniforme et nous montre un Univers très homogène dépourvu de traits marquants. Un objet aussi simple se prête bien à une modélisation de la part de la physique. Le point crucial est de reconnaître que les unités de base, les molécules de ce fluide très simple, sont immenses et invisibles à l'œil nu : ce sont les galaxies et non les étoiles, les planètes ou quoi que ce soit de visible sans l'aide d'un télescope.

Ce fut le premier coup porté par Hubble aux cosmologistes. Il leur apprit que l'étude de l'Univers n'avait de sens que si l'on commençait par prendre sa taille immense en compte, de la même manière qu'il est impossible de comprendre et d'apprécier un film en plaçant ses yeux à dix centimètres de l'écran du cinéma.

Cette révélation ouvrit des horizons à la cosmologie, et expliquer l'Univers devint beaucoup plus facile. Mais Hubble découvrit autre chose, quelque chose de bien plus surprenant et de plus grande conséquence encore. Il découvrit que ce magma uniforme semblait se dilater, car toutes les galaxies paraissaient s'éloigner de nous. Par conséquent, d'un point de vue pratique, l'Univers n'était finalement pas statique ! Einstein a sans doute rougi en apprenant cette nouvelle. S'il s'était tenu à son équation initiale et s'il en avait accepté les conséquences, il aurait *prédit* que l'Univers était en expansion et accompli le plus grand exploit scientifique de tous les temps.

La manière dont les galaxies s'écartent de nous suit un schéma très particulier : la vitesse de récession d'une galaxie est proportionnelle à sa distance de nous. Une galaxie deux fois plus éloignée s'écarte deux fois plus vite. Cela constitue ce que l'on appelle maintenant la *loi de Hubble*.

Cette loi a une implication déconcertante, comme nous pouvons immédiatement le voir. Si la matière de l'Univers s'éloigne de nous d'autant plus vite qu'elle est distante, un cataclysme majeur a dû arriver dans le passé. Pour comprendre pourquoi, repassons-nous à l'envers le film des événements.

Si une galaxie donnée s'éloigne aujourd'hui de nous, en passant le film à l'envers nous la voyons se rapprocher de nous. Par conséquent, à un certain moment du passé, elle se superposait à nous. Quand ? Jusqu'où devons-nous remonter dans le passé pour être témoins de cet horrible événement ? Eh bien, cela est tout simplement donné par la distance actuelle de cette galaxie, disons *D*, divisée par sa vitesse, disons *V* : l'instant de la collision est *D/V*.

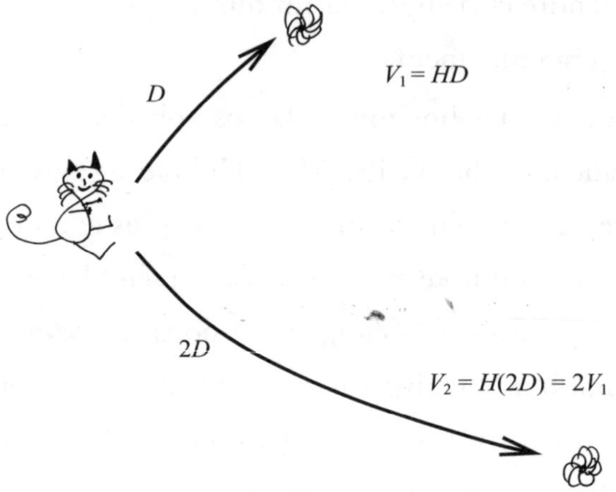

Figure 4.2

Un observateur examinant le déplacement, selon la loi de Hubble, de deux galaxies situées aux distances *D* et *2D*. La deuxième se déplace deux fois plus vite que la première. L'observateur en déduit donc qu'elles étaient toutes les deux en coïncidence avec lui-même au même moment dans le passé. La conclusion s'applique à toutes les galaxies, et tout l'Univers visible a donc dû se trouver comprimé en un seul point avant d'exploser dans le big-bang.

Si vous jugez que pareille collision cosmique est une calamité, que diriez-vous de vous poser la même question pour une autre galaxie, par exemple une galaxie deux fois plus lointaine. Sa distance est *2D* et, selon la loi de Hubble, sa vitesse est *2V*. L'instant de la collision est maintenant *2D/2V*. C'est exactement le même qu'avant : *2D/2V* = *D/V*. Cette deuxième galaxie se superpose à nous en même temps que la première (voir la figure 4.2). Et c'est la même chose pour toutes les galaxies. Les plus éloignées ont une distance plus grande à parcourir avant de nous rencontrer, dans le film à l'envers, mais elles se déplacent également plus vite. L'ensemble est organisé de telle sorte que l'instant de collision est le même pour toutes les galaxies de l'Univers.

Reprenons maintenant le film des événements dans le sens normal, la flèche du temps pointant vers le futur. Nous aboutissons à une conclusion extraordinaire. La loi de Hubble implique que, à un moment donné dans le passé, tout l'Univers visible se trouvait comprimé en un seul point. Il apparaît donc que tout cet Univers fut créé en ce point par une colossale explosion créatrice. Plus concrètement, les vitesses de récession observées permettent d'estimer que ce big-bang est arrivé, il y a environ quinze milliards d'années. Les débris de cette explosion constituent l'Univers que nous voyons aujourd'hui.

Cette conclusion peut surprendre, mais le raisonnement qui y conduit n'a rien d'unique dans la dynamique de l'Univers. Les débris qui font suite à l'explosion d'une grenade suivent aussi une loi de Hubble. Celle-ci est la signature de toute explosion.

De fait, en découvrant sa loi, Hubble découvrait la signature du big-bang.

5
Un sphinx dans l'Univers

Si les découvertes de Hubble étaient bien révélatrices et révolutionnaires, il devint rapidement clair que la théorie du big-bang ne reposait pas sur un lit de roses. Le modèle ne contredisait aucun fait connu, et aujourd'hui encore il résiste victorieusement à toutes les confrontations avec les observations, mais certains traits de l'Univers demeuraient inexpliqués. Des questions délicates se posaient : pourquoi l'Univers est-il apparemment le même sur d'aussi grandes distances, pourquoi l'Univers est-il si grand, et même, pour commencer, pourquoi l'Univers existe-t-il ?

Il est possible d'établir une liste d'une demi-douzaine de difficultés semblables, que l'on appelle des paradoxes cosmologiques. Ces questions ont récemment soulevé de nombreuses controverses et motivé des approches radicales. Tenter de les résoudre ne signifie pas du tout l'abandon de la théorie actuelle du big-bang, car cette théorie n'est pas remise en cause. Les cosmologistes examinent plutôt l'enfance de l'Univers pour y trouver, par une étrange approche freudienne, des indications sur son comportement à maturité. Ils espèrent remplacer l'explosion elle-même, ou ce qui s'est passé une minuscule fraction de seconde après, par quelque chose de moins extrême donnant à l'Univers une naissance et une enfance moins traumatisantes. Cela n'entre pas en conflit avec les observations, parce que nous n'avons aucun accès direct à des étapes aussi précoces de son histoire. Mais la réponse aux paradoxes cosmologiques se trouve peut-être dans une réforme de cette explosion.

Quand je suis devenu physicien en Grande-Bretagne, en 1989, ces questions étaient dans l'air et elles représentaient un défi majeur pour un jeune apprenti cosmologiste. Surtout, elles montraient que le domaine était mûr pour des innovations. Des questions profondes restaient sans réponse, attendant nos spéculations et notre imagination pour les aborder. Je me souviens de ma surprise en découvrant, après tout le battage autour des succès du big-bang, qu'il restait encore du travail créatif à accomplir en cosmologie. En suivant les cours de Cambridge, je commençais à penser que ces questions à elles seules justifiaient de préférer la cosmologie aux deux autres domaines excitants se situant aux frontières de la physique : la théorie des cordes et la physique des particules. La première de celles-ci ne dispose d'aucune donnée, seulement des spéculations, et la seconde de tant de données qu'il me semblait que la place d'un travail vraiment créatif y serait minime. La cosmologie était juste entre les deux, solidement ancrée dans la réalité, mais assez immature pour qu'il y reste des problèmes fondamentaux à résoudre.

Le plus simple des paradoxes cosmologiques est le « problème de l'horizon ». Il porte ce nom parce que tout observateur ne peut voir qu'une petite portion de l'Univers, il est entouré d'un horizon au-delà duquel il ne peut rien voir. Dans notre vie quotidienne, nous ne voyons pas la Terre entière, mais seulement la partie qui est à l'intérieur de l'horizon. Les habitants de l'Univers du big-bang souffrent de la même limitation, mais la différence est que l'horizon terrestre est dû à la courbure du globe tandis que l'horizon de l'Univers est une combinaison de deux phénomènes différents. Le premier est l'existence d'une limite universelle de vitesse, la vitesse de la lumière. Le second est que l'Univers a une date de naissance, et donc un âge fini à tout instant donné. La combinaison de ces deux faits conduit immédiatement à l'existence d'un horizon : la création induit une limitation.

Quand vous regardez dans le ciel une étoile lointaine, vous la voyez telle qu'elle était dans le passé. Vous voyez une lumière qui a quitté l'étoile il y a bien longtemps et qui a, depuis, passé tout son temps à voyager jusqu'à vous. Certaines étoiles se trouvent à un millier d'années de lumière, et vous les voyez donc telles qu'elles étaient il y a un millier d'années. Depuis un millénaire, l'image que vous observez voyageait depuis cette étoile distante avant de vous parvenir enfin.

Devenons maintenant mégalomanes et observons de plus en plus loin, dans les profondeurs de l'espace sondées par les astronomes depuis Hubble. Plus vous regardez loin et plus long est le délai entre l'émission de l'image et sa réception, et donc plus vous sondez les profondeurs du temps. Quand vous observez une galaxie située à un milliard d'années de lumière, vous la voyez telle qu'elle était il y a un milliard d'années. Vous voyez une ombre du passé : peut-être n'existe-t-elle plus depuis longtemps, vous ne le saurez jamais.

Ces délais placent les cosmologistes dans une situation plus favorable que les archéologues : ils accèdent directement au passé de l'Univers, il leur suffit de regarder assez loin. Mais une autre conclusion se fait jour, inquiétante : plus nous regardons loin dans l'espace et plus nous regardons loin dans le temps. Nous finissons par atteindre des distances telles que la lumière en est partie au tout début de l'Univers, il y a une quinzaine de milliards d'années. Nous ne pouvons clairement rien voir au-delà de cette distance, elle constitue notre horizon cosmologique. Cela ne signifie nullement qu'il n'existe rien au-delà, bien au contraire, mais simplement que nous ne pouvons pas voir ce qui s'y trouve car la lumière qui a été émise là-bas depuis le big-bang n'a pas encore eu le temps de nous parvenir.

Il n'y aurait pas d'horizon si la lumière voyageait à une vitesse infinie. De même, si quelque chose pouvait voyager plus vite que la lumière, nous pourrions recevoir des informations de régions situées au-delà de l'horizon, si elles émettaient des signaux voyageant par ces canaux plus rapides que la lumière. Enfin, si la vitesse de la lumière n'était pas constante, si on pouvait accélérer la lumière (grâce au mouvement de sa source, par exemple), nous pourrions voir des objets situés au-delà de l'horizon à condition qu'ils se dirigent vers nous à une vitesse suffisante. C'est le fait que la vitesse de la lumière soit une constante finie, jouant le rôle de limite supérieure universelle de vitesse, qui conduit à la présence d'un horizon dans tout Univers d'âge fini.

L'existence d'un horizon dans l'Univers n'est pas un problème par lui-même. La difficulté vient de la taille de cet horizon peu après le big-bang. Quand l'Univers est âgé d'un an, le rayon de l'horizon est d'une année de lumière, quand il est âgé d'une seconde, il est d'une seconde de lumière, soit 300 000 km, à peu près la distance de la Terre à la Lune. Et plus on se rapproche du big-bang et plus le rayon de l'horizon est petit.

Le bébé Univers est ainsi fragmenté en régions minuscules qui ne se voient pas les unes les autres. C'est cette myopie de l'Univers en son enfance qui cause le trouble, car elle interdit une explication physique, une explication basée sur les interactions physiques, de l'homogénéité de l'Univers sur de très grandes échelles. Comment un modèle physique pourrait-il expliquer cette homogénéité ? Simplement parce que des objets deviennent en général homogènes en laissant leurs différentes parties entrer en contact et acquérir ainsi des caractéristiques communes : un café au lait devient homogène en le remuant et en permettant ainsi au lait de diffuser à travers le café.

Mais la présence des horizons interdit précisément ce procédé. Elle nous dit que les immenses régions de l'Univers dont nous observons l'homogénéité ne pouvaient pas ressentir leur présence mutuelle au début. Elles n'ont pas pu s'homogénéiser au contact les unes des autres parce qu'elles n'avaient aucun contact. Dans le modèle du big-bang, cette homogénéité ne peut pas s'expliquer, elle semble fantomatique, presque comme si une communication télépathique s'était établie entre ces régions déconnectées.

Quelque chose a dû élargir les horizons du bébé Univers, assurer l'homogénéité et conduire au modèle actuel du big-bang. Nous voyons immédiatement que la résolution de ce paradoxe de l'homogénéité face à la présence des horizons nous prescrit de remplacer les premières étapes du big-bang par quelque chose de plus fondamental. Les portes s'ouvrent à la spéculation.

C'est essentiellement ce paradoxe qui me rendait mal à l'aise au cours de l'hiver de 1995, tandis que je marchais sur les pelouses qui s'étendent derrière Saint John College. Il paraît simple à résoudre, jusqu'à ce que vous essayiez pour de bon. Alors il devient le cauchemar ultime, comme je m'en rendais compte peu à peu. Mais un second paradoxe, plus frustrant encore, commençait à me préoccuper, celui qu'on appelait le problème de la platitude de l'Univers. Il concerne la dynamique assez fantasque de l'expansion et sa relation avec la

« forme » de l'Univers, et je crains qu'il ne prenne un peu plus longtemps à expliquer.

L'histoire remonte au temps où Einstein pensait que l'Univers était statique, avant l'annonce des découvertes de Hubble. Tandis qu'Einstein se refusait à abandonner ses préjugés, le mathématicien russe Alexandre Alexandrovitch Friedmann résolvait l'équation de champ de la relativité générale et montrait pourquoi et comment l'Univers devait être en expansion. Friedmann, le « mal-aimé » qui fit se dilater l'Univers.

La rapidité avec laquelle les savants russes proclament l'antériorité de leurs travaux sur toute découverte faite à l'Ouest est devenue un sujet répété de plaisanterie lors des conférences internationales. Présentez une communication sur les chasses d'eau, et soyez sûrs qu'il y aura un Dimitri ou un Ivan pour tonitruer au dernier rang que la chasse d'eau et tous ses accessoires ont été inventés en Russie des décennies avant que l'Ouest ait même imaginé les latrines.

Il existe cependant un certain nombre de cas où les Russes ont parfaitement raison, et la cosmologie moderne en est un exemple. Les Occidentaux semblent refuser de reconnaître qu'entre l'erreur d'Einstein en 1917 et la découverte de l'expansion cosmique par Hubble en 1929, Alexandre Friedmann révéla au monde les dédales de l'expansion dictée par la relativité générale. Comme le soulignent ses collègues russes, Friedmann devrait être placé au niveau d'un Copernic, l'homme qui a placé le Soleil au centre du système solaire, car lui aussi a apporté un changement radical dans notre perception de l'Univers, ouvrant la possibilité d'un Univers impermanent.

Friedmann serait certainement bien mieux connu s'il avait connu une vie moins agitée et si son incontestable talent avait été utilisé de façon plus conventionnelle. Mais sa vie fut prise dans les tourments de l'histoire russe, entre les émeutes de 1905, la Première Guerre Mondiale, la Révolution d'Octobre et la guerre civile qui suivit. Écrivant à un ami en 1915 (au moment où ailleurs, et mieux nourri, Einstein mettait la dernière main à la relativité générale), Friedmann moquait sa situation difficile en disant : « Ma vie est plutôt tranquille, à part des incidents comme l'explosion d'un shrapnel à dix pas, ou d'une bombe autrichienne à quelques centimètres, sans trop de dégâts : en tombant la tête en avant, je me suis coupé la lèvre supérieure et j'ai des migraines. Mais on s'habitue bien sûr à tout cela, surtout quand on voit autour de soi des choses mille fois plus horribles. »

Les compétences mathématiques de Friedmann étaient considérables et, dans ces temps troublés, lui permettaient de briller dans des domaines comme le calcul de la trajectoire des bombes lâchées d'avions. Il cumulait parfois le rôle de pilote et celui d'ingénieur d'essai.

Ces expériences lui apportèrent une grande amertume, et on a parfois l'impression que sa personnalité effacée résulte en partie du sentiment de honte devant toutes les horreurs auxquelles s'est associée la science au cours de l'histoire. Mais lors des rares occasions où les choses se calmaient un peu, il produisait d'étonnants travaux résultant de recherches très avancées dans des domaines plus paisibles, mais aussi variés que la météorologie, la dynamique des fluides, la mécanique et l'aéronautique, pour n'en mentionner qu'une partie. Il devint aussi un virtuose de l'aérostation, pulvérisant des records d'altitude tout en menant des expériences météorologiques et médicales à bord.

Son énergie était enthousiasmante et unique. Dans les périodes calmes, il menait de front de lourdes tâches administratives, des activités d'enseignement et ses travaux de recherche. Administrateur, il joua un rôle décisif dans la création de nombreux instituts de recherche et il était toujours très occupé à rassembler des fonds pour payer les salaires, financer les laboratoires et enrichir les bibliothèques. Enseignant, il cumulait souvent trois emplois à plein temps simultanés.

En 1922, à trente-quatre ans, Friedmann s'intéressa à la théorie de la relativité, étudiant avec la plus grande application la relativité générale. En raison de la guerre, suivie par le blocus de l'Union Soviétique, la relativité générale n'arriva en Russie qu'avec plusieurs années de retard. Dans ce pays, Friedmann fut l'un des premiers à étudier la nouvelle théorie et à publier en russe à ce sujet : il écrivit plusieurs livres de cours et des ouvrages de vulgarisation traitant de relativité générale, soucieux que la nouvelle génération ne passe pas à côté de ce progrès essentiel. En parallèle, il effectua quelques exercices, jouant avec le nouveau joujou donné aux physiciens par Einstein.

On connaît mal la personnalité de Friedmann : il fait partie de ces gens dont les actes sont mieux connus que leur personne. Nous ne pouvons donc pas prétendre reconstituer son raisonnement, mais il est cependant incontestable que Friedmann ne partageait pas les préjugés cosmologiques d'Einstein. Quand il appliqua les équations de la relativité générale à l'Univers global et qu'il aboutit à un Univers en expansion, il ne s'enfuit pas pris de panique. Il prit son résultat au sérieux, sans bricoler de constante cosmologique, et il le publia en 1922 dans une revue scientifique allemande. Cela se passait avant les résultats de Hubble, et Friedmann *prédisait* donc l'expansion de l'Univers.

L'article de Friedmann ennuya considérablement Einstein. Ce nouveau rebondissement de l'histoire allait enfoncer encore plus profondément l'épine de la constante cosmologique dans sa chair. Il avait espéré au départ que son équation du champ n'aurait qu'une seule solution cosmologique, celle correspondant à son Univers statique qui serait donc automatiquement le vainqueur sur des arguments purement théoriques, sans besoin de pénibles observations astronomiques. Il pensait que les autres solutions éventuelles seraient incohérentes pour une raison ou une autre. Aussi, à la lecture de l'article de Friedmann, pensa-t-il que non seulement les résultats annoncés n'avaient aucun rapport avec le monde réel, mais de plus qu'ils étaient mathématiquement faux.

Il envoya par conséquent une note venimeuse, acte qui ne lui ressemblait guère, quelques semaines plus tard à la même revue, pour attaquer le travail de Friedmann. Il écrivait : « Le résultat concernant un Univers non-stationnaire contenu dans le travail [de A.A. Friedmann] me paraît suspect. On peut constater que l'expression donnée n'est pas une solution de l'équation du champ gravitationnel. »

Il n'y a aucun doute que Friedmann, comme tout le monde, avait un immense respect pour Einstein et qu'il fut certainement profondément blessé de lire cette note. C'est probablement avec le poids de cette condamnation qu'il dut répéter de nombreuses fois et avec le plus grand soin ses calculs. Avait-il réellement commis une erreur aussi élémentaire ? Friedmann fut obligé de se rendre à l'évidence et d'accepter l'incroyable : il avait raison et le grand Einstein s'était trompé. Il lui écrivit une lettre pleine de respect pour éclaircir la situation et expliquer où, à son avis, Einstein avait erré. Il s'agissait d'une simple erreur d'algèbre, et Einstein réalisa immédiatement sa méprise. Avec sans doute quelque embarras, il retira sa note. Il dut être fort désappointé, pas tellement d'avoir commis une erreur mais surtout de découvrir que son équation ne conduisait pas à une solution unique pour l'Univers en accord avec ses convictions les plus chères.

Dans sa note de rétractation, Einstein concédait gracieusement : « Dans ma précédente note, je critiquais le travail [de Friedmann]. Mais cette critique était basée sur une erreur dans mes calculs. Je considère que les résultats de M. Friedmann sont justes et apportent une nouvelle lumière. Ils montrent qu'il existe, à côté de la solution statique, des solutions variant avec le temps. » Cependant, la version manuscrite de la note existe toujours, et elle montre la phrase suivante, supprimée ensuite : « Il est bien difficile d'accorder une signification physique à ces solutions. »

Il est évident qu'Einstein aurait souhaité ajouter cette phrase à sa note, mais il savait qu'il n'avait aucun argument pour l'appuyer, et son honnêteté l'emporta[1].

Les articles de Friedmann sont un exemple remarquable de travail scientifique, et je dois les détailler un peu parce qu'ils présentent le modèle fondamental de la cosmologie, modèle sur lequel s'appuient tous les autres cosmologistes, moi compris. Ils forment également le point de départ du paradoxe difficile de la platitude. Friedmann introduit trois types d'Univers : Univers fermé ou sphérique, Univers ouvert ou pseudo-sphérique et Univers « plat ». Ces termes décrivent la forme de l'espace, de la trame de l'Univers. Il montre ensuite que la relativité générale implique, du moins si l'on ne « bricole » pas avec la constante

1. Friedmann fut oublié après sa mort en 1925. Mais le flambeau fut repris par Georges Lemaître, qui ne connaissait pas les travaux de Friedmann, mais qui était au fait des découvertes de Slipher montrant que la plupart des galaxies s'éloignaient de nous et de celles de Hubble montrant qu'il s'agissait d'objets éloignés. Il redécouvrit que l'équation d'Einstein conduisait inexorablement à un Univers en expansion (ou en contraction), établit le lien avec les observations, et donna en 1927 la première version de la théorie du big-bang, dans laquelle il explicitait la relation entre distance et décalage vers le rouge que l'on appelle depuis 1929 la « loi de Hubble » (Note du traducteur).

cosmologique, que ces modèles sont en expansion, et il prédit donc les résultats ultérieurs de Hubble.

Sans les articles de Friedmann, les découvertes de Hubble seraient inexplicables. On dit parfois qu'il ne faut jamais croire une théorie scientifique avant qu'elle ne soit vérifiée par l'expérience. Mais un célèbre astronome déclarait qu'il ne fallait jamais croire à une observation avant sa confirmation par une théorie. Les articles de Friedmann, sept ans avant la découverte de Hubble, apportaient justement cette théorie.

Friedmann commence par débroussailler la notion d'expansion cosmique, en établissant l'interprétation que nous utilisons aujourd'hui et en démêlant certains paradoxes qui s'introduiraient dans la théorie sans cela. Il montre ensuite que l'expansion est plus un effet géométrique qu'un mouvement mécanique d'explosion comme on se l'imagine trop souvent. Je dois admettre que j'ai développé cette interprétation erronée jusqu'à maintenant, mais permettez-moi de faire amende honorable et d'expliquer plus scrupuleusement ce que signifie en réalité l'expansion selon la théorie de la relativité.

Dans l'interprétation relativiste, les composants du fluide cosmologique (les galaxies) sont incrustés dans l'espace, ils ne s'y déplacent pas. C'est l'espace lui-même qui est en mouvement, en expansion, créant de plus en plus de place entre deux points quelconques au fil du temps. La distance entre deux galaxies augmente de ce fait au cours du temps, et cela crée l'illusion d'un mouvement mécanique. Mais en réalité, les galaxies restent sur place et contemplent le spectacle de l'Univers créant de plus en plus d'espace entre elles. La distinction peut vous sembler subtile, mais essayez de l'assimiler car elle est à la source de bien des incompréhensions en cosmologie.

Nous pouvons établir une analogie en imaginant une sorte de Terre à la surface de laquelle seraient confinés ses habitants, incapables de la voir depuis l'espace. Imaginons ensuite que cette surface se gonfle, se dilate, laissant toujours l'espace extérieur inaccessible à ses habitants prisonniers. En observant les villes à la surface de cette Terre dilatée, nous verrions bien qu'elles ne se déplacent pas, bien que la distance entre elles augmente. Les villes n'ont pas de jambes pour se déplacer mais la dynamique de l'espace qu'elles occupent crée une illusion de mouvement parce que leurs distances se modifient.

Cette subtile distinction est essentielle à la cohérence de la théorie. Si l'expansion cosmique était un mouvement réel, nous aboutirions vite à des paradoxes. La loi de Hubble affirme par exemple que la vitesse de récession des galaxies est proportionnelle à leur distance. S'il s'agissait d'une vraie vitesse et en décrivant le mouvement dans un espace newtonien fixe, nous trouverions une distance au-delà de laquelle la vitesse de récession dépasserait la vitesse de la lumière.

En réalité, la vitesse de toutes les galaxies est nulle par rapport à l'espace qui les contient, tout comme la vitesse des villes dans notre analogie. Cela n'empêche pas que la distance entre deux galaxies augmente à un rythme plus élevé que la vitesse de la lumière, il suffit de choisir des galaxies suffisamment éloignées. Il n'y a aucune contradiction entre ces deux affirmations, et il n'y a donc nul paradoxe ou contradiction avec la relativité restreinte.

La loi de Hubble s'interprète naturellement dans l'image de Friedmann. L'idée de ce dernier est que nous vivons dans un Univers en expansion, que l'on peut représenter comme un espace où toutes les distances sont multipliées par un nombre qu'il appela le *facteur d'échelle*. Ce facteur augmente au cours du temps et décrit ainsi l'expansion géométrique. Mais comme toutes les distances sont multipliées par ce facteur, plus la distance est grande et plus son augmentation est grande. Cela ne se produirait pas si nous ajoutions un nombre à toutes les distances, mais comme le facteur d'échelle les multiplie, les plus grandes distances augmentent plus vite avec le temps.

Le résultat est que si nous revenons à l'image que se faisait Hubble et décrivons l'expansion comme un mouvement réel dans un espace fixe, tout se passe comme si la « vitesse » était proportionnelle à la distance, ce qui est la loi donnée par Hubble. Mais l'image qu'en donne Friedmann est bien plus raffinée. Elle montre que le mouvement d'éloignement qu'observait Hubble n'a pas de centre, de point d'origine. Tout observateur a l'impression de se trouver au centre de mouvements qui s'éloignent de lui et qui satisfont la loi de Hubble. Tout simplement parce que c'est l'espace tout entier qui se dilate, de manière identique en tout point.

Ayant établi ce point important, Friedmann postula comme Einstein que le fluide cosmologique est homogène, qu'il a partout le même aspect et les mêmes propriétés. Ce postulat se fondait moins sur les données que sur l'intuition et la simplicité mathématique (ne disons pas une certaine paresse). N'oublions pas que tous ces développements se déroulaient des années avant les observations de Hubble. En vérité, pour être exact, Friedmann comme Einstein se plaçait dans la perspective d'un fluide homogène d'étoiles, et non de galaxies dont ils ne connaissaient presque rien. Le miracle est que leur postulat ait été correct, bien qu'élaboré à partir de faux « ingrédients ».

L'hypothèse d'homogénéité limite considérablement le nombre de géométries possibles pour l'espace-temps, de « formes » de l'Univers. Puisque la matière est la source de la courbure, et que la densité du fluide cosmologique est partout la même, la courbure de l'espace est nécessairement partout la même. Cela exclut des formes irrégulières, des formes très bizarres : par exemple, l'Univers ne peut avoir la forme d'un éléphant, animal très peu homogène. En fait, il n'existe que trois possibilités.

La plus simple est celle d'un espace ne possédant aucune courbure, c'est-à-dire un espace euclidien. Pour vous aider à vous représenter les autres cas, la figure 5.1 montre l'analogue en deux dimensions d'un espace à trois dimensions, qui est un plan infini. Vous pouvez être surpris que cette surface plate soit une solution admissible puisque la matière produit une courbure. Mais n'oubliez pas que c'est l'espace-temps que la matière courbe, et nous n'avons pas encore décrit le côté temporel de l'histoire pour cet Univers.

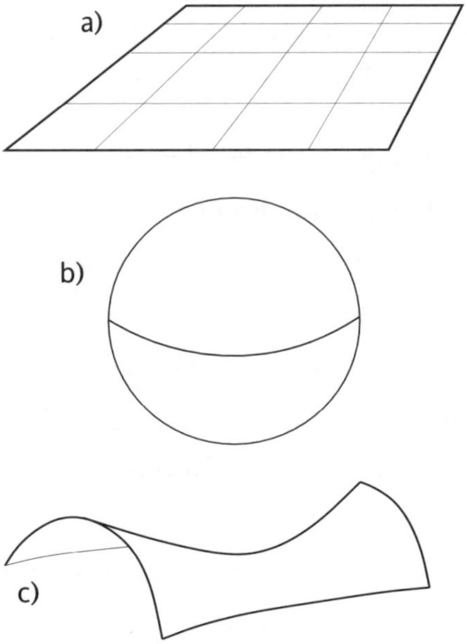

Figure 5.1

(a) Une surface plate ; (b) Une sphère ; (c) Une portion d'hypersphère (elle est en réalité infinie et ressemble à une selle en tout point).

Pour cela, Friedmann établit que toutes les distances dans ce plan sont multipliées par le facteur d'échelle. Ce facteur peut varier au cours du temps de bien des façons, et il décrit ainsi la dynamique d'un tel Univers. C'est l'ensemble des deux, la surface plate et le facteur d'échelle dépendant du temps, qui définit le modèle complet pour l'espace-temps, celui qui doit être courbé par la matière selon l'équation d'Einstein. Et de fait, quand Friedmann incorpora cette géométrie dans l'équation, il obtint un facteur d'échelle courbé. Celui-ci est représenté sur la figure 5.2. Vous pouvez voir qu'il augmente au cours du temps, mais que cette augmentation ralentit de plus en plus. Ce ralentissement peut s'interpréter comme la courbure de l'espace-temps. Le destin de cet Univers est unique, comme nous allons bientôt le voir, et un autre coup d'œil à la figure 5.2 montre qu'il se dilate éternellement, son mouvement ralentissant continuellement mais sans jamais cesser.

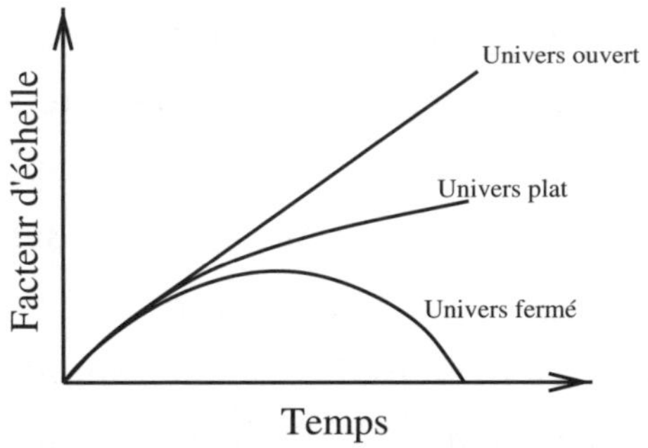

Figure 5.2

L'évolution du *facteur d'échelle* pour des Univers plat, fermé et ouvert. Le modèle fermé se dilate jusqu'à une taille maximale avant de se contracter et de périr dans un écrasement terminal. Le modèle ouvert finit par se dilater sans ralentissement, comme si la gravité avait disparu, et devient un monde vide. Le modèle plat se situe entre ces deux extrêmes.

Les deux autres espaces homogènes sont plus compliqués. L'un est la sphère[1], qui a aussi partout la même courbure. Elle est aussi facile à concevoir, mais n'oublions pas que nous parlons d'une sphère à trois dimensions et non de son analogue à deux dimensions représenté sur la figure 5.1b. Si vous pouvez visualiser l'objet réel, vous avez plus de chance que moi : j'en suis incapable, mais cela ne m'a jamais empêché de travailler avec des sphères en trois dimensions. Tel est l'avantage des mathématiques : nous permettre de travailler sur des objets que notre cerveau ne maîtrise pas.

Si vous trouvez difficiles les sphères en trois dimensions, le troisième type d'espace homogène est pire encore. On l'appelle une pseudosphère, ou parfois un Univers ouvert. Un morceau de son analogue en deux dimensions est représenté sur la figure 5.1c, mais l'objet réel est infini et ressemble à la selle d'un cheval interminable. Pour vous aider à explorer la signification d'une pseudosphère, j'ai utilisé une astuce sur la figure 5.3 : j'ai découpé des sections de la sphère et de la pseudosphère selon deux directions perpendiculaires. Sur la sphère, j'obtiens un cercle dans chaque direction, et c'est pour cela que certains disent (de façon inexacte) que la sphère est le produit de deux cercles. En effectuant la même opération sur la pseudosphère, j'obtiens deux lignes qui se recourbent dans des directions opposées. On dit pour cela que la pseudosphère a une courbure négative, tandis que la sphère a une courbure positive. Selon que l'on ajoute ou non ce gauchissement au produit de deux cercles, l'espace est fini (comme la sphère) ou infini (comme la pseudosphère).

1. Quand les savants parlent de « sphères », ils se réfèrent seulement à leur surface. Pour la sphère ordinaire, celle-ci n'a bien sûr que deux dimensions.

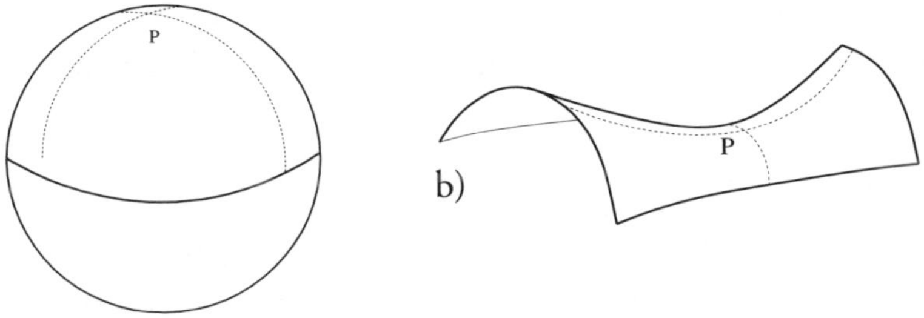

Figure 5.3

(a) En découpant la sphère selon deux sections perpendiculaires en un point P quelconque, on obtient deux arcs se courbant dans la même direction (ici vers le bas). (b) en effectuant la même opération sur la pseudosphère, on obtient deux arcs se courbant dans des directions opposées (ici, l'un se courbe vers le haut et l'autre vers le bas).

Pour décrire la combinaison de ces deux dernières surfaces spatiales avec le temps pour former un espace-temps, nous devons y multiplier toutes les distances par un facteur d'échelle qui peut varier au cours du temps. Quand Friedmann incorpora ces géométries dans l'équation d'Einstein et examina l'histoire de leur facteur d'échelle, il découvrit que le destin de ces espaces était plus dramatique que celui de l'espace plat. Il constata que l'Univers sphérique se dilate à partir d'un big-bang, mais que cette expansion cesse à un moment puis est remplacée par une contraction qui se poursuit jusqu'à un « big-crunch », un écrasement général. Au contraire, l'Univers pseudo-sphérique se dilate à partir d'un big-bang, mais son expansion ne s'arrête jamais. À la différence de la solution plate, cette expansion ne ralentit pas éternellement, mais tend vers une vitesse constante. La figure 5.2 montre l'évolution du facteur d'échelle pour les trois modèles possibles.

Nous avons déjà rencontré cette alternative auparavant : elle ne reflète rien d'autre que la tension, la guerre entre expansion d'un côté et attraction de la gravité de l'autre, entre gonflement de l'espace et gravité attirant et rassemblant toute chose. Un modèle fermé, sphérique, est conçu de telle sorte que la gravité finit par l'emporter sur l'expansion. Celle-ci se poursuit, continuellement ralentie par la gravité jusqu'à s'arrêter, et l'Univers se contracte, précipité de plus en plus vite vers l'abîme de l'écrasement final. Dans un Univers ouvert, pseudo-sphérique, la guerre est gagnée par l'expansion et l'Univers finit par échapper à sa propre gravité. Au début, celle-ci est assez intense pour freiner l'expansion, mais cette dernière est trop rapide. Autrement dit, toute la matière devient si diluée que sa gravité n'a plus d'importance. C'est pour cela que l'expansion ne ralentit plus et que l'Univers, devenu essentiellement vide, entre dans une phase où il échappe à sa gravité.

Sur la frontière ténue entre ces deux modèles se situe le modèle plat en équilibre parfait — un compromis très britannique — entre les puissances de l'expansion et de la gravité : l'expansion ne se libère jamais de la gravité, mais celle-ci n'arrête jamais l'expansion et ne conduit pas à un effondrement. L'Univers se dilate éternellement, avec une modération flegmatique, sans jamais verser dans l'implosion catastrophique de la gravité ni dans l'expansion hystérique et vide, évitant avec bon sens le désastre et la mort pour vivre une vieillesse vénérable.

La longévité du modèle plat est cruciale : lui seul vit assez longtemps pour que la matière ait le temps de se rassembler en galaxies et en étoiles, et pour permettre les durées immenses nécessaires à la production des structures et de la vie[1]. Le lent processus par lequel la sélection

1. Un Univers ouvert possède également une durée de vie infinie, mais l'expansion trop rapide contrarie le rassemblement de la matière en étoiles et galaxies, et cet Univers est donc également défavorable à l'apparition des structures et de la vie (Note du traducteur).

naturelle progresse vers l'intelligence ne peut être hâté, et seul l'Univers plat accorde ce temps nécessaire sans la menace d'une hécatombe cosmique.

Le problème est que cet équilibre est intrinsèquement instable. Il repose sur l'ajustement précaire des puissances du mouvement cosmique et de la gravité pour éviter l'un ou l'autre des deux cataclysmes universels. La plus minime déviation dans un sens conduit à la fermeture de l'Univers sur lui-même, dans l'autre sens à se tordre en selle, et dans les deux cas conduit à une mort vertigineuse. Il apparaît ainsi que l'Univers marche sur la corde raide depuis 15 milliards d'années, ce qui est hautement improbable sinon totalement impossible. Cette situation est connue sous le nom de problème de la platitude et forme le deuxième paradoxe du big-bang. Il tourmente les cosmologistes depuis que Friedmann leur a dévoilé les paysages de la cosmologie relativiste.

Une manière de décrire cette guerre est d'utiliser un nombre traditionnellement appelé Oméga (d'après la lettre grecque). Pour faire court, Oméga est le rapport entre la puissance de la gravité et celle de l'expansion : un Univers plat a exactement autant de l'une que de l'autre et donc Oméga égale 1. Un Univers fermé possède un Oméga plus supérieur à 1, disposant de plus d'énergie gravitationnelle que d'énergie cinétique. Un Univers ouvert aura lui un Oméga inférieur à 1.

Une façon équivalente de définir Oméga consiste à définir la densité d'énergie qui, pour une vitesse donnée d'expansion, produit une gravité qui équilibre exactement l'expansion. Cette densité s'appelle la *densité critique* (une parodie des armes nucléaires), et elle représente la densité qui maintient Oméga égal à 1 et l'Univers spatialement plat. Si la densité cosmique dépasse la densité critique, Oméga dépasse 1, l'Univers est fermé et la gravité finit par l'emporter. Si la densité est plus basse que la densité critique, l'Univers est ouvert et finira par échapper à la gravité. Oméga peut donc s'écrire comme le rapport de la densité cosmique effectivement présente à la densité critique, et sa valeur décrit l'état présent de cette lutte gigantesque.

Ce qui rend le problème de la platitude si difficile est que tout écart entre Oméga et 1 augmente tragiquement au cours de l'expansion. Ceci est montré sur la figure 5.4. Dans le modèle plat, Oméga reste toujours exactement égal à 1, mais si le plus minime excès ou déficit se présente, si la densité réelle diffère aussi peu que ce soit de la densité critique, cet écart s'amplifie inexorablement. Et, de fait, il s'amplifie extrêmement vite.

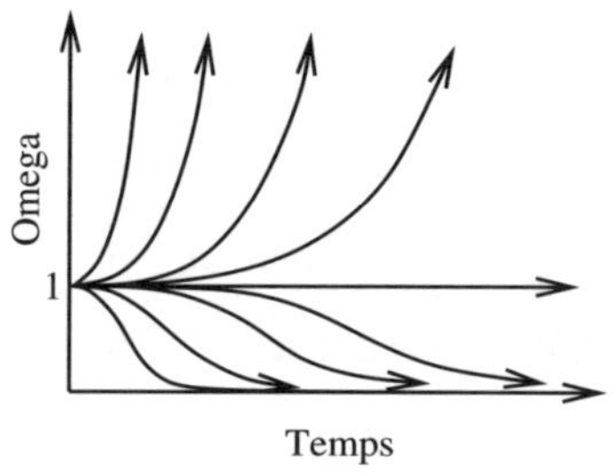

Figure 5.4

L'instabilité d'un Univers avec Oméga proche de 1. Tout écart, si minime soit-il, d'un monde plat s'amplifie de plus en plus vite.

Alan Guth, l'un des pères de l'Univers inflationniste, raconte que pendant les mois qui précédèrent sa grande découverte, il fut particulièrement frappé par ce problème. Il avait une trentaine d'années à cette époque et se trouvait dans une phase cruciale de sa carrière scientifique. Il n'était alors nullement prêt à s'intéresser à la cosmologie, qui était loin d'être une branche respectable de la physique. En ce temps-là, elle était considérée comme une équipée scientifique qu'un jeune chercheur devait éviter comme la peste et laisser aux anciens dont le cerveau était ramolli[1].

Guth était soumis à une forte pression, il devait publier « vite et mal » des articles sur des sujets aussi à la mode que possible, mais différentes circonstances le conduisirent à assister à une conférence donnée à l'Université Cornell par le célèbre physicien Robert Dicke, qui exposait le problème de la platitude.

Dicke créa un choc dans son auditoire en quantifiant le problème. Il montra que, lorsque l'Univers était vieux d'une seconde, la valeur d'Oméga devait alors se situer entre 0,9999999999999999 et 1,0000000000000001. Si Oméga s'était plus écarté de 1 que cela, l'Univers aurait depuis longtemps été détruit soit par l'écrasement soit par le vide, et nous ne serions pas présents pour discuter de cette grave question philosophique. Cette remarque impressionna tant Guth que sa carrière en sortit de ses rails et le conduisit à formuler la théorie de l'inflation. Comment Oméga avait-il pu être ajusté avec une pareille précision ?

Je dois vous dire que Dicke n'avait pas choisi totalement au hasard l'âge de une seconde. Dans le calcul illustrant l'instabilité de la platitude, l'hypothèse que l'Univers est en expansion est essentielle, sinon Oméga ne bougerait pas. Et Dicke savait parfaitement que nous avons des preuves que cette expansion se déroule en accord avec la théorie de Friedmann au moins depuis que l'Univers est vieux de une seconde[2].

1. Bizarrement, aujourd'hui la cosmologie n'est plus une pestiférée et ce sont les vieux chercheurs bien installés qui estiment qu'il s'agit là d'une perte de temps : une inversion sociale des plus étonnantes.
2. Ces preuves rempliraient un livre entier, mais l'âge de une seconde est lié à la manière dont l'Univers a produit de l'hélium à partir de l'hydrogène à la manière d'une gigantesque bombe à hydrogène. La bombe aurait été un pétard mouillé si l'Univers ne s'était pas dilaté, à la façon prévue par Friedmann, depuis cette première seconde.

Avant la première seconde, nous n'avons pas de preuve directe de l'expansion, uniquement des arguments théoriques. Nous *pensons* que la relativité générale continue à s'appliquer au cours de la première seconde, et nous en *déduisons* que l'Univers devait alors être en expansion. Nous n'avons aucune preuve de cela, mais nous n'avons non plus aucune raison de penser le contraire, aussi acceptons-nous cette extrapolation.

Il y a cependant un instant dans le passé où nous savons que la relativité générale *doit* cesser d'être juste. Cela s'appelle l'instant de Planck, ou le temps de Planck, et il est très petit : zéro, suivi de 42 zéros et d'un un. Nous vivons dans un monde quantique soumis à des fluctuations aléatoires. Malheureusement, nous ne disposons pas d'une théorie quantique de la gravité, d'une théorie qui prédise comment les fluctuations quantiques affectent les phénomènes gravitationnels comme le mouvement de la Lune autour de la Terre. Nous pouvons cependant estimer l'ampleur de ces fluctuations, et nous les trouvons toujours négligeables dans les problèmes comme la trajectoire des fusées ou les orbites des planètes. Nous n'avons donc pas de théorie quantique de la gravité, mais nous n'en avons nul besoin en fait.

Sauf par malheur pour l'expansion cosmologique avant le temps de Planck. À ce moment-là, elle est si rapide, selon la relativité générale, que les fluctuations quantiques ne peuvent plus être négligées, selon nos meilleures estimations de leur ampleur. Nous n'avons, bien entendu, aucune information directe concernant cette période de l'histoire de l'Univers, aussi nous ne pouvons pas être absolument sûrs que ces fluctuations étaient importantes. Mais d'autre part, nous n'avons aucune garantie que nous pouvons nous fier à des résultats obtenus en l'absence d'une théorie complète de la gravité quantique.

Cet argument reviendra souvent dans ce livre : *l'époque de Planck*, celle qui précède l'instant de Planck, est une période obscure de la vie de l'Univers pour nos théories. Nous ne pouvons être sûrs de rien quant à ce qui a pu se passer dans ce passé trouble.

Et en particulier, nous ne pouvons pas être sûrs que l'Univers était vraiment en expansion pendant la période de Planck. Nous savons seulement qu'il a marché sur la corde raide de la platitude depuis lors. Mais comme nous avons de bonnes raisons de croire qu'il est en expansion depuis le temps de Planck, quelle valeur devait alors avoir Oméga pour que l'Univers survive jusqu'à maintenant ? Le résultat est qu'Oméga était situé entre 0,999999....999 (au total 64 neufs) et 1,0000....00001 (au total 63 zéros, puis 1). Très proche de 1, en vérité !

J'espère que je suis maintenant plus clair quand j'affirme que l'état initial du big-bang doit être choisi avec une précision extrême : vous devez régler les boutons à la main avec beaucoup de soin pour aboutir à un Univers raisonnablement voisin du nôtre. Pourquoi Oméga est-il donc si proche de 1 au départ ? Peut-il être exactement égal à 1 ? Et dans un cas comme dans l'autre, pourquoi ? Quel mécanisme conduit à un ajustement aussi parfait de la valeur d'Oméga pour éviter la catastrophe ? La théorie du big-bang n'apporte aucune réponse. Elle nous ouvre seulement un éventail de possibilités, nous laissant choisir l'Univers avec la valeur exacte d'Oméga qui donne un modèle décrivant incroyablement bien le monde dans lequel nous vivons. Mais si nous avions opté pour un autre modèle avec une valeur très légèrement différente, nous aurions obtenu un monstre achevé.

Aucun principe théorique n'est là pour nous guider dans notre choix, juste la volonté de reproduire les données. Si nous avions *aléa-*

toirement choisi la valeur d'Oméga, nous n'aurions jamais obtenu ce résultat. Nous aurions plus de chances de gagner le gros lot dix fois de suite à la Loterie Nationale. Les savants commençaient à avoir l'impression que les succès du big-bang résultaient d'une quelconque tricherie.

Comme le problème de l'horizon, le problème de la platitude laisse la porte ouverte à la spéculation. Les cosmologistes doivent commencer à se préoccuper de ce qui s'est vraiment passé lors du big-bang, au premier instant de la naissance de l'Univers. Époque de Planck, expansion de l'Univers... les débuts de la vie de l'Univers, à l'état embryonnaire, contiennent-ils un processus spécifique, une sorte de chimie hormonale, qui fixe ces nombres mystérieux à leurs valeurs particulières ? Pourquoi avons-nous gagné le gros lot tant de fois d'affilée ?

Mais avant de vous laisser ruminer tous ces paradoxes, laissez-moi en ajouter un autre. Le troisième problème de l'Univers en expansion n'est rien d'autre que le démon horrible libéré par Einstein : la constante cosmologique Lambda. Elle a terni la carrière sinon immaculée d'Einstein, qui l'a naturellement immédiatement rejetée dès que la confirmation des découvertes de Hubble. Après cet incident tragique, la constante cosmologique connut le déshonneur. Elle constituait vraisemblablement la seule erreur importante commise par Einstein au long de sa brillante carrière. Mais une fois introduite, les savants ne trouvaient aucune raison justifiant que Lambda soit nulle.

Souvenez-vous que Lambda représente l'énergie de l'espace vide, la puissance gravitationnelle du néant, la petite porte spéciale d'Einstein pour ses petits chats. Einstein avait découvert que sa théorie de la relativité générale autorisait l'existence d'une énergie pour le vide, à condition que ce dernier ait aussi une forte tension et soit gravitationnellement répulsif, et il avait utilisé cette propriété pour construire un Univers statique dans sa théorie. Pour cela, il avait dû ajuster avec précision la valeur de Lambda pour que sa répulsion équilibre exactement l'attraction de la matière. L'annonce par Hubble de la découverte de l'expansion de l'Univers avait tué ce modèle statique, mais pas la constante cosmologique. Seule une valeur très précise de Lambda rendait l'Univers statique, mais une valeur plus générale conduisait toujours à un Univers en expansion, comme l'avait montré Friedmann, aussi les découvertes de Hubble n'excluaient-elles nullement une constante cosmologique.

Mais si l'énergie du vide n'était pas nulle, comment évoluait-elle en comparaison avec les autres formes d'énergie de l'Univers ? Tendait-elle joyeusement vers zéro jusqu'à disparaître au cours de l'expansion, ou dominait-elle toutes les autres espèces ? Là se trouve le troisième paradoxe de la cosmologie du big-bang.

Les espèces d'énergie subissent une sorte de sélection naturelle : certaines disparaissent, d'autres dominent tour à tour, conduisant à une succession d'époques ou d'âges glaciaires, réminiscences de ce que la Terre a connu. Jusqu'à maintenant, j'ai simplifié à l'excès le zoo qui vit dans notre Univers, aussi n'êtes-vous peut-être pas conscients de ces espèces. Je n'ai mentionné qu'un fluide cosmologique formé de galaxies, car il s'agit du composant le plus visible de notre Univers. Mais ce n'est pas toute l'histoire, aussi laissez-moi vous présenter les autres acteurs de cette tragi-comédie cosmique.

La figure 5.5 est une image de l'amas de galaxies situé dans la direction de la constellation de la Chevelure de Bérénice (Coma). Cet amas riche contient des milliers de galaxies. La figure 5.6 montre une image de la même région du ciel, mais vue au travers d'un télescope sensible aux rayons X. Ces rayons X indiquent la présence de gaz très chaud, atteignant une température de plusieurs millions de degrés. Vous constatez que l'amas est enfoui dans un nuage de gaz chaud, et il est possible de démontrer que la masse de ce nuage chaud est bien plus grande que la masse des galaxies, indiquant qu'il y a bien plus de choses que celles qui sont visibles.

Figure 5.5

Une image de l'amas de galaxies de Coma.

Des observations similaires montrent que les télescopes habituels ne montrent qu'une très petite fraction de la masse de l'Univers. Nous sommes très nettement entourés de matière noire, une matière qui ne brille pas mais que nous décelons à travers les effets inimitables de la gravité. Nous ne sentons que son poids, et à en juger par l'échelle, la

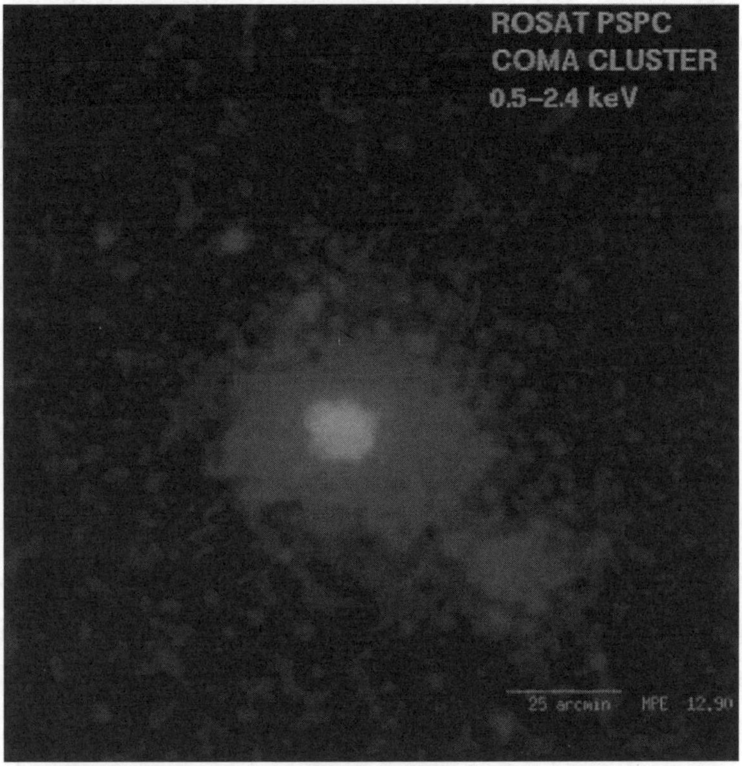

Figure 5.6

Une image en rayons X de la même région du ciel que la Figure 5.5, montrant que l'amas est en réalité immergé dans un nuage géant de gaz très chaud.

matière noire constitue l'essentiel de la matière de l'Univers. Nous identifions ainsi trois espèces de matière dans l'Univers : les galaxies, le gaz chaud et la matière noire.

Mais il y a plus. Il existe un composant supplémentaire, le rayonnement cosmologique, un océan d'ondes radio millimétriques (les micro-ondes des fours) venant des profondeurs de l'espace et plongeant le vide dans un bain tiède, réchauffant le tout à 3 kelvins (–270 °C). Ce rayonnement de fond fut découvert en 1965 par les radioastronomes

Penzias et Wilson. On raconte qu'ils l'auraient pris au début pour des parasites causés par les fientes d'un couple de pigeons, qu'ils auraient nettoyé et nettoyé en maudissant ces maudits volatiles qui avaient établi leur nid dans l'antenne. Mais malgré tous leurs soins, le signal parasite demeurait. Le dommage causé était-il permanent ? Ils finirent par réaliser[1] qu'ils avaient mesuré quelque chose de beaucoup plus fondamental, l'écho d'une autre composante de l'Univers, un fluide cosmologique de rayonnement à rajouter au fluide de matière formé des galaxies, du gaz chaud et de la matière noire.

Tels sont les ingrédients de base du big-bang tel que nous le connaissons[2]. Que leur arrive-t-il au cours de l'expansion ? La réponse est d'une simplicité surprenante : tout dépend de la pression qu'exerce — ou non — une espèce donnée. Nous avons déjà vu que la pression, ou son opposé la tension, influait sur la gravité exercée par un objet. Si une espèce possède une tension suffisamment élevée, elle exerce une gravité répulsive comme la constante cosmologique. C'est la ruse employée par Einstein pour extraire un Univers statique du chapeau récalcitrant de la relativité générale. Nous découvrons maintenant que la pression est aussi le facteur déterminant pour décider de la survie d'une espèce au cours de l'expansion. Cette pression range les galaxies et la matière noire dans une catégorie, le rayonnement cosmologique dans une deuxième, et la constante cosmologique dans une troisième. Là se tapit la menace.

1. Pour être tout à fait juste, ce sont Dicke (le même que celui que nous avons déjà rencontré) et ses collaborateurs qui ont compris de quoi il s'agissait, d'autant mieux qu'ils étaient précisément en train de construire un instrument pour détecter ce rayonnement dont ils savaient l'existence prédite par le Big-Bang...(note du traducteur).
2. La plupart des théories prévoient également l'existence d'un océan de neutrinos, d'un fond cosmologique de neutrinos. Cela ne modifie nullement les arguments présentés dans ce livre.

Commençons par le fluide de galaxies, qui n'exerce aucune pression. La pression est due aux mouvements aléatoires de ses molécules. La pression atmosphérique résulte de mouvements aléatoires rapides qui engendrent une force sur toutes les surfaces quand les molécules y rebondissent. Voilà ce qu'est une pression. Mais les galaxies restent immobiles, et elles n'exercent pas de pression. Les cosmologistes poètes appellent ce fluide sans pression la « poussière cosmique » car la poussière est là, immobile, et n'exerce pas de pression.

Au cours de l'expansion de l'Univers, les galaxies s'écartent les unes des autres, ou, de manière plus juste, elles sont incrustées dans un espace qui se dilate et crée de plus en plus de place entre elles. Si nous pouvions peindre en rouge une zone de l'Univers, la tache rouge se dilaterait avec l'expansion, mais le nombre de galaxies qui s'y trouve ne bougerait pas. Cela définit le taux de dilution pour un fluide sans pression comme la poussière : il est dilué dans la même proportion que l'augmentation de volume. Pour autant que nous le sachions, la matière noire semble aussi bien modélisée par un fluide sans pression, et son évolution avec l'expansion de l'Univers est la même que celle des galaxies : elle est, elle aussi, diluée proportionnellement à l'augmentation de volume.

Le rayonnement est différent, il ne reste pas immobile. Il est composé de photons, de particules de lumière, qui se déplacent naturellement à la vitesse de la lumière, la vitesse maximale possible. C'est pour cela qu'un fluide de rayonnement, comme le fond de rayonnement micro-ondes exerce une pression importante. Comment cette pression affecte-t-elle l'évolution de ce fluide au cours de l'expansion ?

Au fur et à mesure de l'expansion, les photons sont de plus en plus espacés, mais exercent aussi une pression sur l'espace, effectuent un travail comme s'ils aidaient l'expansion, et consomment ainsi une partie de leur énergie. C'est ainsi que la zone peinte en rouge se dilate, tout en contenant toujours le même nombre de photons, mais dont l'énergie diminue. L'énergie d'un fluide de rayonnement se dilue donc plus rapidement que celle de la poussière car deux effets s'additionnent : l'augmentation de volume et l'atténuation due au travail effectué par les photons qui contribuent à l'expansion.

Ce raisonnement a des conséquences majeures pour l'histoire de l'Univers. Si le rayonnement est plus vite dilué que la matière, cela signifie à l'inverse que l'Univers primordial devait être dominé par un rayonnement très dense et très chaud. Effectivement, si une espèce est plus rapidement diluée qu'une autre, son effet disparaît nécessairement au bout d'un certain temps mais il domine dans l'Univers primordial. En d'autres termes, le rayonnement cosmologique doit être le dinosaure de l'Univers, aujourd'hui pratiquement éteint mais dominant autrefois tout l'Univers. La découverte de ce rayonnement conduit donc à une variante particulière de la théorie du big-bang, celle du big-bang chaud : un passé brûlant dominé par des photons de très haute énergie formant un océan de rayonnement extrêmement chaud.

Tout cela concerne les ingrédients standard, dans la version minimale de la cosmologie du big-bang. Qu'arrive-t-il à cette survie des plus aptes si on y ajoute une constante cosmologique ? Quel est le destin de cet animal hypothétique au cours de l'expansion ?

Souvenez-vous que la constante cosmologique possède une tension très élevée : elle lutte donc contre l'expansion et s'oppose à sa dilatation. Cela signifie que, contrairement au rayonnement, l'expansion alimente en énergie la constante cosmologique quand elle étire la bande de caoutchouc de Lambda qui accumule ainsi une tension de plus en plus forte. L'expansion induit donc deux effets sur Lambda : d'un côté, elle en dilue l'énergie, de l'autre elle travaille contre sa tension et lui transfère ainsi de l'énergie. Ces deux effets opposés, la dilution d'énergie due à l'augmentation de volume et l'apport dû à l'augmentation de tension, conduisent à un résultat original : la densité d'énergie dans la constante cosmologique reste identique au cours du temps, elle n'est pas modifiée par l'expansion de l'Univers. Dilatez la constante cosmologique et sa densité d'énergie reste identique !

Cela a une conséquence spectaculaire. Si, à un moment quelconque de l'histoire de l'Univers, il existe la plus infime trace d'une énergie du vide, alors, au fur et à mesure que l'Univers se dilate, la poussière et le rayonnement se diluent, et Lambda finit par dominer l'Univers. La domination du vide serait un désastre, l'Univers serait très différent de celui que nous voyons. Les cieux seraient noirs, notre galaxie serait sans doute seule dans le ciel et aucun rayonnement cosmologique ne serait détecté. Comment se fait-il que le vide n'ait pas dominé ?

Pour quantifier le paradoxe, comme précédemment, examinons la situation de l'Univers à l'âge d'une seconde. Il est possible de démontrer que la part de l'énergie du vide devait être, en pourcentage, inférieure à zéro virgule suivie de 34 zéros et d'un 1 pour éviter une domination de Lambda bien avant l'instant présent. Si nous sommes plus exigeants et supposons que l'Univers est en expansion depuis le temps de Planck, la contribution de Lambda devait être inférieure à zéro virgule suivie de 120 zéros et d'un 1 pour éviter que Lambda domine avant aujourd'hui.

Nous avons ainsi une corde raide encore plus étroite à franchir…

Ces paradoxes du big-bang sont très irritants, et les cosmologistes s'efforcent d'y apporter une solution depuis les années 1960. Mais à chaque fois, ces solutions révélèrent une faille. L'exemple précoce le plus intéressant est sans doute celui de Yakov Borissovitch Zeldovitch, le grand cosmologiste russe dont la biographie possède quelques parallèles avec celle de Friedmann. Toute son éducation académique se limite à six ans de lycée, ce qui explique sans doute son imagination et sa créativité prodigieuses. En grande partie autodidacte, il reçut un doctorat à vingt-deux ans sans avoir suivi de cours à l'université.

Comme Friedmann, Zeldovitch manquait de pesanteur[1]. Il explora tant de voies innovantes en cosmologie que beaucoup pensaient qu'il y avait en fait plusieurs cosmologistes portant le même nom. Il existe tant d'équations et de formules portant son nom qu'on a pris l'habitude de les distinguer en y accolant le nom du savant occidental qui les redécouvrit des années plus tard. Zeldovitch proposa l'*Univers rebondissant* comme solution des paradoxes du big-bang.

En voici la recette. Prenez un Univers fermé et sphérique. Laissez-le se dilater depuis un big-bang. Nous savons qu'un tel modèle passe par un maximum puis implose. Selon la relativité générale, son destin est un effondrement ultime, un big-crunch. Mais nous savons que lorsque cet Univers se précipite vers son écrasement, la vitesse de contraction est le miroir de la vitesse d'expansion. Il doit donc entrer dans une nouvelle époque de Planck, cette époque où les effets quantiques de la gravité deviennent importants, mais cette fois au cours d'une contraction et non d'une expansion. Les cosmologistes se demandaient si ces effets quantiques pourraient inverser la contrac-

1. Toutes mes excuses pour cette plaisanterie : Friedmann mourut prématurément à la suite d'une ascension record en ballon dans la stratosphère. À lire les rapports de Friedmann et du pilote, on comprend mieux le programme spatial soviétique, une série de succès frôlant toujours dangereusement le désastre, un mélange infernal d'une technique primitive, parfois artisanale, et de la capacité infinie du peuple russe à la souffrance.

tion, et relancer un nouveau big-bang. Pourrait-il y avoir un rebondissement cosmique ?

L'Univers rebondissant est aussi appelé à l'occasion l'Univers phénix, car il repart d'un presque écrasement vers un nouveau big-bang, et le cycle peut se répéter indéfiniment. Zeldovitch démontra que chaque cycle devait être plus long que le précédent[1] (comme le montre la figure 5.7), et il tenta de résoudre les paradoxes du big-bang à partir de là.

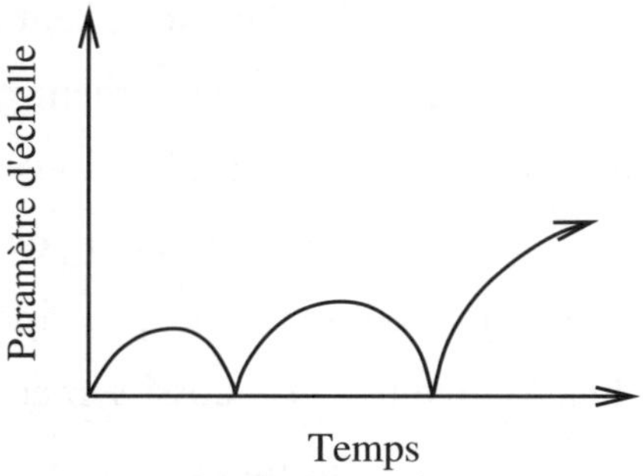

Figure 5.7

Le paramètre d'échelle dans un Univers rebondissant. À chaque fois que l'Univers se précipite vers une contraction finale, il rebondit en un nouveau big-bang. Les cycles sont de plus en plus longs, la taille maximale de plus en plus grande à chaque renouveau.

À première vue, l'approche parut prometteuse. Pourtant, après des pages et des pages d'algèbre, Zeldovitch dut reconnaître sa défaite. L'Univers rebondissant n'est pas la solution aux paradoxes du big-bang, en fait il les aggrave même.

1. La démonstration utilise le second principe de la thermodynamique : l'entropie augmente toujours, et le durée de chaque cycle dans un Univers rebondissant est liée à son entropie totale.

Ces paradoxes sont fascinants et dangereux. Ils suggèrent fortement une physique nouvelle, ils incitent à construire une cosmologie inédite, mais ils ne révèlent rien des solutions possibles. Les gens les plus intelligents peuvent ainsi très facilement passer pour des idiots complets. Je me souviens d'une rencontre de cosmologie en Grande-Bretagne, au cours de laquelle Neil Turok, un des principaux adversaires de l'inflation à cette époque, se laissa entraîner dans une querelle avec quelqu'un qui soutenait que l'inflation était la seule solution connue aux problèmes de l'horizon et de la platitude. Tout comme moi, Neil est une « grande gueule », et il répliqua vertement que c'était faux, et qu'il pouvait présenter des milliers d'explications alternatives à ces paradoxes. Supposons, dit-il, qu'au moment de la naissance de l'Univers, il y ait « quelque chose », un principe quelconque qui s'applique et qui oblige l'Univers à être aussi symétrique que possible. Cela imposerait à l'Univers d'être homogène et plat, non ? Et voilà… une solution aux paradoxes de la platitude et de l'homogénéité.

Hmm… j'ai toujours pensé que l'usage immodéré de l'expression « quelque chose » permet à quiconque de résoudre n'importe quel problème, même ceux qui n'ont pas de solution. Mais il y avait une faille plus évidente. Neil n'avait pas fini de prononcer ces fortes paroles que Mark Hindmarsh, assis, à demi endormi, à côté de Neil, dit soudain : « Eh bien, dans ce cas, l'Univers ne devrait-il pas avoir la géométrie de Minkowski ? »

Il y eut un silence d'une seconde, le temps que l'auditoire assimile ces mots… puis tout le monde éclata de rire, moi compris. Si vous connaissez un peu les mathématiques du sujet, la remarque est évidemment juste : la géométrie de Minkowski, celle de l'espace vide et sans gravité de la relativité restreinte, est la plus symétrique qui soit. Cet

Univers est si vide qu'il est identique dans toutes les directions, celles d'espace comme celle de temps. Le « principe quelconque » de Neil conduisait malheureusement plus à un résultat manifestement faux, à savoir que nous vivons dans un monde sans gravité, qu'à la solution d'un quelconque problème cosmologique.

Les gens avaient ri de cet effort malheureux pour résoudre les problèmes de la platitude et de l'horizon, mais je me dis, rétrospectivement, que Neil avait au moins essayé. Et telle est la signature d'un bon problème : d'une simplicité décevante et cependant, dès que vous ouvrez la bouche en croyant le résoudre promptement, ce sont des sornettes qui en sortent malgré toute votre intelligence.

Neil avait cependant tort sur un autre point. Pour être juste, et malgré ce qu'en disaient les gens à l'époque, il n'existait au milieu des années 1990 qu'une seule réponse aux paradoxes du big-bang, et c'était l'Univers inflationniste de Guth.

6
Dieu sous amphétamines

À la fin des années 1970, la cosmologie se trouvait dans une situation grotesque. Les physiciens des particules avaient accompli des progrès sans précédents dans l'explication de la structure de la matière, en isolant les particules fondamentales ainsi que les champs médiateurs de leurs interactions. Des accélérateurs toujours plus grands se construisaient, avec lesquels les physiciens pouvaient agencer des collisions de particules toujours plus brutales, capables de soumettre leurs théories à l'expérience. Ces énormes machines absorbaient des crédits publics colossaux, mais tout le monde pensait que c'était de l'argent bien dépensé car les résultats étaient vraiment très bons. Les théories étaient, dans l'ensemble, cohérentes et les expériences menées auprès des accélérateurs les confirmaient avec une précision ridicule.

Mais dès que les physiciens essayaient d'associer cet énorme ensemble de connaissances, la physique des particules et la théorie du big-bang, il n'en sortait rien que du pur non-sens. Pourtant cette combinaison semblait raisonnable, et même nécessaire en toute logique, puisque l'Univers primordial devait se comporter comme un immense accélérateur de très haute énergie. De nouvelles particules devaient donc être produites après le big-bang comme elles sont produites dans les collisions de haute énergie des accélérateurs. La réalité était cependant beaucoup moins claire.

Les cosmologistes s'intéressaient alors à un type particulier de particules, le monopole magnétique. Il n'avait jamais été vu dans un accélérateur, mais il était prévu par certaines idées clés qui, elles, avaient été vérifiées grâce aux accélérateurs. Ces monopoles auraient dû être produits dans l'Univers primordial, mais en quelle abondance ? Ces monopoles se seraient-ils désintégrés par la suite, et sinon pourrait-il en rester, des reliques flottant encore autour de nous, à la portée d'un savant inquisiteur ?

La logique située derrière ces questions prend racine dans la découverte des rayons cosmiques au début du XXe siècle. Ces rayons cosmiques sont essentiellement formés de particules produites dans notre galaxie, et leur énergie est beaucoup plus basse[1] que celle prévue pour les hypothétiques monopoles magnétiques. L'énergie des rayons cosmiques dépassait cependant très largement celle des premiers accélérateurs de particules. Le physicien britannique Paul Dirac avait prédit l'existence de l'antimatière, mais en produire était très nettement au-dessus des capacités des accélérateurs disponibles et c'est dans les rayons cosmiques qu'elle fut détectée pour la première fois dans les années 1930, longtemps avant qu'on en fabrique sur Terre.

La leçon était claire : les physiciens des particules n'ont pas toujours besoin d'accélérateurs de haute énergie pour fabriquer de nouvelles particules, il leur suffirait de lever les yeux et les cieux leur offriraient une gerbe de particules de haute énergie, cadeau de l'Univers. L'idée était tentante de répéter la même ruse à des énergies beaucoup plus

1. En général, mais il existe — exceptionnellement — des rayons cosmiques d'énergie ultra haute.

élevées, d'utiliser l'Univers comme l'accélérateur de particules le plus puissant qui soit et capable de produire des particules inaccessibles sur Terre, comme les monopoles magnétiques.

La grande question demeurait cependant l'abondance de ces monopoles reliques. Là commençait le cauchemar : dès que les physiciens quantifiaient le problème, le résultat était un complet non-sens. Le calcul indiquait qu'il devait rester tellement de ces reliques de la phase primordiale chaude de l'Univers qu'il ne devrait pratiquement rien y avoir d'autre dans l'Univers que des monopoles magnétiques. Il devait y avoir une erreur quelque part, soit dans la physique des particules, soit dans la cosmologie du big-bang.

Dans ces circonstances, les savants se sentaient un peu perdus. Ils disposaient de deux théories qui accumulaient les succès, la physique des particules et l'Univers du big-bang, toutes les deux de brillantes réussites dans leurs domaines propres. Ils savaient que, logiquement, ces deux théories devaient se rejoindre quelque part, mais chaque tentative donnait un résultat immonde. Dans l'atmosphère des années 1970, il n'est guère surprenant que ce soit la cosmologie qui ait été rendue responsable du cataclysme. L'idée que « la cosmologie est incohérente avec la physique des particules » était courante, impliquant tacitement qu'il ne fallait pas prendre la cosmologie au sérieux.

On aurait dit que l'Univers avait été créé par deux divinités hostiles l'une à l'autre.

En ce temps-là, le jeune Alan Guth était un classique physicien des particules, et n'aurait donc jamais dû perdre son temps avec la cosmologie. Seulement sa situation était médiocre, il avait écrit plusieurs articles, mais son travail demeurait en grande partie ignoré. Guth reconnaît lui-même aujourd'hui que ses premiers articles n'avaient guère d'intérêt.

Il arrivait à ce point de la carrière d'un physicien où soit il obtient un poste permanent, soit il est mis à la porte sans autre forme de procès. Cette alternative peu miséricordieuse se présente généralement autour de la trentaine, et n'est guère connue en dehors de la communauté des chercheurs. Mais tels sont les faits : un beau matin, les contrats temporaires se terminent pour le physicien vieillissant et s'il ne décroche pas de poste permanent à ce moment, il rejoint généralement le monde de la finance, en conservant un intense sentiment de frustration le reste de sa vie.

Les articles d'Alan n'ayant guère eu de succès, les choses se présentaient mal pour lui, et on sent le ton du désespoir planer dans sa description de ces jours sombres. Mais les gens font souvent des choses désespérées quand ils sont pris à la gorge, et Alan prit une décision radicale qui allait conduire à la découverte de l'inflation : il se consacrerait à la cosmologie des particules, à « l'astroparticule » comme on allait dire plus tard. Il ne connaissait alors rien à la cosmologie, et il se dirigeait vers un domaine que les physiciens évitaient comme la peste. Pire encore, il commença à travailler sur le problème des monopoles magnétiques.

Alan travaillait avec un collègue, Henry Tye, et leur approche de la question était inhabituelle. Ils commencèrent par rechercher des modèles de physique des particules qui ne conduisaient pas à un Univers surencombré de monopoles. Cela peut sembler innocent, mais à y regarder de plus près, c'est loin d'être le cas. Leur logique était contraire à la vogue de l'époque : pour mieux connaître la physique des particules, ils utilisaient la cosmologie comme si elle était assez fiable pour cet usage. En d'autres temps et en d'autres lieux, l'Inquisition se serait intéressée de très près à leur cas.

Pour suivre leur programme, ils devaient examiner très soigneusement les processus de production des monopoles. Pour cela, ils devaient devenir des experts d'un domaine que l'on appelle les « transitions de phase » en physique et qui décrit les processus créant ces monopoles dans l'Univers primordial. Les transitions de phase vous sont familières dans le contexte de l'eau. Celle-ci peut être solide (la glace), liquide (telle qu'elle sort du robinet) ou gazeuse (la vapeur dans le langage courant). Ces trois versions de l'eau sont appelées des « phases », et en changeant la température de l'eau vous exécutez une « transition de phase » : les transitions de l'eau liquide en gaz ou en solide sont communément appelées ébullition et gel.

Les monopoles magnétiques apparaissent au terme des transitions de phase affectant les particules fondamentales, mais la température est de l'ordre du milliard de milliards de milliards de degrés (1 suivi de 27 zéros). L'existence de ces transitions de phase découlait des théories de physique des particules qui rencontraient alors tant de succès. Cependant, de telles températures ne sont pas atteintes dans un four, ni même avec les accélérateurs de particules les plus puissants, aussi pourriez-vous penser qu'il serait impossible de jamais dégeler cette glace imperturbable. Mais si vous considérez ses aventures assez près du big-bang, l'Univers peut vous fournir juste le type de four nécessaire. L'Univers vieillissant, en expansion, se refroidit, ce qui signifie inversement que l'Univers primordial est très chaud.

Alan et Henry, comme d'autres avant eux, trouvèrent plus précisément que la température était plus élevée que nécessaire pour des âges de l'Univers inférieurs à un dix milliardième de milliardième de seconde. Les particules actuellement « solides » seraient plus une sorte de « lave liquide » durant cette période. L'expansion de l'Univers entraîne une chute de la température, et le « liquide de particules » primordial se fige en une « roche » constituant les particules que nous connaissons. Dans cette analogie, les monopoles magnétiques seraient de minuscules gouttes de liquide, un brouillard si vous préférez. Ce sont des restes de la phase chaude enfermés au cœur de la phase refroidie. Le problème est que ce brouillard primordial ressemblerait plutôt à une émulsion de boulets de canon. Comment éviter un Univers rempli d'un épais magma de monopoles super lourds ?

Après beaucoup d'essais et d'échecs, Alan et Henry découvrirent une issue possible. Ils remarquèrent que, dans certains modèles, l'Univers entrerait en « surfusion ». La surfusion signifie simplement, dans le cas de l'eau, que si l'on baisse avec beaucoup de précautions la température d'une eau très pure, elle peut rester liquide en dessous de zéro degré centigrade, parfois même jusqu'à –30 °C. Le liquide surfondu est extrêmement instable. Le moindre choc, la moindre impureté provoque la formation brutale de cristaux de glace. Il est possible de trouver de l'eau ou d'autres liquides surfondus dans la nature. Le sang de l'écureuil arctique en hibernation peut ainsi rester en surfusion à –3 °C alors qu'il est normalement gelé à cette température. Restant liquide, ce sang continue à circuler, mais la moindre perturbation le solidifie et tue l'écureuil : il ne faut donc jamais déranger un écureuil arctique en hibernation.

Un processus similaire peut se dérouler en physique des particules, et Henry et Alan annoncèrent, à tort, que la surfusion pouvait éliminer la menace d'une surpopulation de monopoles[1]. Ils publièrent un

1. L'idée était qu'il serait produit moins de monopôles si la transition de phase était retardée par une surfusion. Il se forme à peu près un monopôle dans chaque volume dont le rayon est la taille de l'horizon au moment de la transition. Par suite, plus la transition est tardive, plus l'horizon est grand et plus la densité de monopôles est faible. Mais il se révèle que ce mécanisme ne suffit pas à éviter une surpopulation.

article annonçant leur découverte et, bien que cet article soit faux, ses « effets collatéraux » allumèrent une révolution en cosmologie. Au moment où ils soumettaient leur article à la revue, Alan reçut deux chocs qui allaient conduire à la découverte accidentelle de l'Univers inflationniste.

D'abord, Henry abandonna le navire, laissant Alan à son sort. La vérité est qu'il est rare de savoir que vous êtes sur la voie d'une découverte réellement importante. De plus, Henry était soumis à forte pression pour qu'il abandonne tout ce non-sens. Alan raconte qu'un savant respectable avait averti Henry que son travail sur les monopoles était trop « ésotérique » pour justifier la promotion qu'il demandait. Henry commit l'erreur impardonnable d'écouter l'ancien, et il abandonna, à une étape cruciale, le travail extraordinaire qu'il développait avec Alan.

Il ne fait aucun doute qu'Alan était soumis à la même pression, sinon pire. Il n'était pas juste en train de compromettre une promotion, il était à un pas de la fin de sa carrière scientifique. Laissé seul, il eut cependant la folie de continuer. Un dicton portugais dit : « Cent de perdus, mille de perdus. » La carrière d'Alan était déjà tellement hasardée que, perdu pour perdu, autant poursuivre ce travail « ésotérique » jusqu'au bout.

Une question importante, mais inexplorée, avait trait aux propriétés gravitationnelles de la matière en surfusion. Henry avait soulevé la question avant de décamper, et Alan décida d'élucider le type de gravité émanant d'une forme aussi extrême de la matière.

Il fit une découverte incroyable : le matériau surfondu de ses théories de particules possédait une tension très forte. Il était de ce fait gravitationnellement répulsif et se comportait à peu près comme une constante cosmologique. Pas tout à fait un vrai Lambda, mais un Lambda temporaire, un Lambda qui ne serait présent que pendant la seule durée de la surfusion.

Une fois encore, la plus grande erreur d'Einstein réapparaissait.

À la différence d'Henry, les instincts d'Alan ne le déçurent pas. Il sentit immédiatement que sa découverte avait tous les signes d'une percée majeure. Il devint aussitôt très excité par son idée, et se précipita pour en parler à un collègue éminent. Son enthousiasme fut accueilli avec froideur, ce qui n'est pas très surprenant, et il s'attira la réplique : « Tu sais, Alan, le plus étonnant c'est qu'on nous paie pour cela. » Henry ne fut pas le seul à ne pas voir au début les extraordinaires conséquences de l'idée nouvelle.

Il est significatif qu'Alan ignora ces commentaires et ces réactions. À ce moment, il avait fait une découverte encore plus spectaculaire : l'Univers surfondu, avec sa constante cosmologique temporaire, résolvait pratiquement tous les paradoxes cosmologiques ! Enfin, les deux divinités ennemies, la physique des particules et la cosmologie, étaient tombées amoureuses, et leur union montrait que la physique des particules était la pièce manquante pour expliquer les mystères de la cosmologie du big-bang.

L'Univers surfondu est une brève passade avec la constante cosmologique, une liaison temporaire avec la grande erreur d'Einstein. Cet épisode impudique de la vie du jeune Univers fut surnommé par Alan *l'inflation*. L'origine de cette expression remonte au fait que la constante cosmologique est gravitationnellement répulsive et conduit à une expansion extrêmement rapide de l'Univers, une expansion de plus en plus accélérée au lieu d'être ralentie comme c'est le cas en présence d'une gravité normale attractive. La dimension de l'Univers (comme toutes les distances des objets qui partagent l'expansion cosmique) augmente considérablement pendant ce bref épisode de sa vie. D'où le terme *inflation* : tant que l'Univers est dominé par la matière en surfusion, sa taille enfle.

L'inflation revient un peu à droguer le bébé Univers à la vitesse. L'union en surfusion des divinités auparavant hostiles est bénie aux amphétamines, et l'Univers *enfle* au lieu de simplement se dilater. La précoce orgie d'expansion de l'Univers connaît une fin brutale quand la matière surfondue se fige enfin. Une normalité banlieusarde est alors rétablie, l'Univers retrouve son éthique de big-bang chaud et l'expansion reprend son cours normal ralenti.

Mais cette idylle précoce avec la grande erreur d'Einstein a des conséquences majeures pour le reste de la vie de l'Univers. La même longue nuit où Alan Guth découvrit l'Univers inflationniste, il constata qu'avec l'inflation, les instabilités habituelles du big-bang étaient stabilisées. La platitude n'était plus une corde raide, mais plutôt une vallée dans laquelle l'Univers inflationniste ne pouvait faire autrement que s'engouffrer. Les horizons s'ouvraient et amenaient en contact tout l'Univers visible, rapiéçant en un tout homogène ce qui semblait auparavant une infernale mosaïque de tesselles séparées. À la sortie de la phase inflationniste, l'Univers serait suffisamment bien équilibré pour marcher le long de la corde raide sans tomber. L'inflation était une solution aux instabilités de la cosmologie du big-bang. Le sphinx et ses paradoxes allaient recevoir leur châtiment.

Pour expliquer comment l'inflation résout le problème de l'horizon, je dois admettre pour commencer que, jusqu'à présent, j'ai un peu simplifié le problème. De telles simplifications sont inévitables pour parler de physique sans utiliser de mathématiques, et le problème de l'horizon, tel que je l'ai décrit, est qualitativement correct pour la version habituelle du big-bang, ainsi d'ailleurs que pour une théorie de vitesse variable de la lumière. Il n'est cependant plus correct pour une expansion inflationniste car une petite subtilité devient importante. Dans l'estimation donnée de la distance de l'horizon, j'ai négligé l'interaction entre l'expansion et le mouvement de la lumière. Prêter attention à ce détail ouvre la route vers la solution inflationniste du problème de l'horizon.

Souvenez-vous que ce problème vient de qu'à tout moment la lumière, et donc toute interaction, ne peut avoir parcouru qu'une distance finie depuis l'instant du big-bang. Le bébé Univers est donc fragmenté en horizons, en régions qui ne se voient pas. Pareille mosaïque d'horizons disjoints est profondément irritante pour le cosmologiste car elle interdit une explication physique, fondée sur des interactions physiques, de la remarquable uniformité de l'Univers primordial.

Nous aurions bien voulu que l'uniformité cosmique résulte d'un contact établi entre toutes les parties de l'Univers, équilibrant sa température en un océan homogène. Mais l'Univers est au début découpé en une multitude de régions sans contact entre elles. Dans la version habituelle de la théorie du big-bang, cette uniformité ne peut résulter que d'un très fin ajustement de l'état initial de l'Univers, un ajustement tel que ces régions séparées aient toutes exactement les mêmes caractéristiques au départ. Cela semble très artificiel et ne constitue en rien une explication : cela ressemble plus à la reconnaissance d'un échec.

Mais quelle est réellement la taille de l'horizon ? Nous avons dit que le rayon de l'horizon était la distance parcourue par la lumière depuis le big-bang. En calculant de la manière la plus naïve, cela signifierait que le rayon de l'horizon quand l'Univers est âgé d'un an est d'une année de lumière, la distance parcourue en un an par la lumière. Mais est-ce exact ?

En fait non, à cause de la subtilité à laquelle j'ai fait allusion un peu plus haut. Voyager dans un Univers en expansion entraîne une surprise : la distance au point de départ est plus grande que la distance parcourue. La raison en est que l'expansion dilate l'espace franchi. Imaginons un conducteur roulant pendant deux heures à 100 km/h : il aura parcouru 200 km, mais si la route se dilate sous lui, il sera à plus de 200 km de son point de départ. Imaginons par exemple que son voyage se déroule de Paris à Lille sur une Terre en expansion très rapide : le compteur de la voiture n'indique que 200 km parcourus sur l'autoroute, mais à son arrivée à Lille, cette ville se trouve à 600 km de Paris.

De la même manière, dans un Univers vieux de 15 milliards d'années, la lumière a parcouru 15 milliards d'années de lumière depuis le big-bang, mais la distance entre son point de départ et son point d'arrivée est en fait de 45 milliards d'années de lumière. Tels sont les nombres qui découlent d'un calcul correct : en raison de cette petite subtilité, la taille effective de l'horizon est trois fois plus grande que le résultat naïf.

Cela ne change rien d'essentiel au problème de l'horizon dans le big-bang habituel. Il est peut-être plus grand que le calcul naïf le prévoit, mais il demeure minuscule dans le passé Les objets lointains, vus tels qu'ils étaient il y a bien longtemps, restent toujours en dehors de leurs horizons respectifs. Que ceux-ci soient triplés n'y change pas grand-chose.

Mais cela n'est juste que pour une expansion qui ralentit, et ne s'applique plus pour une expansion accélérée, inflationniste. Dans ce cas, la distance entre point de départ et point d'arrivée de la lumière devient pratiquement infinie : l'expansion est si rapide que la dilatation des distances est beaucoup plus efficace que le mouvement de la lumière elle-même. On parle parfois d'expansion « supraluminique », ce qui n'est pas vraiment correct, mais est assez suggestif. L'important est que, pendant cette expansion sous amphétamines, la lumière ne parcourt qu'une distance finie mais l'expansion travaille si vite qu'elle dilate presque à l'infini la distance séparant son point de départ de son point d'arrivée.

L'inflation ouvre donc les horizons. Tout l'Univers qui est aujourd'hui visible n'était, avant l'inflation, qu'une minuscule région en contact causal. Les domaines que nous croyions disjoints étaient donc en communication les uns avec les autres et ils ont pu atteindre une température commune, comme un mélange d'eau froide et d'eau chaude donne de l'eau uniformément tiède. Cette minuscule région homogène a ensuite été dilatée par l'inflation en un immense domaine beaucoup plus grand que les 45 milliards d'années de lumière que nous voyons aujourd'hui. Le problème de l'horizon n'existe que dans l'hypothèse où l'expansion habituelle du big-bang chaud se poursuit depuis l'instant zéro. Mais une brève période d'inflation dans les premiers instants de la vie de l'Univers le résout.

Le problème de la platitude sera la victime suivante de l'inflation. La constante cosmologique possède, nous l'avons vu, des propriétés excentriques bien différentes de celles des matériaux que nous rencontrons au quotidien. D'abord, elle est gravitationnellement répulsive, ce qui est peu courant. Et elle présente une autre bizarrerie : sa densité d'énergie n'est pas diluée par l'expansion et demeure constante.

Les formes normales de la matière sont diluées quand elles sont placées dans une boîte dont le volume augmente, permettant à son contenu de se répandre à l'intérieur. Cela est aussi vrai du pop-corn que de la poussière cosmique introduite auparavant. Si on double un volume de 1 m^3 contenant 1 kg de poussière cosmique, sa densité est diminuée de moitié. Vous avez toujours 1 kg de poussière, mais dans un volume double, et sa densité n'est plus que de 0,5 kg/m^3.

Ce n'est pas le cas avec Lambda. Dans les mêmes circonstances, vous auriez toujours une densité constante de 1 kg/m^3 dans vos 2 m^3, et vous disposeriez donc maintenant de 2 kg de Lambda au lieu d'un seul. Une boîte de Lambda contient toujours le même nombre de kilos par mètre cube, que le volume soit ou non doublé, et elle contient donc le double de la masse ou de l'énergie initiale.

Le comportement inhabituel de Lambda est dû, nous l'avons dit, à sa forte tension. L'expansion lui apporte de l'énergie comme l'allongement d'un ruban de caoutchouc. Seulement, l'énergie ajoutée au ruban n'est qu'une très faible fraction de son énergie interne, tandis que la tension de Lambda est tellement élevée que l'accumulation d'énergie de tension compense exactement la dilution d'énergie due à l'expansion.

Cette disparité de comportement entre Lambda et la matière ordinaire nous a conduits au problème de la constante cosmologique. La trace la plus infime de Lambda conduit rapidement à un Univers où il n'y a rien d'autre que Lambda. Toute la matière normale est diluée par l'expansion cosmique alors que la densité de Lambda reste constante. Bien vite, l'Univers ne contient plus rien d'autre que Lambda qui règne ensuite éternellement.

Ce problème présente des points communs avec celui de la platitude. Tous deux résultent d'un caractère dominateur, celui la courbure ou celui de Lambda. Le problème de la platitude, vous vous en souvenez, est dû au caractère instable du modèle plat de Friedmann. Un modèle cosmologique homogène peut être plat (de courbure nulle), fermé (sphérique, de courbure positive) ou ouvert (pseudo-sphérique, de courbure négative), et nous avons vu qu'un modèle de courbure légèrement positive se refermait de plus en plus et finissait par un effondrement terminal, alors qu'un modèle de courbure légèrement négative s'ouvrait, lui, de plus en plus et devenait un vide stérile dépourvu de matière. Dans les deux cas, la courbure domine la matière et le résultat est très différent de l'Univers dans lequel nous vivons.

Ce bref rappel de ce que nous avons vu me permet maintenant d'attirer votre attention sur un point crucial dont je n'ai pas parlé. Les problèmes de platitude et de constante cosmologique sont liés aux tendances antisociales de la courbure et de Lambda à dominer la matière au cours de l'expansion. Mais qu'en est-il du conflit entre Lambda et la courbure ? Comment ces deux problèmes s'articulent-ils ?

Alan Guth découvrit que l'une des canailles écrasait l'autre : la tendance dominatrice de la courbure ne faisait pas le poids face à la brutalité de Lambda. Il observa qu'un Univers plat n'est instable que dans un combat entre courbure et matière ordinaire. Mais contre Lambda, la courbure perdait la partie sans ambiguïté, et un Univers plat en résultait, mais dominé par Lambda. En quelque sorte, la courbure est diluée par l'expansion, bien que moins que la matière ordinaire. Par conséquent, la courbure l'emporte sur la matière ordinaire, mais elle est à son tour dominée par ce qui n'est pas du tout dilué par l'expansion, comme la constante cosmologique, *ou comme la matière en surfusion.*

Mais celle-ci n'est pas un vrai dictateur, à la différence d'un vrai Lambda. Le Lambda de l'inflation est une parodie de dictature, et il abdique volontairement quand la matière en surfusion se « fige ». L'inflation est un dictateur de pacotille, un Lambda temporaire qui se dissout en matière ordinaire quand son rôle est fini. Mais tant que cette imitation de dictateur est en place, un tyran plus faible, la courbure, est balayé. Cette tâche accomplie, la démocratie est rétablie et le dictateur converti devient la matière et le rayonnement de l'Univers. Telle est la solution ingénieuse de l'inflation au problème de la platitude.

Si vous préférez employer Oméga, le rapport entre énergies gravitationnelle et cinétique dans l'Univers en expansion, nous pouvons reformuler ces résultats en disant que la valeur Oméga égale 1 n'est plus instable sous le règne de Lambda, et qu'elle devient ce que les savants appellent un attracteur (voir la figure 6.1). Cela est vrai que l'on ait un vrai Lambda ou un Lambda temporaire (l'inflation). Cela ne dépend que du fait que la tension de Lambda est très élevée et qu'il n'est donc pas dilué par l'expansion.

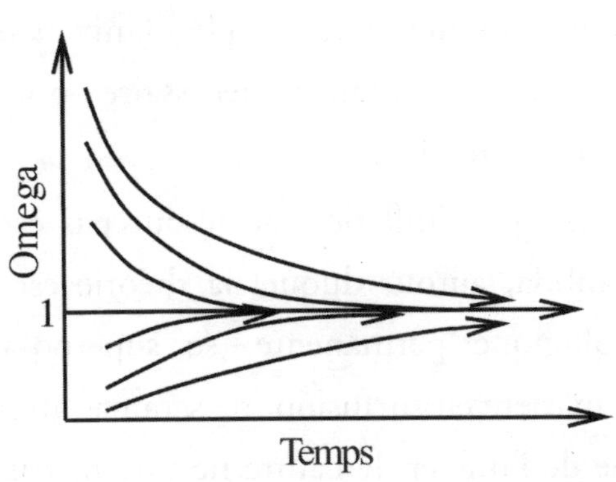

Figure 6.1

Un Univers avec Oméga égale un devient un attracteur durant l'inflation, et celle-ci résout ainsi le problème de la platitude.

Alan se souvint de la conférence de Dicke à laquelle il avait assisté. Dicke avait dit que, lorsque l'Univers était vieux d'une seconde, la valeur d'Oméga devait se situer entre 0,99999999999999999 et 1,00000000000000001. Alan calcula qu'une inflation relativement minime conduirait très facilement à ce résultat. Elle fournissait une méthode très efficace pour supprimer la courbure et elle assurait automatiquement l'ajustement nécessaire à la résolution du problème de la platitude.

À la fin de l'inflation, la matière en surfusion se transforme en matière et rayonnement ordinaires d'un big-bang chaud habituel, la constante cosmologique temporaire disparaît et la folle expansion sous amphétamines s'apaise pour donner une expansion freinée par la gravité attractive. L'évolution normale du big-bang reprend, ses pires cauchemars conjurés. Que l'Univers soit homogène sur tant d'horizons disjoints n'est plus une coïncidence : tous sont passés par la même école maternelle. L'instabilité de la variante raisonnable des modèles de big-bang, celle qui est plate, n'est plus un souci. Une période d'inflation a soigneusement réglé l'Univers et lui a donné la stabilité dans la prime enfance nécessaire pour survivre aux « instabilités » de la vie d'adulte.

Le seul problème que l'inflation ne résout pas est évidemment le problème du Lambda, autour duquel la théorie est construite. Une constante cosmologique permanente, se superposant au Lambda temporaire de la matière en surfusion, ne sera pas atténuée par lui. Les densités d'énergie de l'une et de l'autre ne varient pas pendant l'inflation, et donc leur poids relatif non plus. La domination d'un vrai Lambda continue donc à menacer l'Univers à tout moment, après l'inflation.

La bataille a cependant été gagnée sur tous les autres fronts. La stratégie audacieuse fut d'utiliser l'un des paradoxes du big-bang pour vaincre les autres. En quelque sorte, le sphinx s'est battu contre lui-même. Il n'a pas été complètement vaincu, mais il a été gravement atteint et il ne lui reste que sa dernière arme. Telle est la réussite remarquable de la théorie inflationniste de l'Univers.

Pour clore l'histoire de l'inflation, il me reste à préciser que l'Univers en surfusion imaginé par Guth se révéla une simple ébauche du vrai paradigme de l'inflation. Pour diverses raisons techniques, la proposition initiale de Guth avait des failles mortelles, mais qu'importe ! Il avait donné l'idée essentielle, même si ce n'était que dans une forme intermédiaire. Il est triste que le mérite revienne trop souvent non pas à ceux qui ont imaginé une nouvelle théorie mais à ceux qui, venus ensuite, ont nettoyé les petits détails. Lee Smolin présente cette dichotomie comme celle « des pionniers et des fermiers », les fermiers tirant souvent tout le mérite de la découverte du territoire. Cette malheureuse tendance ne l'a pas emporté dans le cas de l'inflation, et c'est bien l'homme qui eut la première vision du nouveau territoire qui en reçut la gloire.

Pour être parfaitement juste, ceux qui vinrent après Alan Guth sur le territoire de l'inflation firent plus que nettoyer le terrain. Plusieurs années de dur labeur furent indispensables pour corriger les défauts de la proposition initiale de Guth, et ce qui en résulta présente de nombreuses nouveautés qualitatives. Parmi les physiciens qui soignèrent les maladies infantiles de l'inflation figurent Paul Steinhardt et Andy Albrecht qui serait plus tard mon collaborateur[1]. Andy était

1. Il y avait aussi un troisième physicien, mais celui-ci devient tellement furieux quand on oublie de le citer nommément, que je ne peux m'empêcher de le passer ici sous silence.

encore étudiant à l'époque, et conformément à cette grande tradition qui aide tant l'histoire des sciences, l'excellent livre d'Alan Guth *The inflationary universe* est enrichi du portrait de tous les savants impliqués dans la création de la théorie de l'inflation. Tous, sauf le benjamin, Andy.

Les modèles d'inflation ont aujourd'hui remplacé la surfusion par des mécanismes plus efficaces. Ils introduisent en général un champ particulier, *l'inflaton*, capable de conduire à une période d'inflation cosmique et de résoudre les paradoxes cosmologiques (à l'exception du problème de Lambda) sans rencontrer les difficultés du premier modèle de Guth. Malheureusement, personne n'a jamais vu d'inflaton.

Pour finir, je dois aussi ajouter que le problème des monopoles qui tracassa tellement Guth n'est plus considéré maintenant comme un problème réel. Il a joué un rôle d'échafaudage pour construire des idées plus profondes, mais, ironiquement, les pathologies de monopoles sont aujourd'hui attribuées aux modèles de physique des particules plutôt qu'à la cosmologie. En toute franchise, les paradoxes cosmologiques eux-mêmes seront sans doute un jour perçus comme de simples échafaudages stimulant l'imagination des savants : les théories de l'Univers primordial auxquelles ils ont conduit dépassent largement les motivations initiales. Cela est sûrement vrai de l'inflation, mais ceci est une autre histoire, pour un autre livre.

Je terminerai par une évidence : Alan Guth ne devint pas un rebut de la physique, un tâcheron salarié. Après un sain scepticisme initial, les savants réalisèrent très vite le potentiel de l'inflation. Ce fut un succès si rapide que les plus prestigieuses universités américaines se bousculèrent pour offrir à Guth un poste permanent avant même que son article sorte des presses. Vous avez sans doute maintenant remarqué que j'ai des tendances quelque peu anarchistes, et que je supporte mal la raideur des institutions où nous devons enfouir notre créativité. Mais je n'en fais pas une religion. Des chercheurs confirmés peuvent accidentellement faire des choses correctes, et le succès d'Alan Guth, après son choix de la voie lunatique de l'inflation, en porte témoignage.

Au fil des années, la popularité de l'inflation parmi les physiciens ne fit que croître, et elle devint à son tour une institution. À tel point qu'elle devint peu à peu la seule façon socialement acceptable de pratiquer la cosmologie, toute tentative de la contourner étant rejetée comme insensée et dérangée.

Mais pas sur les rivages de Sa Majesté la Reine Elizabeth II.

Partie 2

Des années « lumineuses »

7
Par un humide matin d'hiver

À une centaine de kilomètres au nord de Londres, s'étend une région basse et plate d'anciens marais drainés, les Fens. Balayés par des vents glacés et noyés dans une brume permanente, ils assurent une existence misérable aux habitants des hameaux épars. Compte tenu de leur proximité du bourdonnement de Londres, les Fens fournissent un cadre étonnamment rural qui, vert pâturage après vert pâturage, est peuplé de plus de vaches que d'hommes. Au milieu de ce paysage morose s'élève une étrange ville médiévale, les flèches de ses églises et de ses collèges griffant le ciel. C'est un lieu d'étude mondialement connu depuis le Moyen Âge, lorsque les professeurs d'Oxford, fuyant la colère paysanne, s'y installèrent dans un environnement qu'ils espéraient plus calme et plus propice aux réflexions intellectuelles.

Depuis lors, ce lieu a toujours accueilli des gens possédant le degré nécessaire de déséquilibre pour apporter des idées neuves. Et c'est là que je suis venu en octobre 1989 étudier la physique théorique, attiré par la réputation scientifique de Cambridge dont les racines remontent au moins à Newton, une réputation qui reflète le penchant pour les sciences de la nature qui lui vaut le surnom d'École Polytechnique des Marais.

L'endroit m'inspira immédiatement des sentiments mêlés, parmi lesquels j'identifiai une indubitable pression pour obtenir quelque chose de neuf, de différent... Il m'est difficile de communiquer le mélange d'énergies positives et négatives que je puisais en ce lieu, mais je vais essayer.

Du côté positif, j'adorais la tolérance de Cambridge envers la différence et la façon dont elle appuyait l'originalité dans la pensée. Cela n'est pas seulement dû au fait que vous êtes assis sur le banc même où vous ont peut-être précédé des physiciens aussi célèbres que Paul Dirac ou qu'Abdus Salam. Ni à cette mentalité qui fait que, d'entrée, on vous jette à l'eau, donnant ainsi à ceux qui ont su apprendre à nager, une énorme confiance en soi. Ni au fait que les usages britanniques excusent souvent un comportement détestable et tolèrent pratiquement tout : il m'est arrivé de terminer une soirée désastreuse en vomissant dangereusement près de la maîtresse de maison, et le lendemain tout le monde se comportait comme s'il ne s'était rien passé. Ni même à l'âge avancé de nombreux professeurs dont la sénilité heureuse les conduit à un comportement d'une excentricité hilarante. C'est dû à tout cela à la fois, et à bien d'autres choses encore, et l'impression d'ensemble est celle d'un asile de doux dingues, au sein duquel vous ne vous sentez pas chez vous avant d'avoir vous-même proposé au moins une idée loufoque en total désaccord avec tout ce qui a été suggéré avant.

C'est cela, le côté positif de Cambridge, et qui restera, dans mon esprit, la meilleure part de mes années de chercheur associé à Saint John's College[1]. Mais il existe aussi un côté sombre de l'expérience de Cambridge que je trouve beaucoup moins attirante. À Cambridge, les

1. Les personnes peu familières avec Cambridge seront surprises d'apprendre que l'université n'assure elle-même aux étudiants que les cours magistraux et les examens. La vraie vie se déroule dans une trentaine de *colleges* associés, où les étudiants reçoivent des enseignements complémentaires, mangent et dorment. Chaque *college* est dirigé par un *Master*, assisté d'une caste dominante de *fellows* (associés) ou de *dons* (professeurs). Les *colleges* les plus anciens ressemblent à des forteresses médiévales, n'ouvrant sur l'extérieur qu'au travers des portes imposantes gardées par une armée de *portiers* surmenés et incroyablement grossiers.

fellows, les enseignants associés au *college*, dînent sur la « haute table », qui est littéralement placée sur une estrade dominant les tables des étudiants. Un nombre étonnamment élevé de gens y ont, à un moment ou à un autre, effectué un séjour en hôpital psychiatrique : je me souviens d'un thé où pratiquement tous les désordres mentaux étaient représentés. Le lieu est défavorable aux femmes et aux étrangers. Étranger moi-même, je ne commençai à aimer l'endroit que lorsque j'eus acquis assez de confiance pour rendre aux xénophobes la monnaie de leur pièce. On y trouve encore le pire de ce sentiment aigu des nuances sociales si important autrefois en Grande-Bretagne, et l'héritage du passé colonial avec son chauvinisme pathétique.

Une histoire toute simple résume dans mon esprit ce mélange infernal d'humour et de créativité d'un côté et de snobisme de l'autre. Je n'ai pas véritablement été témoin de l'incident qui n'est peut-être qu'un racontar, mais il dépeint sans aucun doute une grande part de l'atmosphère que j'essaie de décrire. Il paraît qu'un étudiant s'enivra une nuit à un degré inhabituel, escalada le toit du *college*, ce qui est un sport très prisé, et pissa sur un portier qui passait. Poursuivi par ce dernier, l'étudiant commit l'hérésie supplémentaire de marcher sur le gazon, privilège réservé aux *fellows*, de même que manger à la haute table. Pour ces manquements, l'étudiant fut réprimandé par son tuteur et mis à l'amende : vingt livres pour avoir marché sur le gazon, et dix livres pour avoir uriné sur un portier[1].

S'il s'agit d'un mythe, il est loin d'être le seul de son genre. Il existe de nombreuses histoires similaires, toujours puérilement odieuses et

1. Il va sans dire que les portiers sont les plus snobs de tous, phénomène très anglais et difficile à comprendre pour un étranger. C'est un trait commun : j'ai remarqué que, dans les universités britanniques, les personnes les plus obsédées par les hiérarchies étaient les étudiants en cours de thèse.

pleines d'un ridicule d'ancien monde. Il est révélateur que certains de ces incidents ont leur origine dans les bizarreries des statuts de l'université et des *colleges*, gravés dans la pierre il y a plusieurs siècles et formant aujourd'hui un recueil d'anachronismes. Cela conduit à des abus, parfois sous la forme de discriminations raciales ou sexuelles, parfois sous des formes plus inoffensives. Bien sûr, un noir peut aujourd'hui se porter candidat comme *fellow* à Trinity College, mais personne, noir ou blanc, ne peut le faire avant d'avoir été « désinfecté par au moins une année de vie dans le *college* ». Pour ce qui concerne le côté plus grotesque du règlement de l'université, j'ai entendu dire qu'un étudiant provoqua la consternation au cours d'un examen en invoquant un obscur décret médiéval stipulant que les candidats ont droit à une pinte de bière. Un tumulte s'éleva et un surveillant enragé finit par se précipiter vers un pub voisin pour satisfaire la clause invoquée. Les examinateurs prirent ensuite leur revanche quand, après avoir épluché les pages poussiéreuses du livre des statuts, ils infligèrent une forte amende à l'étudiant… pour s'être présenté à un examen sans porter d'épée.

C'est dans cet environnement inhabituel que j'ai étudié la relativité et la cosmologie, et écrit mes premiers articles scientifiques. En même temps que je découvrais les paradoxes du big-bang, j'apprenais que les savants n'avaient pas mis longtemps à leur apporter une réponse : l'Univers inflationniste. À peine présentée, la théorie de Guth fut emportée au sein de la communauté scientifique par une vague d'enthousiasme qui a revivifié la cosmologie jusqu'à aujourd'hui. L'inflation fut inventée pour résoudre les paradoxes du big-bang, et elle y réussit remarquablement bien, jusqu'à un certain point. Elle n'est cependant pas un fait avéré et elle attend toujours une confirmation expérimentale. Comme je le disais plus haut, personne n'a jamais vu un inflaton, ce champ qui est supposé diriger l'inflation. Jusque-là, il existe un marché pour des méthodes différentes destinées à résoudre ces paradoxes, et tout loisir pour des querelles puériles entre cosmologistes.

Et de fait, de mon éminence cambridgienne, je réalisai très vite que quelque chose dans la physique britannique n'aimait pas l'inflation. La résistance des Britanniques à l'inflation, j'allai vite l'apprendre, n'avait pas que des racines scientifiques. Indubitablement, ils avaient de bonnes et solides raisons : l'inflation ne s'appuie véritablement sur aucun concept physique que l'on puisse un jour mettre à l'épreuve en laboratoire, elle manque de contact avec une physique « terrestre ». Mais je sentais qu'il y avait quelque chose d'autre. Cette impression venait peut-être de ce que, étant Portugais, j'avais le point de vue extérieur d'un étranger, et je commençais à me dire que si les Britanniques n'aimaient pas la théorie de l'inflation, c'est parce qu'elle avait été inventée par leurs jeunes cousins de l'autre côté de la grande mare aux canards. Et, suivant la grande tradition de la compétition scientifique, ils refuseraient de l'admettre jusqu'à ce que des preuves irréfutables les y obligent.

Mais ils ne disposaient pas d'une théorie de leur cru à opposer à l'inflation. Il n'était pas facile de trouver une alternative. Tous les efforts conduisaient à une théorie qui lui ressemblait comme deux gouttes d'eau ou qui échouait largement à résoudre les paradoxes du big-bang. Je commençais à juger que, faute d'offrir une théorie capable de rivaliser avec l'inflation, vous n'aviez aucun droit de la critiquer. Aspirant à élaborer une telle alternative, je me mis à réfléchir profondément à ces questions, mois après mois, année après année, mais toujours sans résultat.

Jusqu'à un matin d'hiver, gris et humide, où je traversais les pelouses de Saint John's College. Je pensais au problème de l'horizon et me murmurais probablement à moi-même à quel point il était irritant. La manière dont l'inflation ouvre les horizons et homogénéise l'Univers ne vous a peut-être pas semblé évidente, mais pourquoi il est si difficile de résoudre le problème de l'horizon sans inflation est encore moins évident Mais pour un cosmologiste entraîné, la difficulté est bien là, exaspérante. L'inflation avait vaincu par défaut, parce qu'aucun compétiteur ne s'était présenté dans l'arène.

Je m'arrêtai d'un seul coup, et mes bredouillements devinrent plus intenses. Et si dans l'Univers, la lumière elle-même voyageait plus vite autrefois qu'aujourd'hui ? Quels paradoxes seraient résolus par cette possibilité ? Et quel en serait le prix à payer pour nos idées en physique ?

Ces pensées tombaient du ciel, comme la pluie, brutalement, sans avertissement. Mais je réalisai immédiatement que cela résoudrait le problème de l'horizon. Juste pour fixer les idées, supposons qu'une grande révolution ait secoué l'Univers quand il était vieux d'un an, et que la lumière ait été beaucoup plus rapide avant cette révolution. Ignorons aussi les subtilités de l'expansion dans la définition de l'horizon, subtilités cruciales pour l'inflation mais secondaires dans le big-bang habituel ou dans la théorie VVL. Le rayon de l'horizon est alors la distance parcourue par la lumière en un an, et il s'agit pendant cette première année de lumière « rapide » : le rayon est de une « année de lumière rapide ». Si nous ignorions l'existence de cette lumière rapide, nous penserions que l'horizon à cette époque était seulement d'une année de lumière « lente », et qu'il serait donc beaucoup plus court que la taille de la vaste région homogène que nous voyons aujourd'hui, quinze milliards d'années de lumière « lente ». D'où le problème de l'horizon. Mais si la lumière rapide est vraiment beaucoup plus rapide que la lumière lente, il se pourrait qu'une année de lumière rapide soit beaucoup plus grande que quinze milliards d'années de lumière lente. Cela amènerait en contact très tôt toutes ces régions que nous observons aujourd'hui être si homogènes. Les portes seraient alors ouvertes aux processus physiques pour expliquer l'homogénéité de l'Univers. Et il n'y aurait pas besoin d'inflation.

J'imagine que cette pensée a dû traverser l'esprit de plus d'un lecteur pendant que j'expliquais le problème de l'horizon. Elle est tellement évidente. Mais je crois que seul un physicien professionnel peut percevoir la formidable hérésie que dissimule cette suggestion et en être effaré au point de la rejeter d'entrée de jeu. L'idée n'est pourtant pas aussi scandaleuse qu'elle aurait pu l'être : je n'ai pas imaginé la possibilité que quelqu'un voyage plus vite que la lumière, ni que la lumière soit accélérée. J'ai uniquement suggéré que la vitesse de la lumière, tout en demeurant localement une limite de vitesse, puisse varier au lieu d'être une constante universelle. Croyez-moi, j'ai tenté d'être aussi conformiste que possible et de coller au plus près de la relativité, tout en cherchant à résoudre le problème de l'horizon sans inflation.

Bien entendu, à la différence de l'inflation, cette théorie d'une vitesse variable de la lumière (VVL) requérait de sérieuses modifications des fondations de la physique. D'entrée, elle entrait en conflit avec la relativité. Mais je ne considérais pas cela comme un défaut intolérable, je pensais au contraire que cela se révélerait peut-être un des principaux atouts du modèle. Je portais un intérêt immense à l'emploi de l'Univers du big-bang pour mieux se renseigner sur les propriétés de l'espace et du temps, de la matière et de l'énergie, au-delà de l'expérience limitée que nous en avons. L'Univers nous disait peut-être qu'à son niveau le plus fondamental, la physique est très différente de ce que nous enseigne la relativité, du moins quand nous atteignons les températures titanesques rencontrées par l'Univers peu après le big-bang.

Avoir une idée n'est cependant que le début du commencement de toute théorie scientifique. L'éclair d'inspiration qui me visita cet humide et froid matin d'hiver aurait été totalement inutile livré à lui-même. Je savais qu'il avait besoin d'une théorie mathématique pour lui donner corps et vie. Il résolvait de façon tellement évidente le problème de l'horizon, et les autres paradoxes comme je m'en rendis ensuite compte, mais il exigeait de revoir toute l'architecture de la physique édifiée par Einstein au début du XXe siècle. Une entreprise colossale m'attendait.

Le début du voyage commença sous de mauvais auspices. Peu après ma première rencontre magique avec la théorie VVL, je me rendis compte que mes vacances dans la tour d'ivoire allaient brutalement s'achever. La haute table menaçait de basculer sur moi et de m'envoyer dans la poubelle du chômage, car ma bourse de *fellow* allait toucher à son terme et j'étais censé trouver un autre poste. La théorie de l'inflation d'Alan Guth résulte peut-être de la pression à laquelle il était soumis pour décrocher un emploi, mais la théorie VVL était refoulée par une contrainte similaire. Je savais très bien que si je me mettais à travailler à toute vapeur sur un concept aussi loufoque, personne ne me recruterait. Un effort d'une telle ampleur et à aussi long terme m'aurait conduit à vendre le *Big Issue* aux portes de Saint John's College[1].

1. Le *Big Issue* est une revue écrite et vendue par les sans-abri en Grande-Bretagne.

De plus, la théorie VVL se révéla délicate à formuler précisément. Chaque fois que je sortais du tiroir cette belle intuition, et que je tentais d'en faire une théorie mathématique concrète, le désastre frappait. Les équations protestaient, me hurlaient au visage qu'elles refusaient une variation de *c* et crachaient un jet d'incohérences apparentes dont l'abus me poussait à chaque fois à tout rejeter dans le tiroir, plein d'humiliation et de désespoir. J'avais besoin d'un collaborateur. Certaines choses ne sont tout simplement pas faites pour une création solitaire. J'avais besoin de quelqu'un sur qui mes idées rebondissent, quelqu'un qui complète mes lacunes, et qui déblaie mes blocages mentaux. Mais tous mes efforts pour discuter de la VVL avec quelqu'un m'attiraient au mieux des regards vides, au pire des rires hystériques et des remarques désobligeantes.

À mon éternelle honte, je dois reconnaître que je finis par abandonner et que je traversai ces temps difficiles d'incertitude professionnelle en laissant la VVL au placard, et en choisissant de ne pas y penser et de ne pas en parler. Ce n'est pas très romantique, mais c'est la réalité. Nous sommes tous faits de chair et de sang, et nous souffrons donc de l'insécurité matérielle qui prend souvent le dessus sur nos vies. Ce qui est vraiment honteux est sans doute la manière dont la société est structurée, tout entière orientée vers la productivité et le gain. Le plus surprenant, quelque part, est qu'il existe encore des gens apportant des idées originales.

Un après-midi de mai, en 1996, je marchais le long de King's Parade en ouvrant mon courrier quand la délivrance arriva. Je venais de recevoir une bourse de la Royal Society. Pour moi, cela ne signifiait qu'une seule chose : la Liberté ! Je pourrai faire ce que je voulais, où je voulais, comme je voulais, et en ayant l'assurance que personne ne m'enquiquinerait pendant dix ans. J'étais fou de joie : enfin je pouvais me permettre le luxe d'être de nouveau un scientifique romantique. C'est un luxe très rare de nos jours.

Je connaissais bien Andy Albrecht à cette époque, nous avions même écrit trois articles ensemble. Je décidai de le rejoindre à Londres. Il est certain que sept années dans la ménagerie psychiatrique de Cambridge était plus que je n'en pouvais supporter. Bizarrement, je n'avais jamais mentionné la VVL à Andy. Mais cet été-là, un événement exceptionnel allait nous lier pour les années à venir.

Andy Albrecht à l'époque où nous nous sommes rencontrés

Dans le style prétentieux caractéristique de ces institutions, l'université de Princeton organisait une conférence de cosmologie pour célébrer son deux cent cinquantième anniversaire. Estimant que sa réputation illustre suffisait, l'université ne fournit presque aucun fond à l'organisation de la conférence. En passant à côté de la réplique de la chapelle de King's College à Cambridge, mais pathétiquement agrandie, qui orne le campus de Princeton, je songeais que les États-Unis copiaient souvent le pire de la culture britannique, dont l'arrogance de ses universités.

Mais ils avaient au moins choisi le bon organisateur, Neil Turok, qui se fixa immédiatement pour objectif de susciter le maximum de controverses au cours de la rencontre. Je présume qu'il voulait voir couler le sang : il organisa la rencontre sous la forme de « dialogue » entre factions opposées, dans tous les domaines de la cosmologie qui suscitaient alors des polémiques passionnées [1]. Bien que le terme *dialogue* soit en réalité un euphémisme pour décrire des savants essayant de s'étrangler les uns les autres, le principe fonctionna très bien. Pour vous en donner une idée, laissez-moi vous décrire ce qui se passa au cours de l'une des sessions.

L'un des sujets retenus était de savoir quelles indications les grands catalogues de galaxies apportaient sur l'homogénéité de l'Univers. Malgré tout ce que je vous ai dit au sujet des découvertes de Hubble, la meilleure indication de cette homogénéité vient du rayonnement cosmologique. Les catalogues de galaxies demeurent toujours controversés. D'ailleurs une équipe italienne concluait de son analyse que l'Univers à son avis n'était pas du tout homogène, mais qu'il avait en réalité une structure fractale. Si cela est vrai, brûlez ce livre, oubliez tout de la cosmologie du big-bang, et mettez-vous à pleurer frénétiquement.

Bien évidemment la question serait résolue dès que des catalogues contenant un nombre beaucoup plus élevé de galaxies seraient disponibles, ce qui ne devait pas tarder. Mais pour le moment, les « gens des fractales », comme on les appelle, jouent un rôle essentiel en cosmologie : celui d'obliger à être honnête. Si vous disposez de données médiocres, et que vous souhaitez leur donner une meilleure

1. Neil a protesté : « Très franchement, je suis un pacifiste ! ».

apparence, il est facile de commencer par *supposer* l'homogénéité dans votre analyse, et vos données paraîtront aussi jolies que si elles sortaient de chirurgie esthétique. De ce point de vue, les gens des fractales ont joué un rôle essentiel en montrant à quel point certaines méthodes d'analyse pouvaient être circulaires en astronomie : en supposant ce qu'elles étaient censées démontrer. Je dis ceci, tout en espérant sincèrement que les gens des fractales soient dans l'erreur la plus irréversible et la plus totale.

À la conférence de Princeton, Luciano Pietronero, le chef de file du groupe italien, défendit brillamment sa position. Le défenseur de l'homogénéité ne prépara malheureusement pas son dossier avec soin, supposant que sa tâche serait un jeu d'enfant, et il eut une très mauvaise surprise. À l'étonnement général, Pietronero, bien que défendant l'innommable, se débrouilla pour le faire apparaître beaucoup plus logique et sensé.

Bien d'autres sujets furent discutés avec souvent des émotions similaires. Je me souviens avec bonheur du débat sur la vitesse d'expansion de l'Univers, c'est-à-dire la mesure de la « constante de Hubble ». Bien que les opposants aient été proches d'atteindre un consensus marginal, cela ne les empêcha pas de se lancer dans une hilarante compétition d'insultes.

À ma grande surprise, malgré le côté suranné auquel je m'attendais, l'atmosphère était électrique. Les points-clés furent bien identifiés, et tous les partis étaient représentés de manière volubile. Neil parvint cependant à garder le contrôle de la rencontre à l'aide d'un antique réveil, d'une taille phénoménale, qui sonnait de manière stridente chaque fois qu'un orateur dépassait son temps de parole, ou qu'il essayait de se mettre en vedette et de monopoliser l'attention.

C'est dans ce cadre que fut soulevée la question suivante : l'inflation est-elle réellement la réponse finale en cosmologie ? Le jour où l'inflation fut discutée présentait cette particularité que les arguments discutés sur l'estrade se dispersèrent dans l'auditoire, conduisant à une discussion généralisée. Éperonnés par le taux élevé d'hormones circulant à ce moment, nous partîmes tous dans des discussions violentes, parfois proches des coups. Comme souvent, l'Atlantique semblait être la ligne de partage des opinions.

À la fin de cette journée caustique, je parlais avec Andy et une autre cosmologiste, Ruth Durrer. Sous l'effet de cette journée, Andy nous parla de son obsession permanente, le besoin de trouver une alternative à l'inflation. Comme je le disais au début, l'un des trois articles fondateurs de l'inflation était aussi le premier article scientifique d'Andy, écrit quand il était étudiant en collaboration avec son directeur de thèse, Paul Steinhardt. Andy était persuadé que ses balbutiements scientifiques ne pouvaient pas être la réponse ultime à tous les problèmes de l'Univers. Mais si l'inflation n'était pas la réponse, quelle était-elle ? Andy nous confia, qu'après toutes ces années, il se sentait perdu. Tout ce qu'il avait essayé n'avait pas marché, ou bien s'était révélé n'être rien d'autre qu'une inflation déguisée, souvent plus médiocre. Il nous demanda si nous avions une idée quelconque.

Ruth tenta immédiatement d'apporter une explication, mais elle suivait malheureusement « l'école turokienne de résolution des paradoxes du big-bang » : elle utilisait le mot « quelque chose » à profusion, accompagné de gestes amples. Je décrivis alors brièvement l'idée de la VVL. Un silence de plomb s'abattit : ils pensaient que je plaisantais et que c'était plutôt une mauvaise plaisanterie. C'était exactement le genre de silence embarrassé qui suit une boutade tombant particulièrement à plat. Ils mirent quelque temps à réaliser que j'étais sérieux. J'avais l'habitude de ce type de réaction, aussi je n'en fus pas particulièrement vexé. La seule chose qui paraissait étrange est que j'avais cru déceler une faible lueur dans les yeux d'Andy.

On prétend parfois que les savants passent tout leur temps en conférence dans des lieux exotiques et y dépensent l'argent du contribuable à prendre du bon temps. J'aimerais que ce soit vrai. Trop souvent, les conférences sont effectivement un gâchis total de temps et d'argent, mais elles sont aussi profondément ennuyeuses. Pourtant, à l'occasion, une conférence scientifique conduit effectivement à une découverte, et cette réunion de Princeton fut l'une de ces rares exceptions, et de plusieurs manières. Pour l'histoire que je vous raconte, elle marque le tournant de la théorie VVL : j'avais enfin réussi à trouver une âme sœur pour réfléchir au problème.

Je passai les mois de juillet et d'août 1996 à Berkeley, et par chance, Andy était là aussi. Il était cependant très occupé à écrire son livre de vulgarisation sur la flèche du temps, et j'étais moi-même très occupé sur un projet différent. Je n'ai donc vu Andy qu'à de rares occasions, mais c'est à ce moment-là, quelque part au-dessus de la baie de San Francisco, que nous avons décidé d'explorer un peu la VVL à notre retour à Londres.

Nous abordions tous les deux le projet avec émotion, et nous pouvions déjà imaginer le cauchemar complet qui nous attendait. Mais le temps me paraissait mûr pour cela, ou du moins j'étais assez immature pour le penser.

8
Les nuits de Goa

Je passais la soirée du 31 décembre 1997 au Jazz Café dans Camden Town à Londres. J'écoutais mon musicien de jazz favori, Courtney Pine. Ses paroles amères, servies par sa belle voix grave sur le coup de minuit, resteront gravées dans ma mémoire : « Bonne année à tous, je suis sûr que nous sommes tous heureux de voir celle-ci finie. Dieu, que l'année a été mauvaise pour moi ; mais nous sommes arrivés au bout. Cela n'a pas été facile, mais nous sommes toujours là, en espérant que la prochaine sera meilleure. En tout cas, elle ne pourra pas être pire. » Je ne sais pas ce que le reste de l'auditoire en pensait, mais, étant donné ce que j'avais traversé cette année-là, je n'aurais pas pu être plus en accord.

L'année avait commencé paisiblement. J'avais emménagé à Londres en octobre de l'année précédente, et je m'habituais à ma nouvelle demeure, ainsi qu'à mon nouveau statut de chercheur confirmé. Celui-ci avait quelques avantages précis : par exemple, j'adorais jouer le rôle de superviseur des étudiants en doctorat. Par contre, certaines de ces nouvelles responsabilités, les tâches administratives en particulier, me rendaient absolument furieux. Pourquoi perdre autant de temps pour des bouts de papier que personne ne lisait jamais ?

En janvier 1997, je revenais de vacances de Noël passées au Portugal pour découvrir que Neil Turok m'avait délégué le travail le plus déprimant qui soit sur Terre, et peut-être sur toutes les planètes. J'avais la tâche onéreuse de diriger la préparation d'un énorme programme de bourses, rassemblant des dizaines d'institutions à travers l'Europe. Cela impliquait des kilos de formulaires à remplir et de demandes de subventions à rédiger.

Si vous croyez que les cosmologistes vivent dans une excitation intellectuelle ininterrompue, perdez alors toutes vos illusions. En réalité, notre survie financière dépend des institutions extrêmement bureaucratiques qui gèrent les fonds scientifiques. Celles-ci sont contrôlées par d'anciens savants sur le déclin, de sorte que ces institutions apportent un grand pouvoir, mais qu'elles fonctionnent aussi comme une mise au placard intellectuelle. Le résultat est qu'au lieu de passer notre temps à découvrir de nouvelles choses, nous gaspillons de longs moments à bâiller au cours de réunions qui s'éternisent, à rédiger des rapports stupides et à remplir d'interminables formulaires qui n'ont d'autre but que de justifier l'existence de ces institutions et de leur personnel sénile. Je surnomme les demandes de subventions des « certificats d'existence des ancêtres » puisque je ne leur vois pas d'autre objectif que de créer une prétendue nécessité à ces parasites. Pourquoi ne pas simplement construire un hospice de vieillards pour les savants qui ont cessé de faire de la bonne science ?

Assailli par ces idées noires, je ne pouvais qu'envier Neil qui avait intelligemment programmé le voyage en Afrique du Sud, excuse rêvée pour éviter ces foutaises. Pourquoi n'avais-je pas prévu un voyage au Pôle Sud à cette saison, ou sur Andromède ? Quel manque terrible de prévoyance.

Personne ne veut me croire, mais je souffre d'une allergie physique à l'administration. Au long de ces tristes jours, j'allais à l'Imperial College tard dans la matinée, je regardais avec consternation les redoutables formulaires étalés sur mon bureau, je traînais jusqu'à l'heure du déjeuner dans les couloirs déserts en ce début d'année et finalement, au milieu de l'après-midi, saisi d'un ennui profond, je pressais de mon cerveau une phrase banale ou deux en essayant de simuler une excitation absente.

Quand je quittais l'Imperial College, je me sentais généralement complètement nauséeux, plein d'aversion envers moi et prêt à me bagarrer dans le premier pub. N'est-ce pas là une allergie physique ? Je voudrais trouver un médecin capable de certifier mon incapacité à accomplir un travail administratif quelconque.

C'est dans ce sombre état d'esprit que j'allais retrouver Kim, ma petite amie, et prendre un verre quelque part à Notting Hill. Je me sentais alors si mal que je voulais désespérément nettoyer mon esprit de toute cette fange, par n'importe quel moyen, et de fait, après la seconde ou troisième pinte de bière, tous ces formulaires sordides s'effaçaient de mon cerveau. Pas étonnant que tant de Britanniques soient alcooliques.

Kim

J'ai toujours pensé qu'il y avait une façon gaie et une façon triste de boire. Comme tous les Méditerranéens, je suis naturellement un buveur gai, et je considère un verre de bon vin comme un élément de la joie de vivre. Au nord de l'Europe, boire est souvent triste, et la consommation volumineuse est destinée à effacer de votre cerveau une morne journée saturée de compétence protestante. J'étais à deux doigts de tomber dans ce genre d'alcoolisme si je ne prenais pas de mesures radicales.

Il se trouve que Kim est physicienne, elle aussi, mais nous évitons en général de parler de science entre nous. Un de ces soirs, j'étais tant dégoûté de moi que je fis une exception. À la vérité, j'essayais seulement de me débarrasser de ce sentiment visqueux de répugnance que tout physicien normalement constitué ressent face à la bureaucratie. Tout naturellement, je me lançai dans un discours extravagant sur le sujet le plus délirant auquel je pouvais songer, la théorie de la vitesse variable de la lumière, plus pour m'amuser que pour autre chose.

J'avais déjà parlé à Kim de la VVL, mais juste en passant. Mais là je brodais, ornant ma théorie déjà lunatique d'une couche psychotique. Quand elle me demanda pourquoi diable la vitesse de la lumière devrait varier, je répondis d'une traite que c'était un simple effet de projection depuis les dimensions supplémentaires. J'avais parlé sans réfléchir, mais l'idée avait vaguement un sens.

L'une des retombées des efforts d'Einstein pour unifier la gravité avec les autres forces de la nature était la théorie dite de Kaluza et Klein. Selon elle, le monde a des dimensions supplémentaires s'ajoutant aux quatre que nous percevons (les trois de l'espace et celle du temps). Kaluza supposa que le monde possédait en réalité cinq dimensions, quatre d'espace et une de temps. Mais en ce cas, pourquoi ne voyons-nous pas cette dimension supplémentaire ? Klein suggéra que c'était parce que cette cinquième dimension est très petite. En ignorant pour le moment le temps, nous vivons, selon cette théorie, sur un feuillet à trois dimensions à l'intérieur d'un espace à quatre dimensions. Nous sommes tous aplatis et n'avons pas conscience de l'espace plus grand dans lequel nous résidons.

L'idée paraît absconse, et l'on peut se demander pour quelle raison le monde voudrait ressembler à cela. Les premiers essais pour unifier toutes les forces de la nature sont pourtant partis de cette idée. Sans rentrer dans les détails, le but de Kaluza était d'expliquer l'électricité comme un effet de la gravité le long de la cinquième dimension. Dans la version la plus simple de la théorie, la gravité est la seule force de la nature, toutes les autres sont des illusions créées quand la gravité prend des raccourcis à travers les dimensions supplémentaires. Bien qu'Einstein ait lui-même consacré une grande partie de ses dernières années à cette approche, la majorité des physiciens ne l'a jamais prise au sérieux, la classant comme l'apothéose de théoriciens insensés.

À ce propos, il n'est pas inutile de raconter une anecdote concernant Kaluza, l'un des créateurs de la théorie. Celui-ci ne s'excusait pas d'être un théoricien, et il s'irritait du ton condescendant avec lequel les non-théoriciens l'abordaient ou parlaient de ses travaux. Rappelons que tout au long du XIXe siècle, la physique théorique était la parente pauvre de la physique : un « vrai » physicien menait des expériences. De fait, le grand nombre de savants juifs à l'origine du remarquable développement de la physique théorique dans la première moitié du XXe siècle reflète simplement ce préjugé à l'encontre de la théorie, allié à un antisémitisme répandu. Dans ce contexte, Kaluza, qui ne savait pas nager, décida de réfuter les connotations négatives du terme *théoricien* en pariant avec un ami qu'il apprendrait à nager uniquement en lisant des livres. Il rassembla de nombreux livres traitant de natation, et une fois satisfait de sa compréhension « théorique » de la question, il se jeta à l'eau. À la surprise générale, il put nager.

La théorie de Kaluza et Klein n'est plus aujourd'hui considérée comme excentrique, et les théories modernes d'unification l'utilisent de manière routinière. Ce qui me traversait l'esprit ce soir-là, tandis que je parlais à Kim, était de l'utiliser pour formaliser la VVL. L'idée était certainement assez amusante pour que j'oublie ces satanés formulaires.

Mon argument reposait sur le fait que dans certaines variantes de la théorie de Kaluza et Klein, la quatrième dimension spatiale n'est pas seulement petite mais qu'elle est en plus repliée sur elle-même. Dans ce cas, nous ne vivrions pas à la surface d'un mince feuillet, mais plutôt sur un fil. La « longueur » sur le fil représente les trois dimensions étendues dont nous avons l'expérience, et sa section est une très petite circonférence représentant la dimension supplémentaire que nous ne voyons pas. C'est peut-être difficile à percevoir, aussi regardez la figure 8.1. L'idée ne venait pas de moi, la plupart des versions modernes de la théorie utilisent des dimensions supplémentaires repliées.

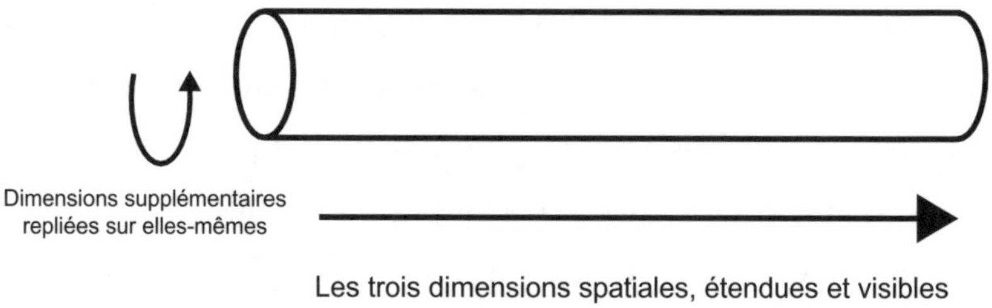

Figure 8.1

Le monde filiforme de Kaluza et Klein. Selon cette conception, le monde est un fil, avec un nombre plus grand de dimensions, dont la « longueur » correspond aux trois dimensions de l'espace que nous voyons, et dont les dimensions supplémentaires sont repliées sur elles-mêmes.

Mais supposons maintenant que les rayons lumineux se déplacent le long d'hélices, en s'enroulant le long de la dimension circulaire supplémentaire en même temps qu'ils avancent le long du fil, c'est-à-dire le long des trois dimensions d'espace que nous voyons (figure 8.2). Cette géométrie inhabituelle de l'Univers implique que la vitesse fondamentale et constante, de la lumière est sa vitesse le long de l'hélice, non la vitesse que nous voyons en pratique qui n'est que sa projection le long des trois dimensions du fil. Le pas de l'hélice, son angle avec le fil, relie les deux vitesses. Si cet angle variait, pour une raison dynamique quelconque, nous observerions une vitesse variable de la lumière qui ne serait qu'un effet de projection dans une théorie où la vitesse fondamentale de la lumière, sa vitesse dans le monde plus grand, serait toujours constante.

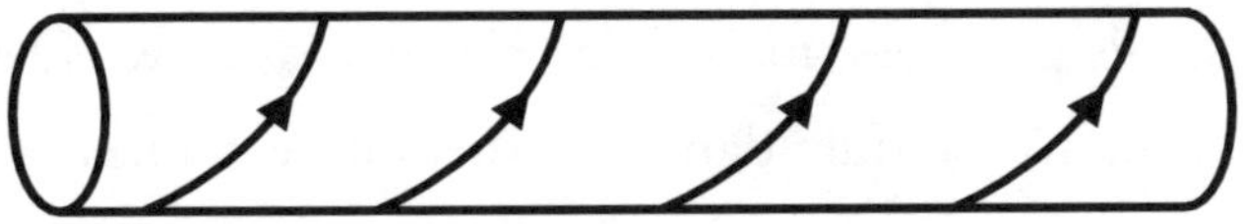

Figure 8.2

Propagation de la lumière dans le monde filiforme de Kaluza et Klein. Si la lumière s'enroule en spirale autour du fil, sa vitesse réelle est très supérieure à la vitesse que nous observons le long du fil. S'il était possible d'obliger la lumière à se propager directement le long du fil, nous mesurerions une vitesse bien plus élevée.

La difficulté résidait dans l'explication de la constance de la vitesse observée de la lumière, qui dans cette approche signifiait fixer le pas de l'hélice. J'avais l'idée que ce pas serait quantifié, comme le sont les niveaux d'énergie d'un atome. La théorie quantique vous dit que la plupart des quantités sont des multiples d'unités élémentaires indivisibles, les quanta. C'est ainsi que l'énergie de la lumière d'une couleur donnée est un multiple d'une petite unité d'énergie, celle d'un unique photon de cette couleur. De même, les niveaux d'énergie d'un atome sont arrangés comme les barreaux d'une échelle, et les électrons doivent suivre des orbites choisies sur une liste précise.

Suivant la même inspiration, j'espérais que le pas de l'hélice dans cette théorie de Kaluza et Klein ne pourrait prendre qu'une série discrète de valeurs. Chaque angle permis conduirait à une valeur différente de la vitesse de la lumière telle que nous la percevons, mais il faudrait une immense quantité d'énergie pour sauter d'un niveau quantique au suivant. Ce n'est donc que lorsque des énergies suffisantes sont disponibles, au tout début de l'Univers, que l'hélice pourrait être moins enroulée et que la vitesse perçue de la lumière serait supérieure. C'est du moins ce que j'espérais.

Je ne le savais pas alors, mais l'idée n'était pas neuve. Depuis longtemps, on avait réalisé que, dans une théorie de Kaluza et Klein, les constantes de la nature comme la charge de l'électron ou la constante de Newton de la gravité sont différentes selon qu'on les mesure dans l'espace plus grand ou dans notre espace restreint à trois dimensions. Les deux jeux de constantes sont en général reliés par la taille des dimensions supplémentaires, taille qui peut changer. La difficulté de cette approche est qu'elle se heurte au mur impénétrable de la physique de la gravité quantique, et de ce fait prédire le comportement de tels modèles relève plus de la devinette que de la science.

Mon modèle était légèrement meilleur, car l'idée de quantifier le pas de l'hélice n'est pas mauvaise, mais il se heurte à d'autres problèmes. Par exemple, l'état de plus basse énergie devrait normalement être celui où aucune rotation ne s'effectue le long de la dimension supplémentaire, donc un mouvement rectiligne. Mais cela conduirait à la plus grande vitesse possible de la lumière en trois dimensions, et c'est exactement le contraire que je voulais. Je désirais que la vitesse de la lumière soit plus rapide dans l'Univers chaud, pas dans l'Univers froid. Il existait des façons de contourner cette difficulté, mais elles étaient extravagantes.

Je n'ai jamais vraiment exploré cette voie, mais cela m'a enfin poussé à étudier sérieusement la VVL. Cela me montra qu'il existait des façons, certes imparfaites, de formaliser cette théorie dans le cadre de la physique connue. Non seulement j'avais gagné un collaborateur l'été précédent, mais j'avais aussi gagné en confiance, ce qui était aussi très important.

Quelques jours plus tard, Neil revint de son voyage pour découvrir combien j'avais peu progressé sur le front du programme de bourses et, pire encore, que ce que j'avais fait était presque inutilisable. Kim travaillait à l'époque avec Neil, et elle revint le lendemain de Cambridge pour me rapporter, avec beaucoup d'amusement, que Neil avait été fort peu impressionné par mes résultats et qu'il avait formulé son avis sous la forme : « Il est impossible d'avoir la moindre confiance en João quand il s'agit d'administration. »

Dans le sillage de cette idée initiale, je consacrai tout mon temps à la VVL pendant le mois de janvier 1997. En quelque sorte, la VVL devint une façon de me désinfecter de ce commencement pollué de l'année. J'avais enfin la sécurité, la motivation et la confiance nécessaires pour travailler à plein régime sur la VVL.

Mais je demeurais encore souvent solitaire dans cette entreprise malgré ce que nous avions décidé, Andy et moi, au cours de l'été précédent. Andy était très excité au sujet de la VVL, il écoutait allégrement tout le non-sens que je lui jetais à la figure mais il était bien trop occupé à l'époque pour faire de la science, n'importe quelle science. Il devenait un martyr des charges administratives que je viens de décrire, et cela en arrivait à un point tel qu'il était obligé de s'enfermer à clé dans son bureau quand il voulait faire de la science. Et même alors, il était immédiatement happé par des demandes du secrétariat dès qu'il en sortait pour aller aux toilettes. Je lui suggérai de placer dans son bureau un pot de chambre, mais je ne crois pas qu'il ait jamais suivi ce précieux conseil.

Naturellement, je m'impatientais et je lui en voulais : après tout, j'étais venu à l'Imperial College pour pratiquer la science et non pour me trouver enseveli sous des piles de papier de toilette bureaucratique. Mais je sais bien qu'il devait se sentir encore plus frustré que moi. De plus, sa vie personnelle était très compliquée, et cela empirait.

Andy avait quitté Chicago pour Londres, avec sa femme et ses trois enfants, pour occuper un poste de professeur à l'Imperial College. Il découvrit rapidement que les savants britanniques sont supposés mener une vie monacale : dans la plus extrême pauvreté, de préférence sans famille, et en se sentant aussi misérables que possible. Cette conception se fonde sur le tabou anglais interdisant de soulever des questions financières : l'argent n'est pas un sujet qu'un savant doit aborder. Cela remonte sans doute à l'époque où tous les savants britanniques étaient des gentlemen fortunés. Quand la composition sociale du corps professoral s'élargit, les nouveaux arrivants des classes moyennes et populaires copièrent tous les pires aspects de la classe supérieure, selon les coutumes et traditions britanniques. À chaque fois que, pendant des réunions, je mentionnais la faiblesse des salaires des universitaires, les gens commençaient à se trémousser sur leur chaise en manifestant un net inconfort. Qu'il était donc vulgaire de ma part de parler d'argent…

L'attitude anglaise peut se résumer dans cette maxime selon laquelle la solution de la faim dans le monde est que tout le monde jeûne, et non que tout le monde mange. Non seulement les gens semblent aimer être misérables, mais en plus ils détestent quiconque paraît joyeux et victorieux. Je me souviens que l'université de Cambridge rendait la vie dure aux étudiants aisés venant du continent, elle soutenait par écrit que si les doctorants anglais vivaient dans la pauvreté, les étrangers le pourraient aussi. Lorsque j'achetai un nouvel appartement, un parent de l'un de mes étudiants, qui avait toujours été amical avec moi, me devint d'un seul coup ouvertement hostile. Il reconnut plus tard qu'il ne supportait pas que je ne vive plus dans les mêmes conditions sordides dans lesquelles il était demeuré. La Grande-Bretagne est le seul pays dans le monde où la grande majorité des gens sans instruction souhaite que leurs enfants le restent aussi : « Si c'était assez bon pour moi, c'est assez bon pour lui »[1].

Pour des gens comme moi, qui n'ont personne à charge, la question des bas salaires des enseignants n'est pas très grave. Mais si vous avez une famille, et pire encore si vous vivez à Londres, rejoindre une université entraîne un niveau de vie très bas. En venant des États-Unis, la famille Albrecht ne se remit jamais du choc. Après tout, des Anglais peuvent envisager de survivre dans un tranquille désespoir, mais des Américains ne sont tout simplement pas prêts à s'installer dans cette bouillie métaphysique. Je tiens pour un fait assuré que pendant tout le temps qu'il a passé à l'Imperial College, Andy n'a jamais cessé de se

1. Quand je racontai les nombreuses histoires que je connais et qui illustrent ce point, à une assistante sociale d'Afrique du Sud, elle refusa de me croire. Les gens des taudis de Johannesburg avec qui elle travaillait pouvaient bien être alcooliques, voire criminels, ils n'en faisaient pas moins tout leur possible pour éduquer leurs enfants et les faire sortir du cercle vicieux de la pauvreté.

porter candidat à des postes aux États-Unis, dans l'espoir d'emmener sa famille loin de ce cauchemar. S'ajoutant à la pression familiale, il subissait également le poids du chaos administratif de l'Imperial College. Si je me sentais impatient, comment pouvait-il se sentir ?

Cependant, quand il avait le temps, Andy écoutait mes divagations de plus en plus persistantes sur la VVL. Il avait rarement un rôle actif, malgré son intérêt et même son envie, mais un jour en février, il m'appela dans son bureau et ferma la porte derrière moi. Il m'annonça sur un ton dramatique que le temps était venu pour nous de travailler sérieusement sur la VVL et de laisser tomber tout le reste.

J'avais déjà vu ce genre de sortie auparavant, chez d'autres savants, et j'en ai moi-même connu. D'un seul coup, vous prenez conscience que la seule raison qui vous pousse à accepter un salaire de misère est l'amour du travail que vous faites. Et vous réalisez simultanément que tout votre temps est dévoré par la paperasse et l'administration de la science. Vous arrivez donc à un point où vous explosez et où vous vous dites que s'il s'agit de donner la priorité à toute cette bouillie, autant travailler dans une banque et recevoir un salaire correct. Des piles de formulaires terminent généralement leur vie dans des poubelles dans le sillage de ces explosions. Alors vous vous rasseyez ; détendu et heureux, totalement réconcilié avec l'Univers, et vous vous lancez avec intensité dans la recherche, en ignorant tous les messages laissés sur votre téléphone par ces idiots du Sharefield Building[1]. Une vague écarlate de

1. Le Sharefield Building est le siège de l'administration de l'Imperial College. Il absorbe de grandes quantités d'argent et il engendre des tonnes de paperasse inutile. J'ai suggéré que ce serait un grand progrès s'il était autorisé à gaspiller tout cet argent mais en l'empêchant de fournir un quelconque « travail ». De façon plus radicale, selon mes premiers penchants, il m'est arrivé d'envisager de lancer une attaque terroriste dévastatrice contre le personnel et le bâtiment. Le niveau d'intelligence à l'Imperial College augmenterait de façon significative, et une meilleure qualité d'enseignement et de recherche en résulterait inévitablement.

liberté rayonne à travers l'Univers annonçant l'arrivée de l'âge d'or… jusqu'à ce que la réalité vous rattrape férocement.

La science ne se fait pas par décret, mais il est de fait qu'une période très prolifique de neuf mois suivit cet instant « historique ». Je commençais à fréquenter régulièrement le bureau d'Andy, et nous discutions jusqu'à en avoir mal à la tête. Une grande partie de nos discussions était pur non-sens, mais de ce genre qui ouvre à l'occasion des voies prometteuses. Mon idée initiale partant de Kaluza et Klein fut vite abandonnée au profit d'approches que nous espérions mieux définies et moins impétueuses. Nous commencions lentement à dériver vers quelque chose qui ressemblait vaguement à une vraie théorie. Mais était-ce la bonne théorie ?

À la fin de chacune de ces discussions, Andy effaçait toujours tout ce que nous avions écrit au tableau. La théorie VVL devenait « top secret » car Andy avait peur que quelqu'un nous vole notre idée. Apparemment, il avait subi quelques mauvaises expériences de ce genre au début de sa carrière, et il prenait maintenant toutes les précautions possibles. Je n'ai jamais été aussi paranoïaque, mais c'était malgré tout un changement agréable. Quelques mois plus tôt, mon idée était trop nulle pour mériter un commentaire, et maintenant elle était si précieuse qu'il fallait l'enfermer dans un coffre-fort, jusqu'à ce que le projet soit mûr pour être publié et sa paternité fermement établie. Par conséquent, pendant cette période cruciale de son développement, la VVL demeurait confinée à Andy et moi.

Mais la différence était également rafraîchissante sur un autre point : l'attitude d'Andy envers « l'inconnu ». Quelques mois plus tôt, je me retrouvais sans arrêt bloqué : chaque fois que je mettais une vitesse variable de la lumière dans les équations habituelles de la physique, tout l'ensemble s'effondrait en un non-sens mathématique. Troublé et désappointé, j'abandonnais. Avoir maintenant quelqu'un avec qui discuter était justement ce qu'il me fallait pour comprendre que ces désastres mathématiques n'indiquaient pas forcément une incohérence véritable, mais qu'ils reflétaient simplement les limitations du langage disponible de la physique. Avec ceci en tête, il était plus facile de comprendre ce que nous enseignait cet effondrement d'équations, et de construire de nouvelles équations capables de s'accommoder d'une vitesse variable de la lumière.

L'approche téméraire d'Andy fut cruciale dans cette percée. Son attitude était en gros : « On se fiche de çà, essayons juste de bâtir quelque chose avec des conséquences cosmologiques intéressantes. Si ces théoriciens des cordes sont vraiment aussi intelligents qu'ils le prétendent, ils mettront au point les détails pour nous plus tard. »

Nos discussions tournaient autour des conséquences cosmologiques d'une vitesse variable de la lumière. Nous voulions construire un nouveau modèle de l'Univers capable d'expliquer les paradoxes du big-bang, mais qui soit radicalement différent de l'inflation. Clairement, il ne suffisait pas d'affirmer que la vitesse de la lumière était plus grande au début de l'Univers que maintenant, et que cela résolvait le problème de l'horizon. Une vitesse variable de la lumière avait beaucoup d'autres conséquences logiques sur les lois fondamentales de la physique, et au bout du compte sur la cosmologie. Nous devions trouver une façon mathématique et cohérente d'intégrer la VVL dans la physique. En d'autres termes, nous avions besoin d'une *théorie.* Qu'en était-il des autres paradoxes de la cosmologie du big-bang ? Après tout, le problème de l'horizon n'était qu'une mise en jambes pour des problèmes plus sérieux.

Nous commencions donc à nous demander, de manière plus générale, ce qui changerait aussi si *c*, la vitesse de la lumière, changeait. C'est une très vaste question, et le processus fut très long, se déroula sur plusieurs mois au cours desquels nous avons progressivement passé en revue les effets d'une variation de *c* dans les différentes branches de la physique. Nous avons découvert que ce changement avait de profondes conséquences sur toutes les lois de la nature.

De nouveaux termes devaient nécessairement apparaître dans la plupart des équations, des termes que nous appelions dans notre jargon « *c* point sur *c* ». Cette expression devint une plaisanterie répétée entre Andy et moi, et elle se réfère simplement à l'expression mathématique du rythme du changement de la vitesse *c* de la lumière[1]. Les corrections apportées aux équations habituelles de la physique devaient être reliées à ce rythme, à ce terrible terme « *c* point sur *c* ». Elles devinrent le cœur de nos recherches. Quels étaient ces termes cruciaux, quels effets nouveaux prévoyaient-ils ?

Je fus rapidement tellement immergé dans le tourment du calcul des termes « *c* point sur *c* » que je ne savais plus qu'en faire. Nous progressions, mais nous étions aussi terriblement embrouillés. Il existait tant de voies possibles, comment savoir laquelle était la plus prometteuse ? Nous avions un tel embarras du choix que la situation virait au cauchemar. Il n'est pas très utile de décrire ces premières approches, il suffit de dire que les possibilités étaient vraiment très nombreuses et que la grande majorité se révéla conduire à de lamentables impasses. Tandis que les dossiers administratifs s'empilaient sur nos bureaux, d'où ils tombaient mysté-

1. Plus précisément, « *c* point », la lettre *c* surmontée d'un point, note le changement de la vitesse *c* de la lumière par rapport au temps (la dérivée dans le vocabulaire mathématique), et « *c* point sur *c* », la fraction où « *c* point » est divisé par *c*, est donc la variation relative de la vitesse de la lumière au cours du temps.

rieusement de temps à autre dans la poubelle, nous nous penchions sur la VVL, en nous sentant le plus souvent complètement perdus.

Finalement, la nécessité de me rafraîchir l'esprit devint si forte que je décidai en avril d'oublier un temps tout cela, et de disparaître de Londres avec Kim. Nous décidâmes de partir à Goa, jolie ville tropicale de l'Inde que j'avais toujours rêvé de visiter. Goa était autrefois colonie portugaise, mais les tout-puissants seigneurs coloniaux furent expulsés au début des années 1960 par l'armée indienne. Plusieurs records de vitesse furent battus pendant cette retraite, au cours de l'un des rares épisodes du colonialisme portugais que je trouve amusant. Les Portugais ont cependant laissé derrière eux quelques améliorations, par exemple un système éducatif relativement décent et en net contraste avec ce que l'on peut trouver presque partout (mais pas partout) ailleurs en Inde. En fait, on a le sentiment aujourd'hui encore que les habitants de Goa auraient préféré devenir indépendants plutôt que d'être intégrés à l'Inde, et ils préservent une identité culturelle distincte contenant de nombreux éléments portugais. Certains habitants parlent encore portugais, ou même, ce qui est plus embarrassant, chantent le *fado*, une version portugaise du blues.

Les Portugais n'étaient pas sitôt partis que les hippies californiens sont arrivés, et Goa a dû supporter depuis une succession de générations de marginaux occidentaux excentriques. Des colonies semi-permanentes se sont établies, et Goa figure maintenant solidement sur la route des errances nomades des disciples fidèles de « Peace and love ». À ma première visite de Goa, en 1997, la culture *rave* était à son zénith, des fêtes se déroulaient à la pleine Lune sur les plages et les transes musicales de Goa s'étendaient sur l'Océan Indien et le reste de l'Univers. C'est là que je pensais détendre mes cellules nerveuses.

Comme il était prévisible, Anjuna, où nous résidions, était un vrai zoo autant au sens propre qu'au sens figuré. Abondaient les chats errants, les chiens à demi enragés, les vaches errant sur la plage, les singes jouant dans les bars, les chèvres, les cochons... Nous acquîmes bientôt de fidèles chiens, les chiens de Goa désespérant de trouver un maître (surtout pour les protéger des autres chiens). Quant au zoo métaphorique...

Pendant que nous étions étendus sur des tapis dans un « restaurant » afghan, des *ravers* lancèrent un feu d'artifice impressionnant en l'honneur de l'anniversaire de la vieille grand-mère afghane de la maison. La musique *rave* fut interrompue pour accomplir le vœu de la grand-mère, et celle des Pink Floyd envahit la sono. Pendant le petit-déjeuner, nous subissions d'interminables tirades sur l'éthique et d'autres branches de la philosophie de la part d'une Française complètement dérangée, que nous avions vite surnommée Simone de Beauvoir.

Les *rave parties* sur la plage duraient jusqu'au lever du Soleil, ponctuées par le passage occasionnel des hélicoptères de la police nous pointant de leurs projecteurs pour indiquer que les « cadeaux » reçus étaient insuffisants. En retour, la foule pointait ses lasers sur eux et les couvrait de petits cœurs rouges.

Les derniers hippies jouaient de la flûte aux chiens colériques, qui roulaient les uns sur les autres au milieu des bars et des restaurants en aboyant et en mordant. Sur la plage, dire « Au revoir » au Soleil couchant paraissait peu à peu la chose la plus naturelle du monde.

De manière assez amusante, en contraste marqué avec les hippies nus vivant dans les arbres et avec les *ravers* nourris à l'ecstasy, on sentait parmi les habitants de Goa eux-mêmes le filigrane des *brandos costumes* portugaises, ces manières douces d'un mode de vie suranné et fossilisé qui n'a pas survécu au Portugal même. Je me liai d'amitié avec le Señor Eustaquio, fier possesseur d'un grand perroquet parlant portugais, ou avec Francisco, propriétaire du restaurant Casa Portuguesa et chanteur expert de *fado*. Je me souviens avec bonheur du plaisir exquis de rentrer à la maison en quittant son restaurant à cinq heures du matin après un orage tropical et de chanter à pleins poumons le *fado* à des milliers de kilomètres du Bairro Alto, le quartier bohème de Lisbonne, en réveillant toute la faune locale[1].

Bien que l'usage d'un cerveau ne fût guère encouragé dans cet environnement particulier, je dois dire que le mien fonctionna mieux que jamais. Pendant que je me détendais, des portes s'ouvrirent brutalement devant la VVL. Naturellement, je griffonnais juste ces idées, très rapidement, attendant de retourner à Londres pour les examiner en détail. Les nuits de Goa n'incitent guère aux calculs pénibles. Mais lentement, en arrière-plan, une pile d'idées intéressantes commençait à se matérialiser. Je me souviens avoir envoyé à Andy une carte postale montrant une plage bordée de palmiers en lui expliquant que je passais tout mon temps sur ces termes en « *c* point sur *c* ». Il a dû croire que je plaisantais, mais c'était en partie exact.

Tard dans la nuit, en utilisant les toilettes du Bon Dieu, les seules disponibles dans la plupart des bars de Goa, je regardais parfois le ciel à travers les palmes. Avec peu de lumières électriques pour les polluer, l'obscurité des cieux de Goa laissait place à des milliers d'étoiles. Je sais bien qu'observer l'Univers en pissant n'est pas le cadre le plus

1. Kim ne fut pas plus impressionnée par mes performances de chanteur de *fado* que les animaux de Goa, et elle éleva un barrage de remarques désobligeantes jusqu'à ce que je me résolve à chanter le *fado* en nageant loin dans la mer, là où personne ne pouvait m'entendre.

poétique, mais le choc était toujours aussi fort, comme si tout le poids de l'Univers m'arrivait dans les yeux. D'une sono lointaine me parvenait ce cliché *rave* porté par une voix électronique : « Quand tu rêves qu'il n'y a pas de règles, tout peut arriver, les gens peuvent voler. »

De retour à Londres, bronzé et heureux, je fis entrer la VVL dans une phase nouvelle. Les brèves notes griffonnées à Goa avaient payé, et rapidement ce qui avait commencé comme une intuition amusante s'épanouissait en une théorie mathématique formelle, aussi folle soit-elle. Peu à peu, mes rendez-vous top secret avec Andy conduisirent vers des chemins plus concrets à travers le paysage de la physique. Les termes en « *c* point sur *c* » émergèrent du labyrinthe, et les nouveaux effets que nous cherchions commencèrent à cristalliser.

Quoi d'autre changerait si *c* variait ? Certaines conséquences étaient vraiment spectaculaires. La découverte la plus alarmante était sans doute que la conservation de l'énergie, dogme central de la science depuis le milieu du XIXe siècle, serait violée. Une variation de la vitesse de la lumière permettait la création et la destruction de la matière.

Cela peut sembler étrange de prime abord, mais cela se comprend facilement. Au début du XXe siècle, les savants se rendirent compte que la conservation de l'énergie n'était qu'une autre façon de dire que les lois de la physique restent identiques au cours du temps. Cette version plus abstraite devrait d'ailleurs être enseignée dans les écoles, car sinon la conservation de l'énergie apparaît comme un miracle. Elle ne reflète en réalité rien d'autre que l'uniformité du temps : nous changeons, le monde change, mais les lois de la physique demeurent éternellement identiques. La conservation de l'énergie en découle, *via* quelques calculs mathématiques simples.

En modifiant la vitesse de la lumière, nous brisions ce principe en obligeant les lois de la physique à changer elles aussi. En fait, depuis au moins la théorie de la relativité restreinte, la vitesse de la lumière est gravée dans la formulation effective de toutes ces lois. Il n'est donc guère surprenant que la conservation de l'énergie ait été jetée par-dessus bord. Nous autorisions les lois à changer au cours du temps, en parfaite contradiction avec le principe fondamental établissant la conservation de l'énergie. Dans la VVL, il est parfaitement logique que l'énergie ne soit pas conservée.

Cela était déjà clair pour moi, par une autre voie, au moment de mes griffonnages de Goa. En fait, je n'arrive pas à croire que je ne l'avais pas remarqué auparavant, car cela sautait aux yeux de toute personne possédant une connaissance élémentaire de la géométrie différentielle. L'équation d'Einstein du champ gravitationnel stipule que la matière courbe l'espace-temps, et que la courbure est proportionnelle à la densité d'énergie. Mais la courbure doit satisfaire un ensemble d'identités, les identités de Bianchi, qui sont une nécessité mathématique n'ayant rien à voir avec la relativité générale. Elles sont du même genre que 1+1 = 2, et elles s'appliquent à n'importe quel espace-temps de n'importe quelle courbure. Mais si la courbure est proportionnelle à la densité d'énergie, comme l'exige l'équation d'Einstein, qu'impliquent les identités de Bianchi sur l'énergie ? Rien d'autre que la conservation de l'énergie.

Mais attention ! J'ai dit que la courbure est proportionnelle à la densité d'énergie, ce qui veut dire que la courbure est égale à la densité d'énergie multipliée par un nombre. Quel est ce nombre, cette constante de proportionnalité ? Dans cette constante se dissimule la vitesse de la lumière. Si la constante est vraiment constante, les identités de

Bianchi impliquent la conservation de l'énergie. Mais si la constante n'est pas constante, ce qui est le cas si la vitesse de la lumière varie, alors les identités de Bianchi exigent la violation de la conservation de l'énergie. La démonstration complète est un peu plus compliquée que cela, mais ce que je vous ai dit vous donne un peu la saveur de l'un de mes brouillons de Goa. J'avais trouvé que la VVL impliquait que l'énergie ne pouvait pas être conservée.

Nous avions donc deux lignes de raisonnements convergeant vers le fait que l'énergie ne serait pas conservée dans la VVL. Et en effectuant les calculs nécessaires pour trouver l'ampleur de la violation, tout collait, les deux approches donnaient le même résultat. C'est alors qu'Andy et moi fîmes une incroyable découverte.

Nos équations indiquaient que le changement de l'énergie totale de l'Univers était déterminé par la courbure de l'espace. Si la gravité recourbait l'espace sur lui-même pour créer un Univers fermé, de l'énergie disparaîtrait de l'Univers. Si l'espace prenait la forme d'une selle, créant un Univers ouvert, alors de l'énergie serait créée à partir du néant. Maintenant, en accord avec la célèbre équation d'Einstein $E = mc^2$, masse et énergie sont équivalentes. Par conséquent, de la masse disparaîtrait d'un Univers fermé, et serait créée dans un Univers ouvert.

La conséquence en est extraordinaire. Vous vous souvenez que dans un Univers fermé, la densité de masse dépasse la densité critique qui caractérise un monde plat. Si un Univers fermé perd de l'énergie, son excès de densité sera effacé et cet Univers se dirige vers une configuration plate ou critique. Un Univers ouvert, lui, gagne de l'énergie et sa densité de masse va donc augmenter. Nous avons vu que dans un tel univers, la densité demeure inférieure à la densité critique. Par conséquent, à cause de la violation de la conservation d'énergie, tout déficit de la densité de masse sera comblé, et cet Univers se dirige vers une configuration plate ou critique.

D'après notre scénario, un Univers plat, loin d'être improbable, était donc inévitable. Si la densité cosmique différait de la densité critique de l'Univers plat, la violation de la conservation de l'énergie ferait le nécessaire pour la ramener vers la valeur critique. La platitude, loin d'être une corde raide, devenait au contraire un canyon dans lequel tous les Univers possibles aboutissent. Dans un Univers plat, la matière n'était ni créée ni détruite. Nous avions découvert une nouvelle vallée pour un Univers plat, sans en appeler à l'inflation.

À partir de ce moment, Andy et moi étions en extase. Partis pour résoudre l'un des paradoxes cosmologiques, le problème de l'horizon, nous étions tombés sur une solution pour un autre apparemment sans aucun rapport, le problème de la platitude. Peu à peu, au milieu de ces tempêtes de physique dans le bureau d'Andy, nous prenions conscience que nous avions beaucoup plus que nous espérions. Plus nous plongions dans la physique, plus nous semblions capables de résoudre différents problèmes, parfois de manière inattendue.

Tout d'abord, nous pouvions clairement expliquer l'origine de la matière. À partir de propriétés apparemment absconses de la théorie, comme la possibilité de créer de la matière en variant la vitesse de la lumière, nous aboutissions à notre grande surprise à une explication de l'origine de toute la matière dans l'Univers. Ce n'est pas là un des paradoxes traditionnels du Big-bang, mais pour moi il s'agit d'une question beaucoup plus importante, une question que tout le monde a dû se poser au moins une fois : comment l'Univers est-il arrivé à l'existence ? la VVL apportait une réponse.

Ces premiers succès déclenchèrent une période de travail très dure en mai et juin 1997. Nous savions que nous étions enfin sur la bonne piste, et cela nous poussait de plus en plus. À cette époque, j'étais tellement excité par la VVL que je restais très tard dans mon petit bureau à l'Imperial College, parfois jusqu'à 4 ou 5 heures du matin. Je travaillais dur sur les détails de la nouvelle théorie qui apparaissaient, en découvrant plus d'aspects excitants à chaque pas. Pendant cette période, je me fis des amis de certains des vigiles de l'Imperial College, qui sans nul doute ont dû me prendre pour un cinglé. Il y avait aussi un étudiant qui travaillait toute la nuit et qui ressemblait vraiment au comte Dracula. La première fois que je le vis, errant à l'autre bout du couloir à plus de deux heures du matin, je pensais que l'excitation avait peut-être un effet néfaste sur ma santé mentale.

Malheureusement ces envolées aventureuses ne sont pas fréquentes en science. Mais lorsqu'elles arrivent, elles sont uniques, et elles provoquent une poussée massive d'adrénaline qu'il est difficile d'égaler par tout autre moyen. Je me suis demandé si cela pouvait expliquer pourquoi les savants sont si souvent asociaux. Après des expériences intellectuelles aussi extrêmes, les plaisirs naturels, manger, boire, bavarder, paraissent peut-être fades en comparaison. Cela pourrait bien être la raison qui pousse tant d'entre nous au suicide social.

J'étais certainement sur le point de devenir un animal nocturne et solitaire quand je rentrais tard chez moi traversant des rues vides dans un silence irréel rarement rencontré dans une aussi grande cité. Tout le monde ne sait pas que certains quartiers du centre de Londres sont le repaire d'une importante population de renards, qui prennent le contrôle de la ville à la nuit tombée. Je l'ignorais moi-même avant de m'y aventurer au cours de ces nuits surnaturelles. Mais en rentrant à la maison, épuisé, le cerveau en compote, je me trouvais soudain en compagnie de ces créatures à la queue touffue caractéristique, menant paresseusement leur vie. De temps à autre l'un d'entre eux s'arrêtait pour me fixer, se demandant probablement quelle sorte d'animal nocturne j'étais. Ils se glissaient ensuite dans quelque jardin avant de réapparaître à plusieurs rues de distance, utilisant des raccourcis connus des seuls renards, dans une cité parallèle au-delà de notre monde perceptible.

Pendant ces nuits des renards, je mettais au point les détails laids et sordides. Par exemple, nous devions savoir comment et de combien devait changer la vitesse de la lumière. En ce temps-là, Andy et moi envisagions la VVL comme un cataclysme cosmique au début de l'Univers, près de l'époque de Planck dont j'ai parlé plus haut. Au cours de son expansion, l'Univers se refroidirait jusqu'à une certaine température critique, où la vitesse de la lumière passerait soudain d'une valeur très haute à une valeur très basse. Nous imaginions quelque chose ressemblant à une transition de phase, un peu comme l'eau devient de la glace quand la température tombe en dessous de zéro. L'Univers en expansion, se refroidissant, passerait en dessous d'une température de « gel » au-dessus de laquelle la lumière serait beaucoup plus rapide et « liquide » et en dessous de laquelle elle cristalliserait dans la lumière lente et « gelée » que nous observons aujourd'hui. Nous découvrîmes plus tard que ce n'était que l'une des nombreuses possibilités, la plus simple, mais restons-y pour le moment.

Le défi était alors de fixer à cette transition de phase des conditions telles que nous puissions résoudre le problème de l'horizon. Pour une transition de phase se passant au temps de Planck, la réponse était que la vitesse de la lumière devait diminuer d'un facteur 10 puissance 32 (1 suivi de trente-deux zéros) pour relier causalement tout l'Univers observable. Si vous pensez que 300 000 kilomètres par seconde est une vitesse rapide, ajoutez trente-deux zéros, et vous obtenez vraiment une vitesse incroyable. Il s'agissait, en fait, d'une exigence minimale et nous étions tellement surpris par ce grand nombre que nous avons décidé de favoriser des scénarios dans lesquels la vitesse de la lumière était en fait infinie au temps de Planck. Dans ces conditions, tout l'Univers observable était au début largement en contact causal, établi par cette lumière fulgurante.

Dans ce scénario, dès que l'Univers sortait de la transition de phase, il se retrouvait à nouveau sur la corde raide de la platitude. Mais cela survenait après que la platitude soit d'abord devenue un canyon pendant que la vitesse de la lumière diminuait. La question était maintenant de trouver de combien devait varier la vitesse de la lumière pour que ce balancier primordial donne à l'Univers assez de sécurité pour traverser la corde raide de la platitude dans sa vie ultérieure. La réponse était exactement la même que celle que nous avions obtenue pour le problème de l'horizon. La vitesse primordiale de la lumière devait voir trente-deux zéros s'ajouter à la valeur présente. À l'époque, nous ne le savions pas mais c'était loin d'être une coïncidence.

Et ainsi de suite... Tandis que ces longues nuits s'étendaient devant moi, je trouvais une richesse de détails qui apparaissait petit à petit. Mais nous avions découvert deux point essentiels et fondamentaux : la VVL conduisait à une violation de la conservation de l'énergie, et cela résolvait le problème de la platitude en addition au problème de l'horizon. Il y avait aussi quelques bonus, par exemple une explication de l'origine de la matière dans l'Univers. Mais un élément crucial manquait encore : qu'arrivait-il à la constante cosmologique ?

Dès le commencement, il était évident qu'il devait y avoir une interaction intéressante entre la constante cosmologique et la variation de la vitesse de la lumière. Après tout, si la vitesse de la lumière était dégradée au niveau d'un animal sauvage et variable, pourquoi l'énergie du vide devrait-elle rester une constante rigide ? Il devint rapidement évident que si *c* n'était pas constante, l'énergie stockée dans le vide ne pouvait pas non plus rester immuable. L'énergie du vide peut en fait s'écrire à partir de cet étrange objet géométrique introduit par Einstein, Lambda, mais en l'examinant de plus près, on découvre que la vitesse de la lumière figure également dans l'équation. En général, l'énergie du vide augmente avec la vitesse de la lumière [1].

Par conséquent, si la vitesse de la lumière a diminué dans l'Univers primordial, l'énergie du vide a elle aussi fortement diminué. Cette énergie serait alors transférée vers toute la matière et le rayonnement de l'Univers. La VVL accomplirait alors ce que l'expansion cosmologique, et même l'expansion inflationniste, étaient incapables de réaliser : se débarrasser de cette énergie du vide dominatrice. Vous vous souvenez que le problème de la constante cosmologique vient de ce que l'énergie du vide n'est pas diluée par l'expansion à la différence de celle de la matière et du rayonnement. Pour cette raison, l'énergie du vide doit dominer l'Univers, très rapidement, à moins de trouver une manière de la supprimer brutalement dans l'Univers primordial. La VVL fournissait précisément un tel mécanisme, une manière de convertir toute énergie du vide en matière, permettant ainsi à l'Univers de se dilater jusqu'à un âge avancé sans la menace d'une domination stérile par le néant. Nous venions de trouver une façon d'exorciser la constante cosmologique.

1. Plus précisément, l'énergie du vide est proportionnelle à Lambda, multiplié par la vitesse de la lumière à la puissance quatre.

Naturellement, les choses n'étaient pas aussi simples que je viens de les raconter. Nous savions que notre mécanisme n'était pas parfait et qu'il ne résolvait qu'un des aspects de la constante cosmologique tel que les physiciens des particules l'avaient reformulé au cours des dernières décennies. Mais jusqu'alors, il y avait eu des moments où je ne pouvais m'empêcher de penser que la VVL n'était guère plus qu'un exercice académique. Nous résolvions des problèmes qui avaient déjà été résolus par l'inflation. Nous avions eu quelques jolies surprises mais, en substance, qu'y avait-il de neuf en dehors de l'idée même de VVL ? D'un seul coup, tout le paysage de la VVL avait changé. Nous découvrions que la VVL pouvait combattre la menace de la bête Lambda. L'inflation ne pouvait pas résoudre le problème de la constante cosmologique, mais la VVL le pouvait.

À la fin du mois de juin, nous étions prêts à frapper le monde avec notre monstre chéri. Beaucoup de travail avait été accompli, et une pile phénoménale de notes s'était accumulée. J'étais plus exalté que jamais et Andy semblait également très content de notre théorie VVL.

Mais Andy eut un accès soudain de timidité. Je sentais que peu à peu, sans raison apparente, il commençait à se sentir mal à l'aise à propos de notre projet démentiel. Je ne me rendis pas compte à ce moment-là que son inquiétude allait presque faire dérailler la VVL.

9
La crise de l'âge mûr

Rétrospectivement, je me rends compte que la VVL est née d'une énorme vague maniaco-dépressive. Jusqu'en juin, Andy et moi étions dans une extase émotionnelle, baignant dans une énergie inépuisable. Mais nous sommes tous des créatures allergiques au bonheur éternel, aussi cette situation devait-elle se terminer. Une saison plus sombre s'étendait devant nous.

Tandis que la fin du mois de juin approchait, nous disposions d'assez de matériel non seulement pour un article, mais pour plusieurs. Pour dire la vérité, cela était en partie dû au fait que nous avions trouvé une première version de la VVL, puis une seconde, plus complexe mais s'appuyant sur des fondations plus solides. Le contenu physique des deux théories était cependant très semblable. Nous avons décidé d'écrire un premier article explorateur pour marquer notre territoire, à la manière des chiens. Il n'est pas étonnant que nous ayons choisi la version plus simple, mais plus vague, de la théorie.

Au mois de juillet, Andy et moi devions aller au centre de physique d'Aspen, au Colorado, pour un séjour de deux semaines. Le centre est organisé selon un schéma inhabituel : le nombre d'exposés et de présentations est réduit au minimum dans le programme, et l'accent est mis sur les interactions informelles entre savants. En pratique, comme Andy m'en avertissait, existe toujours le danger que vos idées soient volées. Un certain nombre de gens travaillent très dur, mais sont dépourvus de talent ou d'imagination, et ils traînent autour de tels endroits en enregistrant des conversations « informelles », avant de suivre ensuite des carrières très réussies. Chaque année, une célèbre université américaine décerne un prix pour le meilleur article basé sur l'idée de quelqu'un d'autre.

Andy pensait que l'occasion serait parfaite pour discuter de la VVL dans une communauté élargie, mais il était très déterminé à ce que nous assurions nos arrières en écrivant d'abord un article et en le plaçant dans l'une des archives Internet, telle que http://xxx.arxiv.org/. Cela établirait notre paternité informelle, et nous pourrions ensuite utiliser Aspen pour discipliner un peu notre sale gosse.

Pour mémoire, Andy écrivit le résumé, l'introduction et la conclusion, et moi, je sélectionnai un certain nombre d'idées prises dans mes notes pour rédiger les sections centrales. Cela paraît simple, mais il nous fallut énormément de temps pour y arriver ! Andy commença soudain à devenir très morose, attitude que j'attribuais au début aux pressions de l'administration. Mais peu à peu, je me rendis compte que la situation était plus grave que cela. Quelques jours avant le départ pour Aspen, Andy resta très tard à l'Imperial College, pour que nous puissions enfin terminer notre article. Pendant que nous dînions dans un restaurant proche, Andy finit par jouer cartes sur table. Il reconnut qu'il avait peur de soumettre l'article. Il voulait le garder sous le coude pendant un moment.

J'avais déjà vu ce phénomène auparavant : quelques jours avant qu'un article scientifique soit soumis à la publication, il y a toujours l'un des auteurs qui commence à s'inquiéter et à avancer des excuses pour le retarder. C'est un effet psychologique courant, l'équivalent du trac qui saisit un acteur au moment d'entrer en scène. Mais notre situation était différente : publier la théorie VVL était effrayant, et nous aurions probablement dû avoir peur. Après tout, nous ne faisions rien de moins que de démolir le principal pilier de la physique du XXe siècle, le caractère constant de la vitesse de la lumière.

C'est peut-être pour cette raison que je pris peur, par empathie, et que je pris une décision que je regrettai ensuite : j'acceptai d'attendre. Mais cela signifiait que la soumission de l'article serait retardée et ne pourrait avoir lieu qu'après Aspen, ce qui me mettait mal à l'aise. Je commençai à être conscient que la VVL manquait d'interaction avec l'extérieur, dont il avait été protégé pendant les six mois qu'avait duré sa gestation. Cela ne pouvait pas être sain : normalement, vous consultez vos collègues à toutes les étapes du développement d'une idée.

La seule exception avait été une conversation que j'avais eue avec le directeur de notre groupe, Tom Kibble, très largement connu pour ses points de vue secs et tranchants. J'allai dans son bureau et je lui racontai qu'Andy et moi étions à la recherche d'une alternative à l'inflation. Il répliqua immédiatement : « Il est grand temps. » Je souris et je commençai à expliquer et à décrire le problème de l'horizon. Il dit : « Cela est tout à fait raisonnable. » Je décrivis ensuite la solution VVL au problème de l'horizon. Il dit : « Cela est moins raisonnable. » Quand je commençai à expliquer les complexités de la violation de la conservation de l'énergie, Tom s'endormit. Je quittai son bureau pendant qu'il ronflait, dérivant avec bonheur vers des horizons différents.

Je parlai à Andy de mes craintes de manquer une importante interaction en ne discutant pas de la VVL avec les autres cosmologistes d'Aspen, mais il me répondit qu'il n'y avait rien que nous puissions faire.

Si la conférence de Princeton, l'été précédent, avait été intellectuellement stimulante, mon séjour à Aspen fut d'un ennui mortel. En vérité, c'est là que commença pour la VVL le retour de balancier vers le côté dépressif. Bien que le lieu soit supposé être un havre de repos pour les échanges informels d'idées, il est exactement l'inverse. Sans doute en raison de la nature hautement compétitive de la science aux États-Unis, Aspen est un lieu où vous remarquez avec un pincement au cœur que les gens interrompent leurs discussions scientifiques et changent de sujet quand vous les rejoignez dans les jardins au cours de leurs bavardages « informels ». Une fois ou deux, j'ai pu entendre quelques mots de ce qui était dit, et, bien entendu, les articles sur ces questions apparurent peu après, en faisant de grandes vagues. Quand Andy arriva, et que nous commencions à parler de la VVL, je remarquai que lui aussi changeait de sujet quand d'autres personnes nous rejoignaient. Et c'était la crème de la cosmologie américaine en pleine action.

Je trouvai l'atmosphère particulièrement désagréable. C'était un monde très différent de celui des discussions libres auxquelles je m'étais habitué en Grande-Bretagne dès mes premiers jours à Cambridge. Je m'entendais très bien avec tout le monde à Aspen, aussi je n'avais pas l'impression que les gens m'excluaient pour des raisons personnelles. Ils faisaient tout simplement ce qu'ils sentaient devoir faire. Mais quand ce fut mon tour, et que je vis Andy cacher nos textes, j'en fus malade.

Très certainement, aussi déplaisante que puisse être une telle atmosphère, elle est rentable. Objectivement, elle ne reflète rien d'autre que la très forte intensité de la cosmologie américaine, alliée à une compétition qui ne laisse aucune place à la compassion. À tout instant, la plupart des cosmologistes actifs travaillent sur les mêmes problèmes reliés à l'inflation, selon la mode de la saison. Il n'est donc guère surprenant qu'ils se sentent dans un vrai coupe-gorge dans cet environnement surpeuplé. L'avantage collectif de cette situation est que lorsque le sujet chaud se trouve être une question d'importance fondamentale, ce dont personne ne peut jamais être sûr, alors tout le poids d'une immense communauté pousse le sujet, et statistiquement le système doit marcher. Il conduit à une production tellement phénoménale qu'elle contient nécessairement certains travaux de haute qualité. Mais, en même temps, il est difficile d'identifier un quelconque sentiment de liberté ou de plaisir.

C'était la première fois que je faisais l'expérience en profondeur de cette méthode de pratiquer la science, et ce fut une surprise pour moi. Après tout, l'image que la science américaine aime diffuser est celle de l'individu en roue libre. Richard Feynman écrivit un jour un très beau texte destiné à ceux qui souhaitent devenir des savants. Il y exprimait ses regrets qu'il y ait de moins en moins de place pour l'innovation en science, mais il nous incitait très fortement à secouer la barque. Il disait que nous devions tous suivre notre intuition, essayer nos propres idées même si elles paraissaient folles, et ressentir la solitude de l'originalité même si cela signifiait une carrière écourtée. Il nous avertissait que nous devions être prêt à échouer, et qu'en vérité nous échouerions le plus souvent si nous imposions notre individualité à la science. Mais il pensait néanmoins que le risque en valait la peine.

Feynman lui-même était un bon exemple de ce qu'il défendait, un savant du genre « Je me moque de ce que pensent les autres, je ferai ce que je veux et je me fiche de vos opinions ». Il est devenu une icône de la science américaine, et pourtant la réalité prosaïque est entièrement différente. C'est un monde dans lequel les jeunes gens sont encouragés à travailler en masse sur les mêmes problèmes à la mode, sans avoir le courage de s'écarter de la foule en délire. Comme dans le cas de l'administration de la science, mon sentiment est que si vous devez pratiquer la science de cette manière, vous pourriez aussi bien aller travailler dans une banque.

Mon expérience à Aspen était particulièrement décevante parce que la plupart des autres fois où j'avais visité les États-Unis, je les avais profondément aimés. J'ai toujours rencontré des gens interactifs, ouverts, et intenses, en totale contradiction avec ce que je voyais à Aspen. Peut-être ces visites se déroulaient-elles dans des microclimats, des environnements protégés. Ou bien, Aspen est elle-même l'exception. Comment réconcilier ces deux faces de la médaille ?

La réponse est peut-être qu'en science, comme dans tous les autres domaines, les États-Unis défient la généralisation. Ils contiennent le meilleur et le pire de tous les mondes possibles, et en grande quantité dans les deux cas. J'ai passé cinq mois avec le groupe de Neil Turok à Princeton, je lui ai ensuite rendu plusieurs visites, et j'y ai toujours trouvé l'un des environnements les plus stimulants que j'ai jamais rencontré. J'ai aussi passé deux mois à Berkeley, en n'y trouvant qu'un groupe de gens à moitié dérangés, toujours en train de se critiquer sournoisement, et prêts à supprimer toute idée neuve.

De ce point de vue plus large, ce que j'ai trouvé à Aspen est une attitude à la fois typique et particulière à une minorité. Émettre un commentaire sur la science américaine est équivalent à vouloir faire une déclaration générale sur la musique. Vous aimez certaines musiques, vous n'en aimez pas d'autres, devons-nous aimer toutes les musiques en général ?

Il est dommage que les gens soient souvent le plus fiers de leurs caractéristiques les plus regrettables, et beaucoup de savants américains semblent souvent plus apprécier un caractère moutonnier que l'héritage de Feynman. Bien entendu, ils ne sont pas les seuls dans ce cas. J'ai rencontré un jour une fille à New York, très excitée de découvrir que j'étais physicien, mais profondément déçue de m'entendre dire que j'habitais en Angleterre et que je n'avais aucune intention de venir m'établir aux États-Unis. C'est un comportement qu'elle ne pouvait tout simplement pas comprendre. Quand j'essayais de lui demander pourquoi, elle tenta de me répliquer par un exemple, mais elle ne pouvait pas se rappeler du nom du physicien concerné. Elle me demanda : « Qui donc était ce physicien, qui était plus fort qu'Einstein mais qui n'est jamais venu aux États-Unis, et qui n'a donc jamais réussi ? ».

À ce jour encore, je n'ai aucune idée sur qui ce personnage mythique pouvait bien être. Mais son idée d'Einstein et des vertus américaines est plus que risible. Pauvre Albert : comme s'il avait acquis sa grandeur en émigrant aux États-Unis ! À l'époque où il a traversé l'Atlantique, l'essentiel de son travail était déjà terminé, et il avait déjà reçu le prix Nobel. Il n'a émigré qu'en raison du régime nazi, auquel il s'était opposé dès le début, à une époque où tout le monde, y compris certains juifs, essayaient encore de trouver un compromis. D'ailleurs, ses sorties politiques ont souvent causé beaucoup d'embarras, et de ce point de vue Einstein me rappelle parfois Mohammed Ali. Il n'est pas étonnant qu'Einstein ait été expulsé sans cérémonie d'Allemagne en 1933, toutes ses possessions terrestres confisquées, parmi des rumeurs d'attentats projetés contre sa vie.

Einstein fut reçu aux États-Unis les bras ouverts, à un moment où il avait un besoin désespéré d'une telle hospitalité[1]. Peut-être si cette fille avait vu la situation sous cette lumière, elle aurait eu une meilleure et plus appropriée raison d'être fière de son pays.

Dans cette atmosphère défavorable, je consacrai mon temps à Aspen à tout sauf à l'interaction scientifique. J'ai beaucoup couru, fait beaucoup de yoga, des randonnées en montagne et j'ai joué à divers sports. Mais quand je retournais à mon bureau, je m'adonnais à une tâche encore plus épuisante, une tâche qui allait occuper mon esprit pendant tout le temps que j'allais passer là.

Dès le début, Andy s'était préoccupé de ce que la solution au problème de l'horizon n'impliquait nullement une solution au problème de l'homogénéité. Il était possible de trouver une méthode pour connecter tout l'Univers observable à un moment donné du passé, en ouvrant ainsi les portes à un mécanisme physique qui homogénéise les vastes régions que nous voyons aujourd'hui. Mais il vous restait encore à trouver cet homogénéisateur, le mécanisme à l'œuvre dans le bébé Univers qui assurait le même aspect en tout point. Dans un langage plus scientifique, résoudre le problème de l'horizon était une condition nécessaire mais non suffisante à la résolution du problème de l'homogénéité.

La sagesse d'Andy venait de son expérience. Il est un cosmologiste chevronné, ce qui signifie qu'il a commis de nombreuses erreurs dans le passé[2]. Son modèle originel d'inflation souffrait précisément du défaut de résoudre le problème de l'horizon sans résoudre le problème de

1. Du moins si l'on ne compte pas les protestations d'une organisation américaine appelée la *Société des femmes patriotes*, dont l'opinion sur Einstein était que « même Staline en personne n'était pas affilié à autant de groupes anarcho-communistes. »
2. Sans doute serai-je donc moi aussi, dans quelques années, un cosmologiste chevronné…

l'homogénéité. Tout l'Univers observable était bien en contact pendant la période d'inflation, mais lorsque l'on calculait ce qui arrivait effectivement à son homogénéité, on trouvait un Univers extrêmement irrégulier. Ce problème n'était pas particulier à l'inflation. Andy m'a indiqué que l'Univers rebondissant souffre du même défaut et que cela avait causé la fin du modèle de Zeldovitch. Andy craignait que la VVL tombe dans un piège similaire, et au cours de nos réunions dans son bureau, il avait exprimé cette inquiétude à de nombreuses reprises.

Au cours des mois précédents, j'avais essayé d'ignorer ses questions sur ce point, parce que je savais combien les calculs seraient vraiment pénibles pour leur apporter une réponse. Si vous voulez voir sursauter un cosmologiste, mentionnez simplement les mots : « théorie des perturbations cosmologiques ». C'est l'un des sujets les plus horribles de la cosmologie, et il peut faire couler des sueurs froides au meilleur d'entre nous.

Nous savons que si nous insérons un Univers homogène dans l'équation d'Einstein du champ gravitationnel, les modèles de Friedmann et Lemaître en émergent naturellement. L'idée est de répéter le calcul pour un Univers « perturbé », un Univers qui ajoute de petites fluctuations de densité à un fond uniforme. Dans certaines régions, la densité est légèrement plus élevée que la normale, dans d'autres légèrement plus faible. Vous voulez savoir si ce « contraste de densité », comme nous l'appelons, est atténué ou renforcé au cours de l'expansion de l'Univers. Pour trouver la réponse, vous insérez votre Univers perturbé dans l'équation d'Einstein du champ, et il en sort des formules décrivant la dynamique des fluctuations. C'est un calcul infernal, exigeant des pages et des pages de la plus ennuyeuse algèbre imaginable, le genre de choses qu'un étudiant effectue une fois, au cours de sa première année de doctorat en cosmologie, avant de passer le reste de sa vie à essayer de l'oublier.

Mais aussi complexe que soit ce calcul, son résultat est absolument essentiel à la compréhension de notre Univers. Le rayonnement cosmologique montre de petites vagues (voir la figure 9.1). Le fluide de galaxies n'est homogène que sur de très grandes échelles, sur de plus petites échelles, il est composé de galaxies qui ne sont pas vraiment uniformes ! À un niveau de détail fin, l'Univers n'est clairement pas homogène, et c'est ce que doit expliquer cette horrible discipline, « la théorie des perturbations cosmologiques ».

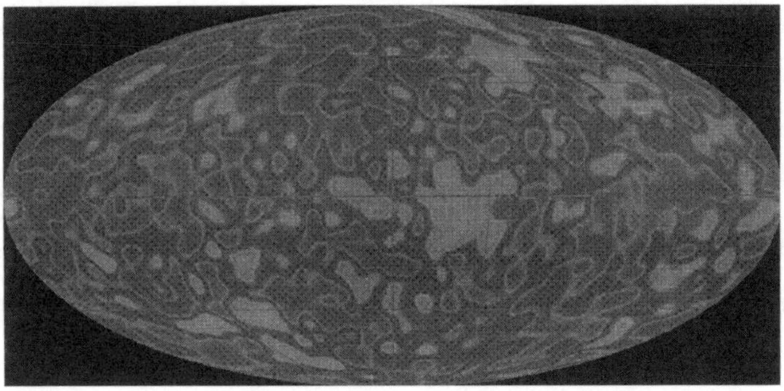

Figure 9.1

Une image du fond de rayonnement cosmologique prise par le satellite COBE. Les fluctuations de température sont très faibles, de l'ordre de 1/100 000, et elles représentent les germes conduisant à la formation de structures dans notre Univers très homogène.

Pour répondre aux arguties d'Andy et alléger ses inquiétudes, je devais exécuter un calcul similaire pour la VVL. Varier la vitesse de la lumière ne faisait qu'augmenter la complexité technique du problème. Mais je m'ennuyais tellement à Aspen que je pouvais m'y lancer.

La première fois que je fis ce calcul, il s'étalait sur une cinquantaine de pages d'algèbre complexe. Je ne suis pas mauvais avec les longs calculs, mais celui-ci était tellement difficile que je savais que la probabilité de ne pas avoir commis une erreur quelque part était proche du zéro. Le résultat final était pourtant très agréable : une équation différentielle compliquée, qui décrivait l'évolution des fluctuations en s'écartant de l'homogénéité dans un Univers soumis à la VVL. Quand je la résolus, sa conséquence était que la VVL n'expliquait pas seulement le problème de l'horizon, mais aussi le problème de l'homogénéité. Un énorme soupir de soulagement résonna à travers les vallées d'Aspen.

Dans le cadre de la VVL, nous pouvions construire tout l'Univers observable à partir d'une région suffisamment interconnectée par des interactions rapides pour que les processus thermiques la rendent uniforme, de même que la température dans un four est uniforme parce que la chaleur s'écoule dans toutes les directions et rend la température homogène. Mais, même dans les meilleurs fours, des fluctuations de température peuvent survenir parce que, quand les courants de chaleur s'écoulent, il y a toujours une chance qu'une région donnée reste plus chaude ou plus froide. Ce que montrait mon calcul de perturbations cosmologiques, c'était qu'une vitesse variable de la lumière atténuerait très fortement de telles fluctuations. Cela sortait tout simplement des équations, et je ne comprenais pas pourquoi. Mais le résultat final est que la VVL prédisait un Univers totalement homogène, un Univers n'ayant pas la moindre fluctuation.

Par conséquent, nous ne pouvions pas expliquer les structures dans l'Univers, ni les petites fluctuations du rayonnement cosmologique, mais nous pouvions préparer le terrain pour qu'un autre mécanisme survienne ensuite et perturbe le fond parfaitement uniforme laissé par la VVL au début de la vie de l'Univers. La nouvelle était aussi bonne que nous pouvions raisonnablement le souhaiter. Après tout, il fallut des années avant que, d'une solution au paradoxe de l'Univers, l'inflation devienne un mécanisme de formation des structures, expliquant ainsi les vagues dans le rayonnement cosmologique et la manière dont les galaxies se rassemblaient en amas. Nous n'avions jamais pensé que la VVL se présenterait directement sous une forme achevée capable d'expliquer toutes ces caractéristiques. Le scénario de cauchemar eut au contraire été de trouver que, si la VVL résolvait le problème de l'horizon, elle laissait malgré tout l'Univers très inhomogène. Mes calculs excluaient cette éventualité. Mais nous n'en étions qu'au début, devions-nous accepter aveuglément cette pile de pages d'algèbre ?

Je tentai de persuader Andy d'exécuter indépendamment ce calcul pour voir s'il aboutissait au même résultat, mais il refusa d'entrée en déclarant qu'il était bien trop vieux pour ce genre de chose. Je décidais donc de m'y remettre : j'attendis quelques jours pour oublier les erreurs que j'aurais pu commettre, avant de me lancer dans ce que j'espérais être un second calcul indépendant du premier. Je découvris au cours de cette seconde tentative quelques astuces, des raccourcis qui réduisaient sensiblement la quantité de calculs, au point que la seconde mouture ne remplissait qu'une trentaine de pages. Je fus déçu d'aboutir à une équation différente. Elle avait cependant la même propriété de réduire considérablement toute fluctuation de densité et de conduire à un Univers très homogène. Nous étions cependant conscients que l'un des résultats, au moins, était faux. C'est un soupir de déception qui résonna alors dans les vallées.

C'était donc à ces calculs épouvantables, avec leurs hauts et leurs bas, que je consacrais mon temps à Aspen, tandis qu'à quelques mètres, tout le monde discutait de quelques détails subtils de l'inflation. La tâche était solitaire et ennuyeuse, mais c'était bon de se sentir aussi détaché. Je me demandais parfois ce qu'auraient pensé les gens autour de moi s'ils avaient su ce que je faisais. Que je me suicidais en tant que scientifique, que je perdais mon temps, que j'étais devenu fou... De manière amusante, j'ai un jour surpris quelqu'un en train d'examiner mes notes, laissées en vrac sur mon bureau. Je m'étais approché en silence, et il n'y avait personne à proximité. Dans l'entrebâillement de la porte, je voyais son visage sournois tandis qu'il feuilletait mes pages de chiffres et d'équations. Je n'ai pas montré à « l'espion » que je l'avais surpris car le tableau était trop drôle : on aurait dit un gamin volant des bonbons. De toutes manières, j'étais bien certain qu'il n'en comprendrait pas un mot. Ce que je faisais était si inhabituel qu'il a sans doute pensé que les cosmologistes de Grande-Bretagne employaient un code secret pour protéger l'exclusivité de leurs travaux. Telles étaient les vibrations mentales en ce lieu.

Mais je trace sans doute un tableau trop noir de mon séjour à Aspen. Si je le considère comme des vacances, il était finalement assez drôle et relaxant. Je fis des randonnées en montagne avec d'autres personnes, j'ai vu des vidéos en buvant de la bière avec eux, et nous sommes sortis chaque nuit. Je n'aimais pas le snobisme d'Aspen, mais quand je découvris un night-club hispanique en dehors de la ville, une vraie jubilation commença. J'ai aussi pratiqué beaucoup de sports, en particulier le foot où mes performances sont des plus risibles malgré mes origines portugaises. Jouer avec des savants est plutôt drôle : les Russes ne passaient jamais le ballon à personne (y compris aux autres Russes) tandis que les Latino-Américains battaient des records mondiaux de fautes.

Un jour, nous avons accepté un match contre un groupe de gamins du lieu, qui passaient visiblement tous leurs moments éveillés au gymnase. Les savants devinrent euphoriques quand ils battirent l'équipe locale par dix à zéro. Ce succès est dû en partie à Andy et moi : nous avions renforcé l'équipe locale à qui manquaient deux joueurs. Pendant que les savants faisaient la fête, les gamins nous jetaient des regards noirs en se demandant manifestement si nous étions une sorte de cheval de Troie, mais je jure qu'il ne s'agissait que de pure incompétence.

De retour à Londres, je me mis de nouveau à la recherche d'un appartement à acheter. Mon séjour à Aspen m'avait convaincu de m'installer pour longtemps à Londres. J'avais jusqu'alors toujours vaguement considéré les États-Unis comme une possibilité. J'allai ensuite voir Kim à Swansea, au Pays de Galles, où elle était alors post-doc.

« Swansea est le cimetière de toute ambition », à en croire le poète Dylan Thomas, sans doute la seule célébrité que Swansea ait jamais engendrée. Il aimait le lieu tout en le détestant, et il passa son temps à le fuir pour sans cesse revenir à sa vie basse et minable. Qu'aucune rue, avenue ou place ne porte son nom en dit long sur cette ville.

Quand j'étais à Aspen, à près de 3 000 m d'altitude, je faisais beaucoup d'exercice physique chaque jour. À Swansea, au niveau de la mer, je me sentais exceptionnellement exubérant. Je me souviens de mon embarras devant mon excès d'énergie lors d'un cours de théâtre où tout le monde me regardait, persuadé que j'étais drogué. Cet excédent d'énergie trouva une soupape évidente : pourquoi ne pas répéter cet affreux calcul de perturbations cosmologiques ? Kim habitait alors la maison d'un psychologue, et je m'enfermai dans son bureau en me promettant de mener cette étude à terme une bonne fois pour toutes. Je commençai par être distrait par le cadre, et je me mis à lire plusieurs des livres du maître de maison. Je découvrais de plus en plus de similarités entre son comportement et les troubles de la personnalité qu'il était censé comprendre. Après plusieurs heures de lecture amusée de ces livres de psychologie, je finis par me lasser et je m'efforçai de me concentrer sur ma tâche.

Cette fois, je trouvai une astuce brillante me permettant d'exécuter le calcul de trois façons indépendantes. Aucune n'était très difficile, et aucune ne dépassait la dizaine de pages. Mieux encore : elles donnaient le même résultat ! De plus, c'était le même résultat que celui de mon premier calcul d'Aspen. Je revins à Londres apporter la bonne nouvelle à Andy : il n'y avait plus aucun doute, la VVL résolvait indiscutablement le problème de l'homogénéité.

Très tard, une nuit où je traversais les rues de Londres en compagnie des renards, tout s'éclaira. Je n'avais pas besoin de dizaines de pages d'algèbres pour comprendre ce résultat. Un argument simple suffisait, ce que les physiciens appellent un calcul « au dos d'une enveloppe ».

Vous vous souvenez que la VVL résout le problème de la platitude via la non-conservation de l'énergie. Un modèle plat possède, à un instant donné (en fait pour une vitesse d'expansion donnée), une densité égale à une valeur critique. Un modèle fermé possède une densité supérieure à la densité critique, un modèle ouvert une densité inférieure. Nous avions trouvé que si la vitesse de la lumière diminuait, de l'énergie disparaissait dans un modèle fermé, dense, alors qu'il en apparaissait dans un modèle ouvert, moins dense. La VVL pousse ainsi vers la densité critique. J'avais appelé cela « la vallée de platitude de la VVL. »

Je comprenais soudain que le même mécanisme était précisément aussi responsable de l'homogénéité de l'Univers. Imaginons un Univers plat, avec de petites fluctuations autour de sa densité critique. Les régions un peu plus denses ressemblent à de petits Univers fermés car leur densité dépasse la densité critique, tandis que les régions moins denses ressemblent à de petits Univers ouverts car leur densité est plus basse que la densité critique. Les équations qui contrôlent la violation de la conservation de l'énergie sont des équations *locales*, dans le vocabulaire des physiciens, c'est-à-dire des équations qui ne portent que sur ce qui se passe dans une région donnée plutôt que dans l'espace tout entier. Par conséquent, de l'énergie disparaît des régions plus denses que la moyenne, de l'énergie est créée dans les régions moins denses : la VVL pousse toujours partout vers la densité critique. Mais cela implique que les fluctuations de densité sont amoindries et donc que l'on se dirige vers l'homogénéité (figure 9.2). Le même argument qui donne la solution du problème de la platitude donne aussi la solution du problème de l'homogénéité. Un instant de réflexion aurait dû me permettre d'aboutir à cette conclusion. Comme j'avais été stupide !

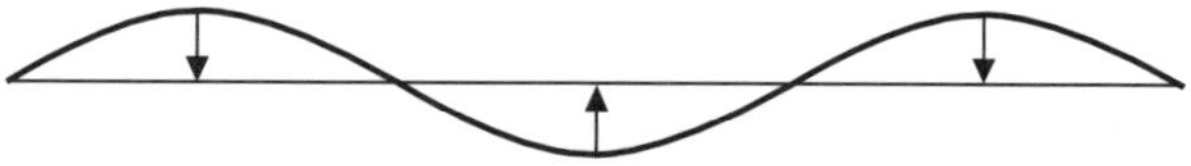

Figure 9.2

Une onde de densité dans un Univers de densité critique. Les régions plus denses que la moyenne ressemblent à de petits Univers fermés, et elles perdent donc de l'énergie quand la vitesse de la lumière diminue. Les régions moins denses que la moyenne ressemblent à de petits Univers ouverts, et elles vont donc acquérir de l'énergie. Dans les deux cas, l'Univers est poussé vers la densité critique caractéristique d'un modèle plat. Non seulement ce phénomène assure la platitude, mais il impose aussi un Univers très homogène.

Quand j'étais étudiant à l'université de Lisbonne, j'aimais bien jouer le fort en thème et je me refusais à résoudre les problèmes de la manière la plus banale. Pour moi, c'était presque aussi nul que de donner une réponse fausse. J'essayais toujours de trouver une méthode astucieuse qui puisse conduire au résultat en quelques lignes, au lieu de nécessiter plusieurs pages. Parfois, cela mit en colère certains examinateurs. Devenir chercheur fut pour moi une expérience qui m'apprit l'humilité : la nature est un examinateur infernal, et si vous découvrez quelque chose de nouveau, vous le faites toujours par la voie la plus dure, celle de la sueur et des larmes. Ce n'est que plus tard que vous vous rendez compte qu'il existait une voie vraiment facile pour y arriver. Mais cette illumination se produit rarement avant que vous ayez touché le fond de l'humiliation et du désespoir.

Le bon côté de la chose est que vous découvrez quelque chose, par une voie ou par une autre. Je m'en rendis compte lors d'un incident curieux à la fin de l'été. Au terme de tous ces calculs, j'étais prêt à prendre d'autres vacances, et Kim et moi allâmes passer quelques jours au Portugal à sillonner le pays dans la voiture paternelle, et à rechercher des endroits perdus au bout du monde. Un jour, nous étions sur une plage de sable de la côte de l'Alentejo, à des kilomètres de toute trace de civilisation. Le Soleil se couchait, nous commencions à frissonner, et nous nous apprêtions à retourner vers le monde. Kim découvrit alors qu'elle avait perdu les clés de la voiture ! La plage était immense et vide, avec peu de points de référence, et la marée montait rapidement. Avec consternation, je m'apprêtais à passer, affamé et gelé, une nuit dehors et à marcher plusieurs kilomètres le lendemain pour chercher de l'aide. Mais Kim refusa d'abandonner les recherches, alors qu'il faisait de plus en plus sombre et que l'océan se rapprochait.

Une heure plus tard, elle trouva les clés, plusieurs centimètres sous le sable et à la limite des vagues montantes[1].

Aussi quand on me dit que trouver une théorie est du même tonneau que trouver une aiguille dans une meule de foin, je repense à cet incident : il est possible de trouver des clés perdues sur une vaste plage de sable, parfois.

Pendant ce temps, Andy devenait de plus en plus réservé. Nos réunions devenaient plus courtes et plus rares, et il semblait les trouver pénibles. Je le sentais de plus en plus distant et mal à l'aise. Sa réaction viscérale à tout ce qui ressemblait de près ou de loin à la VVL devenait très négative. Non, me semblait-il, pour améliorer la théorie par des critiques constructives, mais plutôt pour placer quelque distance entre notre projet et lui. De ce fait, la rédaction de notre article s'éternisait. Andy ne cessait de trouver de nouveaux détails à régler, et de nouveaux prétextes pour retarder la soumission de l'article. Cela traîna pendant tout juillet, puis tout août. À la fin de l'été, malgré mes victoires récentes, tout le projet semblait paralysé.

J'avais différentes interprétations de ce comportement. J'ai déjà dit que les savants étaient à l'occasion pris d'une sorte de trac avant de soumettre à publication un travail nouveau. Je sais aujourd'hui qu'il est parfois nécessaire de contraindre physiquement un auteur saisi de panique : si vous le laissez libre, il trouvera toujours de bonnes raisons pour retarder la soumission, et l'article ne sera jamais publié. Ce comportement totalement autodestructeur ne peut être enrayé que lorsque les co-auteurs giflent leur collègue hystérique pour ramener l'ordre dans la collaboration.

1. Kim m'assure qu'elle avait *vraiment* égaré les clés et qu'il ne s'agissait pas d'une plaisanterie.

Dans le cas de la VVL, la théorie était si neuve et si radicale que je savais que nous ne serions jamais complètement certains d'avoir raison. Il fallait nous jeter à l'eau, et si les eaux étaient infestées de requins, eh bien dommage ! Le sentiment d'insécurité d'Andy ne pouvait que conduire le projet droit à la poubelle. Je le lui fis remarquer, mais j'étais alors trop jeune pour être conscient de la brutalité dont il faut savoir faire preuve dans de telles occasions. Le cœur du problème, c'est que celui qui panique est toujours celui des auteurs qui a fait le moins de sale boulot, le senior. Peut-être une petite voix intérieure lui dit-elle qu'il aurait dû en faire plus. Mais la réaction n'est jamais de se mettre à travailler plus, elle est de manifester un malaise devant les résultats. C'est très exaspérant, et je commençais à regretter de m'être lancé dans cette collaboration avec Andy. Nos relations devinrent évidemment tendues.

La cassure définitive survint quand Andy dépassa quarante ans, au mois de septembre. Nous étions alors à une conférence à Saint-Andrews, en Écosse, et Andy invita quelques personnes fêter l'événement dans la maison qu'il occupait avec sa famille. Je me rappelle que Neil Turok et Tom Kibble étaient présents. Je venais de dépasser trente ans quelques semaines plus tôt, et nous parlions des effets de l'âge sur la vie en général, et sur la science en particulier. Andy fit une plaisanterie que je n'oublierai jamais. Il déclara qu'en passant le cap de la quarantaine, le temps était mûr pour qu'il devienne un conservateur fasciste : au douzième coup de minuit, sa personnalité changerait et nous serions incapables de le reconnaître le lendemain.

Nous avons tous ri poliment, mais ce n'était pas une plaisanterie. Cela devait plutôt être une résolution. Sa personnalité changea de manière remarquée, du moins à mon égard. Il m'annonça le lendemain : « Ce sont des idées franchement spéculatives, pas le genre de choses auxquelles je souhaite voir associer mon nom. » Il déclara qu'il était maintenant le chef du groupe de cosmologie à l'Imperial College, et qu'il ne pouvait pas se permettre d'avoir son image ternie par ce qu'il considérait n'être qu'une brassée de rêveries loufoques. Il devait présenter la VVL à la conférence de Saint-Andrews, mais il avait décidé de parler d'autre chose.

Je fus choqué par ce changement d'attitude, mais j'aurais dû le voir venir. Andy, en son « âge mûr », me semblait vouloir jouer l'entraîneur de l'équipe plutôt que le joueur sur le terrain, une évolution fréquente chez les savants mûrissants. En tant qu'entraîneur, vous manifestez beaucoup d'intérêt pour les gens plus jeunes, vous écrivez les introductions des articles, vous retardez la publication en demandant de plus en plus d'études, et vous finissez par mettre votre nom sur tous les articles. Alors vous siégez dans les commissions qui décident de la politique scientifique, qui sont des sortes de séances de psychothérapie de groupe destinées à donner aux chercheurs anciens l'impression qu'ils font encore quelque travail.

C'est une triste réalité, et je ne pouvais pas croire qu'Andy était en train de glisser sur cette pente. Il y avait un certain nombre de gens autour de nous, du même âge, qui faisaient encore le sale travail côte à côte avec leurs étudiants. L'âge n'était donc pas un problème en lui-même. Andy méritait mieux que cela, et d'ailleurs, pensais-je en moi-même, son image d'entraîneur n'était pas bien brillante. Après tout, il m'avait terriblement mal dirigé. Il m'avait incité à démarrer ce projet inhabituel en me détournant d'autres projets plus traditionnels, et maintenant il décidait de tout jeter. Pour moi, c'était une année de perdue. Et d'un pur point de vue de gestionnaire, comment allait-on juger mon départ ailleurs en emmenant ma bourse de la Royal Society ? Très franchement, je commençais à prévoir de partir, et si je ne suis pas allé au bout, c'est que j'aimais vraiment la vie à Londres.

Andy a dû remarquer que j'étais prêt à m'en aller, et la situation s'améliora. L'année précédente, j'avais supervisé certains de ses étudiants. Cette fois-ci, il me confiait l'un de ses doctorants, et il s'assura que j'aie le meilleur. Je savais à quel point il souhaitait le garder pour lui, aussi c'était un grand sacrifice. Je sentais qu'il voulait clairement faire amende honorable. Il s'excusa par la suite pour les paroles tranchantes que nous avions échangées à Saint-Andrews, et il n'abandonna finalement pas la barque de la VVL. Mais son cœur n'y était plus et tout prenait un temps interminable. Il s'en excusa à nouveau, disant qu'il n'avait tout simplement plus le temps de s'en occuper. Après un long et douloureux processus, nous finîmes par soumettre, en novembre, un article pour publication. Et là commence une autre histoire : le combat pour faire accepter la VVL par une communauté plus large.

En décembre 1997, j'étais complètement déprimé. Les derniers rayons de fierté et d'enthousiasme avaient disparu derrière la montagne. J'avais passé l'année entière à travailler sur un projet difficile, et c'était peut-être une pile d'âneries pour autant que je pouvais le savoir. De mon point de vue, la VVL était confinée entre Andy et moi, et tout ce que je semblais maintenant recueillir de lui était un rejet pur et simple. Dans un monde où vous êtes censés publier quatre ou cinq articles chaque année, je n'en avais publié aucun. Ce qui avait commencé comme une aventure plaisante avait maintenant le goût de l'amertume. J'avais l'impression d'avoir perdu une année de ma vie, et sans même avoir été oisif.

Aussi, dans le Jazz Café en cette veille de Nouvel An, j'avais toutes les raisons de partager les sentiments de Courtney Pine. L'année avait été dure, et je ne pouvais qu'espérer que la suivante serait plus douce.

Bien sûr, les choses ne peuvent aller que de mal en pis, et bien évidemment, c'est ce qu'elles firent.

10
Le combat pour Gutenberg

Les articles scientifiques constituent une partie importante de la science, et de la carrière des savants. En tant qu'individu, vous êtes jugé par le nombre d'articles que vous publiez, la revue dans laquelle ils paraissent, leur qualité, et la fréquence avec laquelle ils sont par la suite cités. Mais la publication est surtout une nécessité pour les savants qui vivent le plus souvent de bourses : ils sont obligés de rendre publiques leurs idées car ils ne recevront pas de financement sans présenter une liste solide de publications.

Il faut maintenant dire qu'avant d'être accepté pour publication, un article est soumis à la critique des pairs de l'auteur. Dans toute revue respectable, le responsable du domaine choisit un critique, le *referee*, qui est normalement anonyme et, on l'espère, indépendant. Il lui demande d'examiner l'article et de présenter un rapport à son sujet. En s'appuyant sur ce rapport, le responsable doit alors décider si l'article doit être publié, ou rejeté, ou si des modifications sont nécessaires avant de l'accepter pour publication. Les auteurs peuvent généralement répondre à un rapport négatif, et en cas de doute, le responsable peut demander une expertise à d'autres *referees*.

Beaucoup de controverses se sont élevées quant à l'efficacité de ce système de contrôle, mais il semble pour le moment destiné à durer. Incontestablement, il permet de nombreux abus. Un exemple pathologique en est fourni par le premier article « d'essai » qu'Andy et moi avions rédigé à la fin de l'été 1997 pour présenter la VVL. Nous avions décidé de le soumettre à *Nature*, une publication prestigieuse dans laquelle de nombreuses découvertes majeures ont été présentées. Cette revue continue aujourd'hui cette fière tradition dans de nombreuses disciplines, mais à mon avis ni en physique fondamentale ni en cosmologie. Je ne m'en rendais pas compte à l'époque, mais j'allais vite l'apprendre.

Avant de soumettre notre article, nous avions envoyé à *Nature* un bref résumé de notre travail, expliquant comment une variation de la vitesse de la lumière pourrait résoudre les paradoxes cosmologiques. Nous reçûmes une lettre nous félicitant de nos efforts, mais nous précisant que notre travail ne pourrait pas être publié dans cette revue. Pour le mériter, apprenions-nous, il nous faudrait non seulement montrer que notre théorie était *une* solution de ces paradoxes, mais démontrer que c'était *la* solution.

Quel sens donner à cela ? Comment savoir que vous détenez *la* solution et non seulement *une* solution ? Une telle chose est-elle possible ? Et s'il fallait appliquer ce critère uniformément à tous les articles soumis, un seul article serait-il jamais publié ? Il est possible que les œuvres complètes de Dieu puissent un jour être acceptées pour publication dans *Nature*, mais même cela est loin d'être acquis[1].

1. J'estime que les articles de cosmologie qui finissent par être publiées dans *Nature* sont totalement sans intérêt. Quand je remarquai enfin cette anomalie, je cessai de leur envoyer des articles et j'inscrivis fièrement dans mon C.V. qu'aucun de mes articles n'avait été publié dans *Nature*. Mais le léger soulagement que m'apportaient ces rapports me manque.

Il va sans dire que cet article ne vit jamais la lumière du jour, ce qui pourrait bien avoir contribué à la crise de l'âge mûr traversée par Andy. Nous avons décidé de nous concentrer au contraire sur un article plus long, contenant autant de détails que possible. Nous avons donc finalement soumis, en novembre 1997, une présentation technique de la VVL à la *Physical Review D (PRD* en abrégé), la même revue américaine qui avait publié vingt ans plus tôt la théorie de l'inflation d'Alan Guth. Tous mes articles dans *PRD* avaient en général été acceptés en quelques semaines. Celui-ci allait traîner par des voies tortueuses durant une longue année.

Même en acceptant la tradition de débats parfois violents qui caractérisent souvent les discussions scientifiques, nous eûmes l'impression que le premier rapport du *referee* était à la limite de l'insulte. Il déclarait que notre approche était « non professionnelle », bien que le rapport lui-même n'eût à peu près aucun contenu scientifique dans la réfutation de nos arguments. Mais si, moi, je trouvais le rapport quelque peu excessif, Andy sauta en l'air à en traverser le plafond. Les sous-entendus dans le rapport le mirent hors de lui, car il crut reconnaître l'identité de ce *referee* anonyme : l'un de ses rivaux les plus âpres aux premiers jours de l'inflation. Je vois là un des points faibles de cette utilisation des *referees* : certains peuvent utiliser ce pouvoir pour régler des conflits personnels, et Andy avait l'impression que cela pouvait être le cas.

Ce premier rapport conduisit naturellement à une série de répliques et de contre-répliques, à la fin de laquelle tout le monde accusait tout le monde de se comporter de manière irrationnelle.

Vers la fin d'avril 1998, il devint évident que ce processus ne conduisait nulle part. D'autres *referees* avaient été appelés en consultation, mais la correspondance existante (toujours mise à la disposition des nouveaux *referees*) était telle que personne ne voulait s'engager d'un côté comme de l'autre, de peur d'être pris sous des tirs croisés. Finalement, le responsable, dans un acte d'altruisme héroïque, décida d'intervenir et joua lui-même le rôle de *referee*. Il se trouvait que c'était un expert du domaine et il fit état de ses inquiétudes au sujet de notre idée. Nous ne pensions pas ses critiques justifiées, mais nous étions heureux que le débat concerne enfin, nous semblait-il, la science plutôt que les savants.

Si vous pensez que ces empoignades avec les *referees* ne sont que chicaneries, laissez-moi vous détromper en remarquant qu'il arrive souvent qu'il y ait 1 % de substance scientifique dans ces rapports. De fait, au milieu de la bordée d'insultes, même le premier rapport de *referee* contenait un argument scientifique. Au cours d'un rare moment de calme, le *referee* faisait remarquer que la VVL manquait d'un « principe de moindre action ». C'était exact, et au début cela m'ennuyait aussi.

Le principe de moindre action est d'abord apparu comme une réécriture très élégante de la mécanique de Newton. De nos jours, il forme le cadre dans lequel toutes les nouvelles théories sont proposées, à l'exception de la VVL.

Le grand traité de Newton, les *Principia*, devint rapidement la bible de la physique, mais tout le monde ne se sentait pas très à l'aise avec ses implications philosophiques. La vision du monde proposée par Newton est, sans la moindre honte, déterministe et causale. Elle contient un système d'équations qui stipule que si vous savez ce que chaque particule de l'Univers fait à un moment donné, alors vous êtes capable de prédire son futur avec exactitude. Ce formalisme relie la cause et l'effet d'une façon parfaitement mécanique où aucune déviation n'est tolérée. Pris au pied de la lettre, ce point de vue a toujours profondément perturbé les « libres-penseurs ».

Dans le monde de Newton, tout arrive pour une raison précise, en raison d'une cause donnée. Mais, précisément pour cette raison, l'Univers mécanique de Newton est dépourvu de signification, dans le sens humain du terme. Dieu est intervenu dans le monde lorsqu'il a créé ses lois de causalité, mais il a ensuite abandonné le monde à son propre fonctionnement. Le monde de Newton possède autant de signification et de but qu'une poupée mécanique, par opposition à un acte d'amour. Le problème est qu'il est alors possible d'affirmer qu'un acte d'amour est lui aussi régi par les lois de Newton, ce qui forme une pensée des plus déplaisantes.

En 1746, le physicien français Pierre de Maupertuis trouva une alternative pour décrire le monde physique. Il considéra les trajectoires suivies par des particules dans les systèmes mécaniques, et il remarqua un schéma qui se répétait. Il semblait que les particules, se déplaçant le long de leurs trajectoires, minimisaient une certaine quantité mathématique, que Maupertuis baptisa « l'action ». Il fut ainsi capable de reformuler la mécanique en disant que la nature se comporte de la manière qui minimise l'action, ce qu'on appelle le principe de moindre action. C'était exactement le genre de formulation qu'Andy et moi avions été incapables de trouver pour la VVL.

Cette approche peut vous paraître étrange, mais vous pouvez me croire, elle est mathématiquement équivalente à la formulation de Newton. Mais au début cette équivalence ne fut pas complètement reconnue, et les gens se sont embrouillés dans des questions de vocabulaire, mélangeant la physique avec la philosophie et avec la religion dans une salade peu glorieuse mais courante en ce temps-là. Dans le monde de Maupertuis, il semblait que la finalité régnait à la place de la causalité : les choses se passaient en vue d'un *but*, celui de minimiser l'action, plutôt qu'en raison d'une *cause*. Le monde de Maupertuis différait de celui de Newton en ce qu'il avait un but, une intention. Un petit pas de plus, et vous serez sur le point de prouver la présence de Dieu dans le fonctionnement quotidien de la nature, plutôt qu'au seul moment de la création. Cela suppose que Dieu soit naturellement paresseux et souhaite minimiser « l'action » dans ses actes.

De nos jours, cela paraît plutôt tiré par les cheveux, mais ces idées reflètent une tendance commune dans la philosophie de cette époque : la doctrine optimiste de Leibniz, qui enseigne que nous vivons dans le meilleur de tous les mondes possibles par la grâce de Dieu. En assurant un gaspillage minimal de l'action, la mécanique de Maupertuis était assurément optimisée et elle semblait donc montrer que la philosophie de Leibniz avait une base scientifique. Malheureusement, leurs idées étaient tellement proches que Maupertuis se trouva rapidement impliqué dans une désagréable dispute au sujet de la priorité de la découverte du principe de moindre action. Mais, pire encore, il hérita aussi des ennemis de Leibniz, en particulier de son opposant le plus éloquent, Voltaire. C'est pour cela que les annales de la physique enregistrent une altercation majeure. Malgré tous les parallèles, les combats pour la publication de la VVL font pâle figure en comparaison.

Vous avez sans doute lu ce roman de Voltaire, *Candide*, dans lequel un jeune homme naïf traverse le chaos et les souffrances d'un monde brutal, soutenant toujours que ses tribulations et ses aventures sont ce qui peut arriver de mieux, dans le meilleur de tous les mondes possibles. Il s'agit d'une parodie cruelle de la philosophie de Leibniz, et elle peut de nos jours encore causer des rires convulsifs. En fait, Voltaire était un satiriste incorrigible, mais il était aussi un philosophe qui croyait fermement en un dieu horloger, et en son absence directe dans le fonctionnement au jour le jour de la nature. Dans son style habituel, Voltaire soulignait à quel point l'essentiel de la dévastation causée par le tremblement de terre de Lisbonne en 1755 était dû à une coïncidence malheureuse : c'était un dimanche matin, tout le monde était à la messe, ce qui signifie qu'une grande quantité de cierges était allumée et prête à déclencher un incendie incontrôlable.

Voltaire méprisait la philosophie de Leibniz, et il n'est donc pas surprenant qu'il ait également dirigé ses coups contre Maupertuis et son principe de moindre action. Il est également possible que la liaison que Voltaire et Maupertuis entretenaient avec la même femme, dans un complexe « ménage à quatre » (en comptant le mari), ait joué un rôle dans cette discussion « scientifique »[1]. Quelle qu'en soit la raison, dans un pamphlet intitulé *La diatribe du docteur Akakia*, Voltaire dépeint Maupertuis comme un savant paranoïaque et lunatique, qui dissèque des crapauds pour apprendre la géométrie, défend l'emploi de la force centrifuge pour soigner l'apoplexie, exécute des trépanations sur des hommes pour pénétrer les secrets de l'âme, prouve par *a plus b* l'existence de Dieu, et bien d'autres choses encore sur des idées similaires. Il est triste de dire que tout ce non-sens est indirectement relié à des recherches effectuées réellement par Maupertuis.

La folie de Maupertuis est si grave que le docteur Akakia, expert en maladies psychologiques et « chirurgien du pape », est appelé à la rescousse pour apporter des soins d'urgence. Le docteur Akakia trouve l'état de son patient dément si grave qu'il prend contact avec la Sainte

1. Pour autant que je le sache, cet aspect de l'histoire de Maupertuis n'a aucun correspondant dans le combat pour la publication de la VVL.

Inquisition pour utiliser l'excommunication comme une forme de psychothérapie. En retour, son patient, invoquant le principe de moindre action, essaie de le tuer.

L'essai de Voltaire sur Maupertuis est devenu un triste monument à la puissance du sarcasme caustique. Pendant des mois, la haute société n'a cessé de se moquer aux dépens de Maupertuis, en citant le pamphlet de Voltaire et en mettant le pauvre homme fermement à l'écart. Maupertuis devint la risée de l'Europe et, de désespoir, il alla chercher refuge en Suisse. Sa santé ne redevint jamais bonne et il finit par mourir, de honte dirent certains.

Tels sont les caniveaux de la science, exposés pour votre profit, avec tout ce qu'ils ont en commun à quelques siècles d'écart. Il y a toujours eu, et il y aura toujours, certains savants pour qui l'insulte personnelle est beaucoup plus satisfaisante qu'un argument rationnel. Nous savons aujourd'hui que Maupertuis était un bien meilleur scientifique que Voltaire, mais il manquait des ressources dont disposait Voltaire dans le domaine des mots et de la philosophie. Ces derniers étaient cependant plus simples à comprendre pour le public.

Un autre aspect de l'histoire de Maupertuis qui a un rapport avec les attaques de la VVL concerne le système de *referee* de son époque : l'Inquisition. Et de fait, plusieurs ouvrages de Voltaire furent brûlés [1], y compris la *Diatribe*. De nos jours, les articles ne sont plus brûlés comme hérétiques, mais certaines choses n'ont pas changé. J'ai à l'esprit ce que dit Voltaire dans *Micromégas*, conte mettant en scène un habitant d'une planète autour de Sirius. Dans sa jeunesse, le héros de l'histoire écrit un livre des plus intéressants sur les insectes. Malheureu-

1. L'Inquisition ne sévissant pas en France, ce n'est pas elle qui fit brûler les livres de Voltaire, mais le Parlement de Paris qui n'était guère plus tolérant (note du traducteur).

sement, « le muphti de son pays, grand vétillard et fort ignorant, trouva dans son livre des propositions suspectes, malsonnantes, téméraires, hérétiques, sentant l'hérésie, et le poursuivit vivement : il s'agissait de savoir si la forme substantielle des puces de Sirius était de même nature que celle des colimaçons. Micromégas se défendit avec esprit ; il mit les femmes de son côté ; le procès dura deux cent vingt ans. Enfin le muphti fit condamner le livre par des jurisconsultes qui ne l'avaient pas lu, et l'auteur eut ordre de ne pas paraître à la cour de huit cents années. Il ne fut que médiocrement affligé d'être banni d'une cour qui n'était remplie que de tracasseries et de petitesses ». Un flot d'analogies me saute à l'esprit.

Mais laissons de côté le fumier scientifique omniprésent, et examinons le trait accidentel de sagesse fourni par ce premier *referee*. Pourquoi donc Andy et moi n'avions-nous pas formulé la VVL au moyen d'un principe de moindre action ?

Il est clair que la VVL contredit la théorie de la relativité restreinte, qui est fondée sur deux postulats : le principe de relativité (c'est-à-dire l'affirmation que tout mouvement est relatif) et la constance de la vitesse de la lumière. La combinaison de ces deux principes conduit à un ensemble de règles, appelées les transformations de Lorentz, qui décrivent comment il faut relier le monde vu par différents observateurs se déplaçant les uns par rapport aux autres. Les transformations de Lorentz indiquent comment le temps se dilate et comment les distances se contractent. Une théorie dans laquelle toutes les quantités obéissent à ces lois de transformation est dite posséder « la symétrie de Lorentz ». On dit aussi qu'elle est « invariante de Lorentz ». Dans une telle théorie, toutes les lois imitent les transformations de Lorentz de manière symétrique.

En dehors de sa signification physique, la symétrie de Lorentz est un atout mathématique. Elle rend de nombreuses équations et de nombreuses lois beaucoup plus simples à écrire. En particulier, les mathématiques du principe de moindre action adorent la symétrie de Lorentz, bien qu'elles ne les exigent pas précisément (après tout, le principe de moindre action fut découvert au XVIIIe siècle, bien avant la relativité). Le principe de moindre action semble aller comme un gant aux théories invariantes de Lorentz.

La VVL entrait naturellement en conflit avec la symétrie de Lorentz puisqu'elle était fondée sur la démolition de son deuxième principe, la constance de la vitesse de la lumière. Par conséquent, formuler la VVL au moyen d'un principe de moindre action était très bizarre, et ce n'est que beaucoup plus tard que j'ai découvert une façon de s'y prendre. Mais cela était-il une incohérence ?

Non, bien entendu ! C'est une tendance très récente de vouloir écrire une nouvelle théorie au moyen d'une action. La relativité elle-même ne fut pas formulée comme une action au début, bien que l'action soit particulièrement appropriée dans ce dessein. Malgré toutes les implications philosophiques qui paraissent différentes, c'est uniquement une question pratique qui pousse à formuler une nouvelle théorie en utilisant le langage de Newton ou celui de Maupertuis. La VVL semblait mieux s'accommoder du langage de Newton, et alors ?

Maintenant, si vous voulez, imaginez-vous avoir un débat scientifique sur cette question avec un *referee* qui semblait avoir été mordu par un chien enragé.

Pendant que cette bataille d'insultes allait en s'aggravant, deux événements se passèrent. D'abord, je réussis à convaincre Andy que le processus de *referee* commençait à durer si longtemps que nous devrions distribuer des exemplaires de notre manuscrit à un petit nombre de gens. L'une de ces personnes était John Barrow, un savant avec un long palmarès dans les théories que l'on appelle « à constantes variables ». John fut immédiatement fasciné par le concept, et il commença à nous poser beaucoup de questions sur notre article.

Andy était très ennuyé par cela. Je me souviens qu'il me disait : « Écoute, João, suppose qu'il s'en aille écrire un article de son cru, sans se référer à notre travail. Imagine qu'il l'envoie à *PRD* et qu'il ait la chance d'avoir un *referee* différent, après tout c'est une sorte de loterie. Que pourrions-nous faire ? Je ne connais pas John Barrow, mais aux États-Unis, ceci pourrait très bien arriver. Et je vais te dire autre chose. Si tu vas ensuite te plaindre auprès d'autres personnes à ce sujet, ils vont juste se moquer de toi pour avoir été aussi stupide. »

Je pensais que c'était un peu exagéré mais je suis quand même allé demander à un de mes amis qui avait déjà travaillé avec John ce qu'il pensait de la situation : « Je peux me tromper complètement et il peut se révéler un enfoiré total, mais d'après mon expérience, John est le garçon le plus fiable que j'ai rencontré ».

John Barrow

Quelques jours plus tard, nous apprîmes que John était effectivement en train d'écrire un article sur la VVL. De manière spectaculaire, deux semaines après avoir reçu notre article, John avait sa propre version de la VVL écrite et soumise pour publication à *PRD* !

Naturellement, la consternation régnait dans les rangs Albrecht-Magueijo, d'autant plus que je partais à ce moment-là pour l'Australie et que, pour différentes raisons, nous n'avons pas eu pendant longtemps accès à l'article de John. Au milieu de cette mauvaise passe, je me souviens m'être dit que la seule issue possible serait de s'arranger pour que John collabore avec nous. Bien sûr, ce n'était qu'une façon de limiter les dégâts mais c'était mieux que rien. Il semblait que nous allions nous faire doubler et que les pires craintes d'Andy allaient se réaliser.

Mon voyage en Australie allait pourtant changer mon état d'esprit, car j'intégrais le cliché « Il ne faut pas s'en faire » avec le plus grand plaisir. L'Australie est le pays natal de Kim, mais elle n'y était pas retournée depuis plus de six ans. Nous avons donc profité de l'occasion pour faire une longue balade, parcourant plus de 7 000 kilomètres en quelques semaines. Le voyage était très agréable, et pendant que des courriers électroniques insultants s'échangeaient et que le danger de se faire doubler nous menaçait, je passais cependant un temps très reposant dans un pays que j'aimais vraiment. La thérapie était parfaite.

À la manière du modèle cosmologique autrefois proposé par le célèbre physicien Milne, l'Australie possède plus d'espace que de substance, et c'est précisément ce qui la rend si attirante. Elle est essentiellement un désert ou une jungle luxuriante habitée surtout par des crocodiles. Avec une superficie comparable à celle des États-Unis, l'Australie se débrouille cependant pour avoir une population comparable à celle du Portugal. Les animaux y règnent encore, à la grande horreur de plus d'un visiteur européen et pour l'amusement des spectateurs locaux.

Nous avons roulé pendant des heures et des heures dans le néant, une contradiction philosophique qui doit nécessairement vous placer dans un étrange état d'esprit. Pendant que la route se déroulait, il arrivait à l'occasion, parfois très à l'occasion, qu'au plein milieu de nulle part, nous arrivions dans une minuscule ville oubliée de Dieu, avec un nom du genre Woolaroomellaroobellaroo et où seules quelques douzaines d'âmes vivaient, mais toujours bénies par une planification urbaine napoléonienne : immenses trottoirs, boulevards imposants, larges avenues pleines de néant. Clairement l'état providence avait agi. L'Australie me fait penser à une sorte de croisement entre le Danemark et les États-Unis : un état providence sous hormones.

D'autres fois, nous passions la journée entière sans voir aucune trace de civilisation, juste des rivières asséchées aux noms poétiques : Rivière de 2 kilomètres, Rivière de 9 kilomètres, Rivière de 7 kilomètres, Rivière de 3 kilomètres, etc. Mon esprit mathématique se mit rapidement à dresser un histogramme de la distribution des longueurs des rivières d'Australie. Comme je le disais, dans un tel vide, votre esprit palpite dans des prairies surréelles.

Mais j'avais décidé d'être plus qu'un touriste, aussi je donnais plusieurs conférences dans diverses universités. J'aimais beaucoup les gens que j'y rencontrais, et en particulier leurs opinions tranchées sur les modes en cosmologie. Je me souviens par exemple de Ray Volkas qui, après avoir écouté mon exposé à Melbourne, me déclara que la VVL ne lui semblait être guère plus une arnaque que l'inflation, mais qu'au moins elle était plus intéressante. Je rencontrai aussi Paul Davies à Adélaïde : quelques années plus tôt, il avait quitté son poste universitaire pour se consacrer à la vulgarisation scientifique. Cette décision lui valut l'ire de plusieurs collègues, mais je lui accorde ce crédit de pas être devenu un bureaucrate à l'image de la plupart de ses critiques. De plus, je ne pus m'empêcher de remarquer, au cours de notre promenade dans les allées du campus, le nombre de jolies filles qui lui faisaient un signe de tête.

Puis à Canberra, je rencontrai un groupe d'astronomes de l'Observatoire du Mont Stromlo, qui s'élève au milieu des kangourous. C'était la seconde fois de ma vie que j'approchais un tant soit peu un télescope. La première fois, j'étais étudiant et je devais assister quelqu'un qui menait un projet d'astronomie. Je me souviens avoir alors laissé tomber la porte de la coupole sur le haut du miroir du télescope, ce qui provoqua une bordée de jurons mais ne brisa miraculeusement pas le miroir. Mon assistance ne fut plus requise par la suite. Et maintenant, au milieu d'un océan de kangourous, je me rendais compte des progrès de l'astronomie depuis le temps de Hubble, les perfectionnements continuels de la technique et les données sans cesse plus précises obligeant les cosmologistes à examiner de près le monde réel avant de laisser libre cours à leur imagination. Je ne fus pas surpris de voir les astronomes du Mont Stromlo se moquer de la VVL, qu'ils considéraient comme un fantasme de mon imagination.

Mais la vraie action allait se dérouler au cours de ma visite de l'université de Nouvelle Galles du Sud, à Sydney. John Barrow était alors le directeur du département d'astronomie de l'université du Sussex, à proximité de Londres, mais nous ne nous étions jamais croisés. Nous nous sommes rencontrés pour la première fois à Sydney, lors de ce voyage, mais ce premier contact fut un désastre total.

John venait de faire une conférence publique (intitulée « Le monde est-il simple ou complexe ? ») avec son habituel brio. La clarté de son propos était telle qu'une petite fille de quatre ans, dans l'auditoire, l'avait écouté avec attention et posé une question pertinente à la fin.

Ensuite, notre hôte, John Webb, nous invita à dîner dans un grand restaurant au bord de l'eau, et c'est là qu'une polémique violente éclata. John Barrow et moi nous situons aux deux extrêmes de l'éventail politique, et ses tendances conservatrices l'amenèrent au cours du dîner à formuler des déclarations que je jugeai inexcusables. Kim et moi finîmes par hurler contre lui, avec l'épouse de Webb prise entre deux feux pour faire bonne mesure. Les gens des autres tables nous contemplaient les yeux ronds : même en Australie, il n'est pas courant de déclencher une émeute dans un restaurant de luxe.

Après cela, je jugeai préférable d'oublier toute idée de collaboration avec John. Le lendemain, pourtant, nous nous sommes rencontrés à l'université et nous avons commencé à parler science. Notre entente mutuelle fut immédiate, et nous allions écrire ensemble quatre articles sur la VVL au cours de l'année qui suivit. J'ai toujours été fasciné par la capacité de la science à rassembler des gens qui sont par ailleurs totalement incompatibles.

C'est aussi à Sydney que je finis par mettre la main sur une copie de l'article de John sur la VVL. Nos inquiétudes, à Andy et moi, n'auraient pas pu être plus injustifiées. John avait pris le plus grand soin de nous laisser la paternité de l'idée, et il parlait même de la VVL comme du « modèle d'Albrecht et Magueijo ». La rapidité de l'écriture de son article sur la VVL était due à un enthousiasme sincère, non au désir de nous griller la politesse. Cela me donna à penser que la VVL pourrait bien toucher rapidement une fraction notable de la communauté scientifique, ce qui me plaisait énormément.

Mais je devais apprendre une nouveauté beaucoup plus intéressante au cours de cette visite. Un groupe d'astronomes australiens, sous la direction de John Webb, venait de faire une observation qui pourrait bien indiquer une variation de la vitesse de la lumière. Quelle nouvelle excitante ! J'avais presque envie de retourner au Mont Stromlo pour la jeter à la figure des astronomes là-bas. Bien sûr, le résultat de cette observation était encore sujet à controverse, mais au moins il paraissait possible que notre théorie soit meilleure que l'inflation sur un point crucial : il en existait peut-être une preuve expérimentale *directe*.

Comme je le disais, la vitesse c de la lumière est tissée dans la trame même de la physique et les implications vont bien au-delà de la cosmologie. On la retrouve dans les endroits les plus surprenants, par exemple dans le mouvement des électrons au sein de l'atome. Une quantité appelée la « constante de structure fine », souvent abrégée en « alpha », dépend de c.

Quand la lumière traverse un nuage de gaz, certaines couleurs sont spécifiquement absorbées par les électrons du gaz et cela produit une série de raies noires dans le spectre. La position de ces raies indique les différents niveaux d'énergie des électrons dans les atomes du gaz. Un examen plus précis montre que certaines de ces raies sont en réalité formées de plusieurs raies très proches : le spectre atomique possède une « structure fine ». Cette distribution « fine » dépend d'une quantité, naturellement appelée la « constante de structure fine », et les savants ont ainsi pu déterminer en laboratoire cette constante avec une très grande précision. Il n'est guère étonnant que la vitesse de la lumière apparaisse dans l'expression mathématique de alpha, et l'observation d'un spectre atomique permet ainsi de mesurer la vitesse de la lumière.

La même observation peut également être accomplie, avec une précision supérieure, par des astronomes examinant la lumière ayant traversé des nuages de gaz distants. Les observations faites par John Webb et son équipe montraient que la lumière émise par des galaxies proches confirmait la valeur d'alpha obtenue en laboratoire, mais que celle ayant traversé des nuages très lointains semblait indiquer une valeur différente d'alpha. Mais observer des objets lointains c'est aussi les observer tels qu'ils étaient dans un passé lointain, puisqu'il faut du temps à la lumière pour traverser l'espace qui nous en sépare. Les résultats de Webb semblaient indiquer qu'alpha changeait au cours du temps. Si cela est vrai, une explication possible est que *c* diminue au cours du temps ! Je parlerai un peu plus loin des alternatives, et ces résultats doivent encore être confirmés, mais ils sont très évocateurs et ils peuvent être comptés comme un triomphe de la théorie VVL. Le plus grand compliment que puisse recevoir une théorie ne peut être décerné que par la nature, quand on trouve que la théorie prévoit un résultat expérimental correct.

Je revins d'Australie d'excellente humeur, en ramenant trois atouts majeurs, dont un nouveau collaborateur là où planait le spectre d'un concurrent, et une indication expérimentale évocatrice. Mais à Londres, la plupart des gens ne remarquèrent qu'un bronzage impressionnant.

Les mois suivants furent consacrés à ce que John Barrow baptisa ensuite « la rééducation du responsable de *PRD* ». Le processus fut ardu, mais au moins quand le responsable intervint directement j'eus l'impression que la bataille se portait sur le terrain purement scientifique. Certaines des questions soulevées étaient complètement hors sujet, mais d'autres étaient très pertinentes. Les pages du journal que je tenais à cette époque ne cessent de m'exhorter à accepter les critiques : m'enfermer dans mon propre Univers serait revenu à tuer ma théorie. Mais d'un autre côté bien des critiques ne riment à rien et ne font que traduire l'idée que toute nouveauté est mauvaise. Dans une telle situation, il est essentiel de procéder avec précaution et d'apprécier soigneusement la différence entre commentaires pertinents et commentaires stupides.

Faire preuve d'intolérance à propos de la VVL eut été pour moi l'équivalent de me tirer une balle dans le pied. J'ai depuis rencontré nombre de physiciens dogmatiques, ignorés par tous et portant une lourde charge sur leurs épaules. J'ai également remarqué qu'avec l'âge, ils devenaient sourds comme un pot : il est possible que la théorie de Lamarck, selon laquelle les organes inutiles disparaissent, joue un rôle dans ce phénomène.

Laissez-moi vous donner un exemple du genre de thème soulevé dans ces litiges. Le responsable de *PRD* émit une objection majeure concernant la signification physique de la mesure d'une variation de *c*. Vous pouvez évidemment toujours définir vos unités d'espace et de temps de telle sorte que *c* ne varie pas, » écrivait-il. J'étais déconcerté par ce commentaire parce qu'il était littéralement exact. Imaginons que quelqu'un nous dise que la vitesse de la lumière était double quand l'Univers avait la moitié de son âge actuel, et que nous n'aimions pas cela. Nous pouvons décider de régler nos horloges de telle sorte qu'elles avancent deux fois plus vite à cette époque et, presto... la vitesse de la lumière devient la même à toute époque.

Andy et moi avons longuement discuté de cette question, et nous nous sommes rendus compte qu'il devait y avoir une faille dans l'argument. Après tout, nous pourrions à l'inverse modifier nos horloges de manière à ce que la vitesse de la lumière devienne variable même dans des circonstances où elle est normalement tenue pour constante. Une manière simple de procéder serait d'emporter stupidement sur la Lune la pendule à balancier du grand-père : comme la gravité est plus faible sur la Lune que sur la Terre, le balancier oscille plus lentement, mais si nous décidons que le temps scandé par la pendule de grand-père est *la* façon correcte de mesurer le temps, nous allons trouver que la vitesse de la lumière est plus grande sur la Lune que sur la Terre.

Il devait donc y avoir une faille quelque part. Je réfléchis longtemps à la question, très longtemps, et je m'embrouillai complètement. Quelle que soit la manière dont je tournai et retournai le problème, je ne voyais aucune façon de réfuter la logique affûtée du responsable de *PRD*. Je finis par réaliser où je devais chercher mon inspiration : les observations de John Webb (dont *PRD* ignorait encore tout). J'avais là une expérience dont le résultat pouvait s'interpréter comme une variation de c. Était-ce une erreur ? John Webb avait-il sans s'en rendre compte utilisé la pendule de grand-père dans ses observations de l'Univers primordial ?

Un examen plus approfondi montra que la réponse était un *non* spectaculaire. La constante de structure fine alpha est définie comme le carré e^2 de la charge e de l'électron divisé par la constante h de Planck et par la vitesse c de la lumière : $\alpha = e^2/hc$. Chacun des deux termes de ce rapport est mesuré dans les mêmes unités, une énergie multipliée par une longueur. Comme la constante de structure fine est le rapport de deux quantités mesurées dans les mêmes unités, elle n'a pas elle-même d'unité.

C'est exactement la même chose pour pi (le nombre $\pi = 3{,}14159\ldots$ que vous avez appris à l'école). Il n'a pas d'unité car il est défini comme la longueur du périmètre d'un cercle divisée par la longueur de son diamètre, donc le rapport de deux longueurs. Pi a donc la même valeur que vous mesuriez vos longueurs en mètres ou en pieds. De la même manière, alpha est un nombre pur, et sa valeur ne dépend pas des unités, ni du fait que vous utilisiez la pendule de grand-père ou une montre à quartz pour mesurer le temps. La question de la constance ou de la variabilité de la constante de structure fine, soulevée par John Webb et ses collaborateurs, n'était donc pas concernée par la critique du responsable. Quelles que soient les contorsions pour modifier les horloges ou redéfinir les unités, alpha variait.

Mais nous sommes alors devant un problème. Si John Webb avait trouvé qu'alpha était constant, nous serions tous très heureux de déclarer que *e*, *h* et *c* sont également tous constants. Mais ce n'est pas le cas : il a trouvé une variation d'alpha au cours du temps. Alors, à qui faire porter le chapeau : *e*, *h* ou *c* ? La situation est délicate. Quel que soit notre choix, nous attribuons la variation à une constante qui possède des unités. Nous nous heurtons donc à l'objection du responsable de *PRD* puisque nous pouvons toujours redéfinir les unités de telle sorte que la « constante variable » choisie redevienne véritablement constante. Mais nous n'avons aucune alternative, puisque nous ne pouvons pas non plus dire qu'aucune ne change. Alors, qui de *e*, *h* et *c* varie vraiment ?

Andy et moi avons fini par admettre que seule la simplicité pouvait nous guider. Chaque choix revient à préciser un système d'unités, qui est bien entendu arbitraire. Mais en pratique il y a toujours un système d'unités qui rend la vie plus simple : mesurer son âge en secondes ou en années est un choix arbitraire, mais si je vous dis que mon âge est de 1 072 224 579 secondes, vous allez me trouver un peu bizarre. Tout choix d'unités est de la même façon dicté par la simplicité de la description, et ce choix détermine quelles sont les constantes possédant des unités qui varient *par convention.*

La VVL était une théorie de la nature dans laquelle alpha variait de telle façon que la manière la plus simple de décrire cela était de choisir des unités où *c* (et peut-être aussi *e* et *h*) variait. Pour rendre cela plus clair, John Barrow et moi nous sommes livrés à un exercice intéressant dans lequel nous avons mathématiquement changé les unités de notre théorie VVL de telle sorte que *c* y soit constant. Le résultat fut une telle bouillie mathématique que nous estimions notre argument démontré. Opter pour une variation de *c* était effectivement un choix arbitraire, comme l'avait souligné le responsable de *PRD*, mais c'était le bon choix dans le cadre d'une théorie contredisant la relativité restreinte comme la nôtre.

Dans notre théorie, la relativité était en lambeaux, la symétrie de Lorentz n'était plus valable, l'invariance des lois de la physique au cours du temps était perdue, et tout une brassée de nouveautés apparaissait et constituait des prédictions de la théorie. Il paraissait rationnel, en abandonnant l'un des piliers de l'invariance de Lorentz (la constance de la vitesse de la lumière), d'utiliser un système d'unités qui rende cela manifeste. Le résultat serait ainsi une transcription plus transparente de notre théorie[1].

1. John Barrow et moi avons aussi construit d'autres théories dans lesquelles il est plus pratique d'attribuer les variations d'alpha à des variations de la charge de l'électron. Ces théories sont très différentes de la VVL, et leurs prédictions expérimentales sont aussi très différentes.

Il est amusant de noter que cette discussion avec le responsable de *PRD* me rappelait la frustration rencontrée quand j'essayais d'apprendre seul les mathématiques et la physique pour comprendre le livre d'Einstein *La signification de la relativité*. Je me souviens de mon exaspération devant la façon dont bien des livres de physique utilisent continuellement les résultats qu'ils veulent démontrer. Prenons le principe d'inertie qui affirme qu'un corps conserve une vitesse constante quand aucune force n'agit sur lui. Mais qu'est-ce qu'une vitesse constante ? Pour mesurer une vitesse, il nous faut une horloge, mais comment construire une horloge ? Là commencent les difficultés : les livres demeurent évasifs sur ce point, ou bien utilisent sans vergogne la physique qu'ils veulent démontrer (ici le principe d'inertie) pour construire une horloge. L'argument semble désespérément circulaire...

J'en étais tant agacé que je décidai de mettre les choses au clair et d'écrire moi-même un livre de physique. Ce fut un désastre : quelle que soit la manière dont j'essayais de reformuler la mécanique pour éviter les raisonnements circulaires, aucune de mes tentatives n'était irréprochable. Des assertions comme le principe de l'inertie finissaient toujours comme des tautologies, et je devais recommencer à zéro.

Mais au fait, la vitesse constante à laquelle se réfère le principe d'inertie et la vitesse constante de la lumière postulée par la relativité ont un point commun : ce sont toutes les deux des vitesses, après tout. Enfin, à la suite de la discussion avec le *referee*, je comprenais pourquoi j'avais échoué dans ma tentative de jeunesse pour écrire une physique cohérente.

Beaucoup d'assertions en physique, comme le principe d'inertie, l'uniformité du temps, ou la vitesse variable de la lumière sont effectivement, dans une certaine mesure, circulaires et ne sont en fin de compte que des définitions d'un système d'unités. Le principe d'inertie n'affirme rien de plus que l'existence d'une horloge et d'une règle pour lesquelles il est vrai. Nous ne sommes pas obligés de les utiliser, et l'affirmation ne peut pas être prouvée expérimentalement de manière non circulaire. Ce principe dit seulement que la vie est plus facile quand on utilise cette horloge et cette règle. Les lois de Newton prennent alors une forme simple, et il est possible de glaner dans toute cette construction des propositions qui, elles, ne sont *pas* circulaires et qui donnent un certain pouvoir prédictif.

Il est inévitable que certains aspects de la physique ne soient que des tautologies ou de pures définitions, mais les tautologies ne sont jamais gratuites et la théorie complète inclut un minimum de propositions qui ont une vraie signification. L'espoir est que les définitions introduites rendent plus clair le contenu réel de la théorie.

Nous avons donc ajouté à notre article une section explicitant ce point de vue, et le responsable de *PRD* retira sa critique. Ce fut l'une des nombreuses occasions où ses commentaires étaient admissibles, une occasion à laquelle nous pouvions répondre dans le cadre de la VVL. Nous avons continué à discuter de cette manière sur les détails de la théorie pendant encore six mois, et notre manuscrit doubla de volume. Il y eut plus de sept allers et retours de rapports de *referee* et de répliques des auteurs.

Rétrospectivement, je dois reconnaître que la qualité de notre article s'est considérablement améliorée au cours de cet exercice épuisant. À la fin de l'été 1998, les choses semblaient converger, lentement mais régulièrement.

Malgré tous les progrès accomplis, il y eut encore des moments pénibles. À un moment, le responsable de *PRD* vint rendre visite à l'Imperial College, et disons que ce qui commença comme une discussion scientifique polie dégénéra rapidement, à la limite de la voie de faits. Pour nous racheter, Andy et moi avons raccompagné le pauvre homme jusqu'au métro par cette belle journée ensoleillée, mais peu de mots furent alors échangés, le rédacteur boudait.

Quand à un moment il mit plusieurs mois à répondre à l'une de nos répliques, je proposai de soumettre simultanément notre article à une autre revue, ce qui est parfaitement illégal, en soutenant que s'ils nous mettaient dans l'embarras nous avions le droit de leur rendre la pareille. Andy coupa court à cette initiative en déclarant que le point crucial dans ces combats est de pas tout envoyer au diable en se plaçant de soi-même en marge.

Pour reprendre les mots éclairés d'Andy : « L'amertume est un cercle vicieux. Toute personne du sérail a probablement connu de nombreuses expériences qui auraient pu la conduire à se réfugier dans l'amertume. Réagir de manière constructive est ce qui nous maintient dans notre milieu. » Andy a souvent joué le rôle du « méchant » dans nos conflits avec les *referees*, mais il a toujours su quand s'arrêter, contrairement à moi. Je lui en suis immensément reconnaissant.

Dans la dernière ligne droite de notre longue bataille, dans la chaleur de l'été qui nous enveloppait, tout l'enthousiasme d'Andy pour la VVL lui revint et il ajouta des calculs à notre article grossissant. Peut-être la décharge d'adrénaline provoquée par le combat avec les *referees* lui donnait-elle de l'élan. Quoi qu'il en soit, nos premiers jours ensoleillés revenaient dans toute leur gloire, notre article prenait régulièrement du poids et nos idées mûrissaient. Par souci d'honnêteté et d'exactitude, je me suis senti obligé de décrire notre saison en enfer, mais je tiens à souligner fortement qu'Andy et moi sommes restés les meilleurs amis du monde toutes les années qui ont suivi. Peut-être cette relation mêlant amour et haine est-elle le creuset de toutes les idées innovantes.

Mais tandis que s'annonçait cette dernière étape et qu'Andy et moi nous nous retrouvions, un énorme obstacle se dressait : Andy allait quitter au cours de l'été la Grande-Bretagne pour une université américaine. Après coup, je me rends compte que bien des pressions différentes ont dû s'exercer sur lui jusqu'à ce qu'il reçoive finalement une offre qu'il ne pouvait refuser. C'était une perte majeure pour la cosmologie britannique, mais ce qui me mettait le plus en colère est qu'Andy adorait vraiment l'Imperial College. Et pourtant il partit.

La Grande-Bretagne possède une aptitude unique à laisser partir ses talents. On dit souvent que la raison en est l'incapacité de ses institutions scientifiques à rivaliser financièrement avec les États-Unis, mais je trouve l'excuse déplorable. En fait, la « fuite des cerveaux » britannique a des causes internes, c'est le produit d'une culture où les comptables, les juristes, les consultants, les politiciens et les crétins de la finance sont bien plus estimés que les enseignants, les médecins ou les infirmières. Il est de mauvais goût de nos jours en Grande-Bretagne de faire quoi que ce soit d'utile.

Mais peut-être devrais-je m'exprimer plus clairement. L'Imperial College, comme le savait fort bien Andy, possède sans doute le meilleur environnement scientifique du monde. Il accueille les meilleurs étudiants que j'ai rencontrés, intelligents, brillants et gais, avec qui travailler est un plaisir. Dans d'autres institutions, les étudiants sont peut-être plus forts, mais ils n'ont que les études pour remplir leur vie. Avec leurs centres d'intérêt plus divers, les étudiants sont beaucoup plus intéressants à l'Imperial College.

On y trouve aussi un remarquable assortiment de chercheurs, tant parmi les visiteurs que parmi le personnel permanent. L'Imperial College est un creuset unique du point de vue de la recherche, en grande partie du fait de son caractère éclectique : il y règne une volonté de réunir des domaines généralement jugés incompatibles, comme la théorie des cordes avec les autres approches de la gravité quantique, ou l'inflation avec les cordes cosmiques.

Étant donné tout cela, que pouvait souhaiter de mieux Andy ? Eh bien, beaucoup de choses : l'Imperial College souffre d'une mauvaise direction endémique. Ses administrateurs semblent toujours être les derniers à réaliser que quelqu'un réussit bien. Et quand ils finissent enfin par accorder à la réussite une récompense, ils la font ressembler à une faveur et beaucoup de vexations et d'humiliations y sont toujours mêlées. Il n'est pas étonnant que les chercheurs méritants s'y sentent incompris et postulent ailleurs, par exemple aux États-Unis, et en reçoivent des offres. Brusquement, les brillants dirigeants de l'Imperial College réalisent qu'ils ne peuvent pas rivaliser avec ces offres et ils commencent à se plaindre des tendances impérialistes des Américains, alors que s'ils avaient commencé par rendre les gens heureux, ils n'auraient jamais cherché ailleurs. Les dirigeants de l'Imperial College ont toujours un train de retard et je dirai qu'ils manquent plus d'imagination que d'argent.

Pour dire brutalement les choses, ils semblent se considérer comme des proxénètes scientifiques, dans un scénario où les savants joueraient les prostitués. Ces fortes expressions sont dues à un expatrié, et elles résument l'humeur qui conduisit à de nombreux départs. L'Imperial College avait perdu Neil Turok quelques années plus tôt, cet été-là il perdait Andy, et à l'heure où j'écris la même erreur est commise, cette fois envers un expert en théorie des cordes de renommée mondiale.

Mais ne soyons pas trop durs. Ces politiciens de la science ne font que suivre l'exemple d'autres bureaucrates et politiciens dans cet illustre royaume. Plutôt que récompenser leurs fantassins (ceux qui réussissent vraiment quelque chose), ils semblent obsédés par leurs nombrils et passent leur temps à fabriquer des statistiques, à mener d'énormes exercices bureaucratiques destinés à promouvoir des « règles comptables » et à interférer avec la vie des gens dans des domaines où ils ne semblent pas avoir compétence pour donner des avis.

Pour ne donner qu'un exemple, nous avons récemment dû rédiger un rapport détaillant ce que nous faisions, minute par minute, tout au long d'une semaine. Ce genre de chose perturbe considérablement le travail, mais surtout qui donc se soucie des résultats de ce genre d'exercice, coûteux en temps comme en argent[1] ?

Un autre exemple, proche de mon cœur, est cette « évaluation de la qualité de l'enseignement » que l'on nomme le TQA *(Teaching Quality Assessment)*. Le TQA est censé fournir une évaluation rigoureuse (lire : comptable) des enseignants des universités britanniques, donnant ainsi au gouvernement l'impression qu'il fait quelque chose pour l'éducation. Mais nous nous heurtons alors à une désagréable difficulté : comment évaluer un bon enseignement ? Pire encore : comment l'évaluer d'une manière intelligible par des cerveaux de bureaucrates ?

Étant donné le caractère inévitablement subjectif de la question, les officiels eurent une idée lumineuse : mesurer la qualité des rapports. Cela est parfaitement objectif : l'enseignant obtient des points en rédigeant des documents définissant ses buts, et des points en rédigeant

1. Dans mon rapport, j'ai introduit une description très imagée de chacune de mes visites aux toilettes. Personne ne m'en fit la remarque, ce qui me laisse à penser que personne n'a lu ces « exercices ».

des documents démontrant qu'ils ont été atteints. Personne ne s'inquiète de ce que le système favorise ceux qui placent la barre très bas : plus vos objectifs sont modestes et plus il est facile de les remplir.

Le TQA engendre littéralement des tonnes de documents, factices pour la plupart. Ironiquement, pour les rédiger, les enseignants doivent prendre le temps nécessaire sur celui de préparation des cours, qui sont donc moins bons. Et tout cela est finalement évalué par une bande de bureaucrates et de professeurs d'universités de troisième zone, pleins de rancune envers une éducation supérieure réussie. Et lorsque le TQA se termine, l'argent ainsi dépensé aurait permis à quelques douzaines d'Andy de rester en Grande-Bretagne. La qualité de l'enseignement s'est considérablement aggravée, mais le gouvernement est heureux : les universités suivent des règles comptables. Seuls les bureaucrates qui ont inventé tout ce fatras ne semblent pas en suivre[1].

J'aurais aimé que ce problème se limite à l'enseignement supérieur, mais non. Les instituteurs doivent *prouver* qu'ils ont apporté de la « valeur ajoutée » à leurs élèves, et pour cela ils doivent cesser de préparer leurs leçons et passer au contraire des heures à travailler sur de coûteux logiciels de statistiques fournis par le gouvernement et débiter des nombres sans signification au bénéfice d'officiels qui ne mettent jamais un pied dans une salle de classe mais qui sont considérablement mieux payés qu'un instituteur. Pendant ce temps, il devient impossible de trouver quelqu'un au cœur de Londres qui veuille devenir ensei-

1. Je me suis laissé dire que le TQA fait partie de ce traumatisme anglais relatif aux classes sociales, que les étrangers trouvent incompréhensible. Aussi étrange que cela puisse me paraître, il s'agirait d'une stratégie du gouvernement pour donner aux classes populaires le sentiment qu'elles font partie des classes moyennes, en donnant par exemple aux ex écoles techniques l'impression qu'elles sont de vraies universités. C'est du moins ce que me racontent mes collègues britanniques, qui bien sûr ne l'admettront jamais en public.

gnant. Ou infirmier. Ou d'ailleurs quoi que ce soit d'utile. Il est bien plus facile et bien mieux payé de nos jours d'être un parasite.

De rage, j'avais l'écume aux lèvres quand Andy partit et j'envisageais sérieusement de recourir à la violence, mais je dois cependant reconnaître que, vu dans cette perspective plus large, le départ d'Andy et la perte que cela représentait pour la cosmologie britannique étaient le cadet de nos soucis.

À l'approche de l'hiver, presque quatre années après cette journée maussade à Cambridge où j'avais eu ma première intuition de cette nouvelle théorie, la VVL commençait à avoir un début de respectabilité scientifique alors qu'un flot d'articles sur le sujet commençait à être accepté pour publication.

D'un côté, mon article originel avec Andy voyait sa taille augmenter et il s'approchait de plus en plus de la publication, mais il n'avait toujours pas été officiellement accepté. De l'autre, mon premier article avec John Barrow, écrit presque un an plus tard, était accepté en quelques semaines avec un rapport de *referee* très positif (c'est vraiment une loterie !). L'article de John Webb concernant ses résultats expérimentaux était chez un *referee*, et John Barrow en était l'un des auteurs. Il n'y a guère de doute que tout cela contribua à déclencher une vague d'acceptations qui recouvrit toutes les soumissions dans ce domaine, y compris l'opus d'Albrecht et Magueijo. Le combat pour Gutenberg était gagné.

Notre bébé enfin sous presse, nous décidâmes de rendre nos articles et nos idées publics. La première chose fut de placer nos articles sur le site d'archivage Internet http://xxx.arxiv.org/, régulièrement consulté par les physiciens. Puis *PRD* publia une note de pré-diffusion.

Je n'étais pas préparé à ce qui arriva ensuite. Toutes ces années, je m'étais accoutumé à l'idée que ma passion pour la VVL pourrait bien ne jamais se communiquer au reste de la communauté scientifique, sans parler du reste du monde. Je fus donc complètement surpris de voir l'idée capturer l'imagination de la grande presse qui suit les publications scientifiques. De brefs articles de journaux furent suivis par d'autres articles de journaux, puis par des articles de revues et de magazines. Je fus alors invité à donner des conférences et à parler à la radio et, pour finir, un documentaire télévisé sur la VVL fut demandé par Channel 4, une chaîne culturelle de haute tenue. Les gens n'étaient pas seulement intéressés par l'idée elle-même, mais aussi par ses origines : comment en suis-je arrivé à penser à la VVL comme alternative à la théorie de l'inflation ?

Mais presque au moment même où je baignais dans la gloire de l'acceptation, une altercation belliqueuse éclata. Imaginez mon choc quand je découvris qu'un autre physicien était passé avant nous ! À notre alunissage, un drapeau flottait déjà sur la Lune…

11
Le jour d'après

En 1992, John Moffat, physicien théoricien de l'université de Toronto, avait découvert la VVL comme alternative à l'inflation. Sa théorie différait totalement de la nôtre, mais la substance en était très voisine. Qu'il puisse exister d'autres théories VVL ne me surprenait pas : je savais depuis le début que la VVL, comme l'inflation, pouvait exister en différentes variantes, et nous en avions juste choisi une pour commencer. Ce qui me choquait, c'était que quelqu'un avait joué avant nous avec l'idée d'une variation de la vitesse de la lumière, et que personne ne l'avait remarqué.

Moffat avait écrit un article décrivant ses résultats et il l'avait soumis à *PRD*. La réaction fut similaire à celle que nous allions rencontrer quelques années plus tard, mais le résultat fut tout à fait différent : après un an de lutte avec les *referees* et le responsable, Moffat renonça ! Son article finit par paraître dans une revue secondaire dont j'ignorais l'existence. C'est pour cela que ni Andy, ni John ni moi n'en avions entendu parler[1].

1. Moffat avait bien déposé son article sur l'archive Internet dont j'ai parlé, mais à cette époque elle était beaucoup moins consultée.

Moffat remarquait maintenant « avec chagrin » que nos articles, contenant essentiellement les mêmes idées, étaient acceptés pour publication dans le journal même qui avait refusé le sien. D'un ton très blessé, il nous écrivit un courrier électronique attirant notre attention sur son article et demandant que nous le citions en référence. Il prit aussi contact avec *PRD* en demandant la suspension de la publication de notre travail, en sous-entendant même la possibilité de poursuites judiciaires pour plagiat. Il était furieux, ce qui peut se comprendre, et l'un de ses anciens étudiants en thèse que je connaissais bien, Neil Cornish, m'envoya un courrier électronique replaçant tout l'épisode dans son contexte :

« Son article fut accueilli par un silence assourdissant... Janna Levin et moi l'encouragions, mais Richard Bond[1] n'était pas du tout intéressé. Moffat considère Albrecht et Barrow comme des membres de l'establishment, et il doit penser qu'il n'est pas pris au sérieux par ces gens-là mais que son travail est pillé. Je ne dis pas que c'est ce qui s'est passé, mais c'est ainsi qu'il doit voir les choses. Je vais contacter Moffat et voir si je peux le calmer un peu. Que comptez-vous faire, Andy et toi ? »

Je savais exactement ce que j'allai faire : présenter mes excuses les plus plates à Moffat et l'embrasser comme un ami. Je sentais qu'il avait sûrement les meilleures raisons du monde d'être écœuré par les revues scientifiques. Si j'avais eu trente ans de plus et perdu mon combat pour la publication, j'aurais certainement les mêmes sentiments. Et puisque notre article en était encore au stade des épreuves d'imprimeur, nous pouvions facilement lui adjoindre une note expliquant la situation.

1. R. Bond, directeur de l'Institut canadien d'astrophysique théorique, est un grand défenseur de l'inflation.

John Moffat

Il m'était bien sûr plus facile de tendre la main en geste de conciliation que ce l'était pour John ou Andy : les diatribes anti-establishment de Moffat étaient en quelque sorte dirigées contre eux. De plus, Andy avait déjà été échaudé sur des questions de priorité, aussi adopta-t-il un ton différent du mien :

Merci d'attirer notre attention sur vos articles concernant la VVL. Comme vous l'a dit João la semaine dernière, nous allons, bien entendu, ajouter un commentaire et citer votre travail. Que nous soyons au début passés à côté de votre travail est une erreur dont je m'excuse. Je suis très surpris d'apprendre que, sans même répondre au courrier de João, vous ayez pris contact avec PRD *pour soulever des questions de copyright. Toute personne regardant les deux articles voit qu'ils sont très différents. J'ai le sentiment que nous réagissons à ce problème d'une manière parfaitement responsable, et si vous en jugez différemment, votre premier pas aurait dû être de répondre à l'invitation de João d'en discuter avec nous.*

Sincèrement, Andreas Albrecht

PS : je ne crois pas non plus que vous deviez prendre avec chagrin la publication de notre travail dans PRD. *Les referees n'étaient pas non plus enthousiastes au début quant à notre article. Nous avons travaillé longtemps et durement pour défendre sa publication. Maintenant, cela fera aussi de la publicité à vos importantes contributions.*

La note ajoutée à notre article, rédigée par Andy, était aussi quelque peu glaciale.

Les choses finirent par s'arranger, et je me liai d'amitié avec John Moffat quand je visitai Toronto quelques semaines plus tard. Nous n'avons jamais directement collaboré, mais son influence sur moi fut immense. Ironiquement, il m'enseigna à être plus conservateur : le radical m'apprenant à être moins radical ! Il me convainquit de l'importance qu'il y avait à offenser Einstein le moins possible, et j'aimais cela. Effectivement, de telles théories VVL « minimalement offensantes » étaient plus susceptibles d'applications en dehors de la cosmologie, et je voulais amorcer l'exploration de conséquences plus générales d'une variation de la vitesse de la lumière. Je commençais à penser que la cosmologie n'avait fait que fournir le berceau de cette nouvelle idée, et le temps était mûr pour qu'elle fasse ses premiers pas dans le monde. Les idées de John Moffat allaient me montrer le chemin.

Né d'une mère danoise et d'un père écossais, John Moffat fut élevé au Danemark (sauf pendant les années de guerre) et il devint physicien par un canal très inhabituel. Il ne passa jamais de diplôme universitaire mais passa sa jeunesse à pratiquer la peinture pour laquelle il avait un talent précoce. Il vécut quelque temps à Paris, étudiant avec le grand peintre russe Serge Poliakoff et perfectionnant sa technique dans l'art abstrait. Malheureusement les peintres sont souvent encore plus mal lotis que les savants et il se retrouva à Paris sans un sou. Il décida alors de suivre son autre passion, la physique.

Retournant à Copenhague, il étudia seul les mathématiques et la physique, découvrant à sa grande surprise qu'il avait un talent peu commun pour absorber rapidement de nouveaux concepts. Il fit des progrès si rapides qu'il se mit vite à travailler sur des problèmes complexes de relativité générale et de théorie unifiée des champs. Son travail attira l'attention de stars comme Niels Bohr au Danemark, Erwin Schrödinger à Dublin, Dennis Sciama, Fred Hoyle et Abdus Salam en Grande-Bretagne, et Moffat décida alors de se consacrer complètement à la physique, sans jamais abandonner complètement la peinture.

Il finit par trouver un environnement convenable, à la hauteur de sa formation atypique, dans le très particulier système britannique d'éducation. De mes années de Cambridge, je me souviens comment les règles des *colleges* étaient rédigées de manière à être violées. Tout doit être comme ci ou comme çà, toujours « selon la coutume et la tradition », et toujours « à la discrétion des *fellows* », ce qui signifiait que les règles pouvaient être renversées si un *fellow* le juge bon et si les autres *fellows* s'en accommodaient autour de quelques verres de porto. Dans cette veine, Sciama s'arrangea pour que Moffat s'inscrive en thèse sans avoir les diplômes requis, Hoyle et Salam acceptèrent d'être ses superviseurs, et l'année suivante Moffat publiait joyeusement des articles en géométrie différentielle et en relativité. Il reçut un doctorat de physique en 1958, devenant le seul étudiant de Trinity College à être ainsi inscrit sans diplôme et à terminer avec succès un doctorat.

Il devint ensuite le premier étudiant post-doctoral de Salam à l'Imperial College (où ce dernier passa une grande partie de sa vie), à l'endroit même où la VVL prit naissance près de quarante ans plus tard. Moffat émigra ensuite au Canada où il est depuis lors professeur de physique à l'université de Toronto. À notre première rencontre, en novembre 1998, il avait un net accent nord-américain et semblait parfaitement adapté à la vie canadienne. Il possédait une île perdue dans le lac Lovesick où sa femme et lui vivaient dans un isolement total le plus clair de l'année. Son ascendance écossaise se manifestait cependant encore dans les mimiques de son visage (la façon dont il bougeait la mâchoire inférieure en manière de négation), dans ses impassibles yeux gris-bleu et sa voix grave colorée par des accents douloureux.

Contrairement à l'aura populaire qui l'environnait, je découvris avec surprise que John Moffat était un physicien plutôt conservateur. Bien sûr, il avait consacré une grande part de sa vie à des théories « alternatives », mais sa principale contribution à la physique n'était rien d'autre qu'une modernisation des derniers efforts d'Einstein pour unifier toutes les forces de la nature. Il était parti du point où s'était arrêté Einstein, mais le problème est que cette voie est aujourd'hui considérée comme une fausse piste. En parlant à John pour la première fois, je fus abasourdi d'apprendre qu'il se considérait comme « le seul qui pense vraiment qu'Einstein avait raison ». C'est cette opinion, dont je souligne qu'elle ne pourrait pas être plus conservatrice, qui lui avait valu sa réputation. Si Einstein vivait encore, il serait sans doute étiqueté comme le plus fou des cinglés.

Quelques années plus tard, Moffat me dirait qu'Einstein avait été le premier à reconnaître ses talents, quand il était autodidacte à Copenhague. Pendant qu'il se battait, qu'il progressait, et qu'il développait ses propres vues sur une théorie unifiée, il correspondait avec Einstein qui fut assez impressionné par le jeune physicien pour appuyer de tout son poids le début de sa carrière. Je trouvais touchant que le penchant de Moffat pour la physique découle d'une aussi belle histoire personnelle.

Après quelques bières, nous avons beaucoup discuté de physique dans son bureau au onzième étage de la tour de la physique, à l'université de Toronto. À côté des portraits de Newton et d'Einstein qui décoraient les murs, il y en avait un de Moffat lui-même illustrant un article de journal titré « Défi à Einstein ». Le titre ne pouvait pas être plus à côté de la plaque : « Dans les pas d'Einstein » aurait mieux convenu.

Dans la lignée de cette philosophie, la VVL était pour Moffat un exercice aussi sobre que possible. Il avait fait de son mieux pour éviter un conflit avec la relativité et son concept central, l'invariance de Lorentz. Son approche de 1992 était réellement très ingénieuse de ce point de vue, mais ceci est une autre histoire. En 1998, lors de notre rencontre, John était toujours actif dans ce domaine et il était sur le point de proposer une version plus simple et plus claire de sa théorie VVL. Le principe qui le guidait était de préserver les piliers de la relativité d'Einstein : la nature relative du mouvement et la constance de la vitesse de la lumière. Mais comment avoir une vitesse variable de la lumière sans entrer en conflit avec le second de ces principes ? Il semblait y avoir une insurmontable contradiction logique.

L'approche astucieuse de John allait droit au cœur de la question en demandant ce que signifiait vraiment la constance de la vitesse de la lumière. Comme je le disais, cela signifie que la vitesse de la lumière ne dépend pas de sa couleur, de la vitesse de la source ou de celle de l'observateur, ni de quand elle est émise ou observée. Mais que signifie « lumière » dans cette déclaration ? Dans la formulation initiale d'Einstein, il s'agissait bien de l'objet que vous appelez lumière, non seulement la lumière visible mais toutes les autres formes de rayonnement électromagnétique comme les ondes radio, les ondes courtes ou le rayonnement infrarouge. Toutes ces formes sont strictement identiques à la lumière visible, à ceci près que leur couleur ou leur fréquence se situe en dehors de la bande étroite que nous appelons « visible » car c'est la seule à laquelle nos yeux sont sensibles.

La lumière est formée de particules que l'on appelle les photons, et qui se déplacent naturellement à la vitesse de la lumière. Selon le second postulat de la relativité, cette vitesse est la même pour tous les observateurs : une vache folle courant derrière un photon le voit aussi se déplacer à la vitesse de la lumière. Il est de même impossible de ralentir un photon et de l'arrêter : une boîte de photons n'a aucun sens, les photons n'existent que parce qu'ils se déplacent. D'une certaine façon, ils sont du mouvement pur, incapables d'être au repos. C'est pour cette raison qu'on dit que les photons ont une énergie ou une masse nulle au repos : les photons n'ont pas de masse.

Mais ici se cache une subtilité. Quand, en relativité, on parle de la vitesse de la lumière, on parle en réalité de la vitesse de toute particule de masse nulle, pas des seuls photons. Quand Einstein proposa la théorie de la relativité restreinte, les photons étaient les seules particules de masse nulle, mais d'autres ont depuis été découvertes, les neutrinos par exemple[1]. La gravité elle-même en est un autre exemple, comme Einstein le découvrit quelques années plus tard. Les particules responsables de la gravité s'appellent des gravitons et la relativité générale prévoit la possibilité de générer une « lumière gravitationnelle » de différentes couleurs, correspondant à des gravitons de fréquences ou d'énergies différentes. Le graviton est une particule de gravité au même titre que le photon est une particule de lumière. Le second postulat de la relati-

1. Au moment où j'écris, ce point devient controversé car les indications expérimentales d'une masse non nulle pour les neutrinos se multiplient.

vité semble impliquer que le graviton et le photon voyagent à la même vitesse (constante) *c*.

La constatation étonnante de Moffat était que cette dernière affirmation est plus forte qu'il n'est nécessaire, et qu'elle n'est pas vraiment indispensable pour satisfaire les principes de la relativité. Il est possible de préserver les principes de l'invariance de Lorentz, et donc la relativité restreinte, même si les différentes particules de masse nulle voyagent à des vitesses différentes. Chaque type de particules aurait alors sa propre réalisation de la relativité restreinte, mais avec une « vitesse de la lumière » différente dans chaque secteur. Pour être aussi minimaliste (et conservateur) que possible, Moffat divisa les particules de masse nulle en deux groupes, la matière et la gravité. La distinction vient de la relativité générale qui considère la gravité comme purement géométrique. Le graviton est lié à la courbure et, puisqu'il affecte la structure de l'espace-temps, il est raisonnable de le placer dans une catégorie différente des autres particules de masse nulle.

Moffat proposa alors que la vitesse du graviton soit différente de celle du photon (et des autres particules de matière de masse nulle), et que le rapport entre les deux soit commandé par un champ possédant une dynamique propre et évoluant au cours de l'expansion de l'Univers. Nous aurions alors une vitesse variable de la lumière sur des échelles de temps cosmologiques, en la comparant à la vitesse du graviton. De cette manière fascinante, Moffat réalisait une VVL sans insulter ni blesser Einstein [1].

C'était très intelligent, et très révélateur de la personnalité de John Moffat. En comparaison, Andy et moi avions été d'une totale désinvol-

1. Moffat développa cette idée en collaboration avec Michael Clayton, et une théorie semblable fut indépendamment proposée par Ian Drummond à Cambridge.

ture avec la relativité : Eh ! Quelle importance ? C'est juste Einstein qu'on jette par la fenêtre… Mais j'étais fortement impressionné par l'approche suivie par Moffat, et quelques mois plus tard je devais chercher ma propre version d'une théorie VVL invariante de Lorentz.

Même ainsi, dans mes premières conversations avec John, j'eus l'impression que la VVL n'était qu'un à-côté de son centre d'intérêt, sa version de la théorie unificatrice d'Einstein. Il pensait que la VVL ne pouvait pas être « la vérité » et qu'elle n'était qu'une façon de rafistoler la cosmologie du big-bang, même si c'était mieux que l'inflation. Il méprisait cette dernière, mais il ne pensait pas non plus que la VVL avait une importance fondamentale : il la voyait comme un remède de bonne femme. Il changea plus tard d'avis, mais cette première opinion m'aida à comprendre pourquoi il avait abandonné sa bataille pour publier son article, là où Andy et moi avions persévéré. Mais ceci est quelque peu injuste : Andy et moi étions deux, alors que Moffat était seul, et je suis certain que cela fait une différence considérable.

Les relations plutôt compliquées de John avec certaines revues scientifiques ont sans doute aussi joué un rôle. Il faut dire qu'il se trouve en bonne compagnie dans sa haine pour les revues et leurs particularités. De nombreux savants célèbres ont à l'occasion été rejetés par un journal ou un autre. Einstein est sans doute un exemple inattendu, mais considérez l'incident suivant : à la fin des années 1930, Einstein et Rosen écrivirent un article capital sur les ondes gravitationnelles, et ils le soumirent à *Physical Review.* Un rapport de quatre pages leur revint, rejetant leur article. Selon Rosen, Einstein était si furieux qu'il déchira le rapport en confettis, jeta les débris à la poubelle, à laquelle il flanqua un coup de pied, avant de hurler et de maudire pendant la demi-heure suivante. Il jura également de ne plus jamais soumettre d'article à la *Physical Review*, et apparemment il tint parole[1].

En parlant à John Moffat en compagnie de quelques bières, je partageais ses vues sur les revues scientifiques. Quelques années plus tard, je devais écrire un article damnable intitulé « La mort des revues scientifiques », bizarrement sollicité par une conférence majeure d'éditeurs. Je commençais par y décrire à quel point la publication scientifique était devenue frauduleuse. Les rapports des *referees* sont souvent vides de contenu scientifique et ne reflètent rien d'autre que le standing social de l'auteur ou leurs bonnes ou mauvaises relations avec le *referee*. Les savants mûrs ornant la liste des auteurs n'ont souvent rien apporté d'autre à l'article que leurs identités illustres, procédé qui accélère grandement le processus. Pour couronner le tout, les responsables des revues peuvent être complètement illettrés (pour rendre hommage au responsable de *PRD*, je dois dire qu'Andy et moi avons eu beaucoup de chance de ce point de vue).

J'expliquais ensuite pourquoi les gens se donnaient malgré tout la peine de soumettre leurs articles aux revues scientifiques : ils n'ont pas le choix. L'establishment est ainsi conçu que la liste officielle de publications d'un chercheur ne tient compte que des articles publiés dans des revues à *referees*, une exigence totalement artificielle. En conséquence, je ne publie mes articles que dans ces revues mais je considère ce processus avec cynisme, comme une tâche analogue à tirer la chasse d'eau ou descendre les poubelles. Mais c'est une entreprise instable qui contient les germes de sa propre destruction. Les jeunes les plus hostiles à l'encontre des revues que je connais approchent maintenant de la

1. C'est Moffat qui m'a raconté cette histoire, qu'il tenait de Rosen. L'amusant de l'histoire, c'est que, selon Rosen, le *referee* avait un argument valable.

maturité, et ils n'ont pas changé d'avis sur la question. Pour cette seule raison, l'avenir n'est pas rose pour les éditeurs de revues scientifiques.

Mais le plus important est qu'Internet a tout changé car il a créé une situation permettant de court-circuiter complètement les revues. J'ai déjà mentionné à plusieurs reprises que les physiciens ont commencé à déposer leurs articles sur les serveurs d'archives en même temps qu'ils les soumettent à une revue. La situation est maintenant telle que plus personne ne lit les revues, car les archives électroniques les ont remplacées. J'aurais pu en 1992 manquer l'article de Moffat sur Internet, mais aujourd'hui, chaque matin avant de me mettre au travail, je regarde les nouvelles arrivées sur les archives. Et quand j'ai besoin d'une référence, je déniche l'article en question sur le serveur, je l'affiche sur mon écran d'ordinateur, et voilà. Il y a une éternité que je n'ai pas lu une revue, et plus longtemps encore que je n'ai pas mis les pieds dans une bibliothèque pour en consulter une. Les revues sont un anachronisme, et elles sont effectivement en train de disparaître.

Certains regrettent cette évolution, estimant que les archives sur Internet n'assurent aucun contrôle de la qualité. C'est vrai, mais je soutiens que le processus des *referees* associé aux revues actuelles n'assure pas non plus de réel contrôle de qualité. Et de toute manière, nous n'en avons pas besoin, tout le monde devrait savoir quels articles méritent d'être lus sans filtrage préalable. Un autre argument soulevé est que ces archives détruisent notre concept chéri de copyright. C'est à nouveau juste, mais la présence de l'auteur senior dans la plupart des articles n'est-elle pas déjà une insulte au copyright ? Et dans les rares occasions où quelqu'un a commis un plagiat en utilisant les archives Internet, l'affaire s'est mal terminée pour la personne, devenue la risée de toute la communauté.

Dans mon article, je poursuivais en soutenant, de façon provocatrice, que cela pourrait se diffuser à toutes les formes de publications. Un jour sans doute, les livres seront-ils tous basés sur l'Internet, devenant organiques, évoluant continuellement, copiables et partie intégrante d'un environnement partagé par tous. Cela semble utopique, et ça l'est sûrement dans les détails. Mais quoi qu'il arrive dans le futur, je ne crois pas que le texte imprimé tel que nous le connaissons survivra à la révolution de l'ordinateur. Nous devons admettre cette réalité que, d'une façon ou une autre, la galaxie Gutenberg est morte.

Les deux années suivantes, je continuai à travailler sur la VVL, pas à plein temps mais presque à mi-temps. Je pense qu'il n'est amusant de développer des idées radicales qu'en adoucissant sa vie scientifique avec quelques idées « normales ». Quel que soit votre sujet, il arrive inévitablement des moments où vous êtes bloqués et, en quelque sorte, osciller entre la physique des « boulevards » et celle des « petites rues » est un parfait stimulant pour purifier votre esprit. Je devins donc une sorte de personnage à la Docteur Jekyll & Mister Hyde, en ne montrant à mes étudiants que le côté Dr. Jekyll : c'est une chose de risquer sa propre carrière avec des idées loufoques, c'en est une autre de ruiner celle d'un autre. Naturellement, le côté Hyde ressortait souvent après quelques bières, au grand amusement des étudiants.

Parlant de carrière, j'héritai en 1999 du job d'Andy à l'Imperial College. Il me fut très difficile d'abandonner la liberté associée à ma bourse de la Royal Society, mais il n'en demeure pas moins qu'un poste permanent est un virage décisif dans une carrière scientifique, celui qui vous assure la sécurité ultime. Bien sûr cela impliquait des tâches d'enseignement, mais cela m'avait beaucoup plu[1]. Ou plus exactement le zoo très particulier rassemblant les étudiants de l'Imperial College avait rendu cet enseignement très plaisant. Durant tout le temps passé à l'Imperial College, il n'y eut qu'un seul étudiant avec qui le courant ne soit pas passé, et il avait perdu toutes ses illusions à Cambridge. Si seulement les dirigeants de l'Imperial College ressemblaient plus à leurs étudiants.

L'enseignement ne prit pas le pas sur la recherche, et la VVL fut florissante au cours de ces deux années. J'effectuai ces travaux soit seul soit en collaboration avec John Barrow. Andy quitta le navire à ce moment, sans autre raison que son souhait de faire autre chose. Le départ d'Andy renforça mes relations avec John. À la différence de la plupart des seniors, John effectue lui-même les calculs pénibles aux côtés de ses collaborateurs, qu'ils soient ses pairs ou ses étudiants. Il est également très rapide, ce qui est d'autant plus remarquable qu'il mène une prenante activité de vulgarisation de la science, en donnant des conférences et en écrivant un livre par an… Où trouve-t-il le temps ?

J'étais tellement impressionné par sa production prolifique que lorsque la Royal Society m'envoya un formulaire pour proposer une nomination au Prix Faraday, décerné pour la meilleure œuvre de vulgarisation, je le mis en compétition. Je louai les nombreux succès de vulgarisation de John, mais je dis également de manière très claire que je pensais John meilleur que bien d'autres écrivains scientifiques parce qu'il faisait encore de la science. Dans ma demande, je montrai donc en grand détail qu'il ne craignait pas de se salir les mains avec ses collaborateurs plus jeunes. Je soutenais que c'était la marque d'un vrai savant et que cela justifiait d'autant plus que son travail de vulgarisation soit récompensé.

1. À part le fait de faire un cours dans un amphithéâtre plein d'une centaine d'étudiants : l'élevage en batterie des poulets s'impose à l'esprit.

Après avoir proposé sa candidature deux années de suite, je fus très déçu que John ne reçoive pas le prix, mais je finis par comprendre pourquoi. Quel manque de tact d'avoir souligné le manque d'impuissance scientifique de John ! Mes commentaires ont dû offenser tout le jury du prix [1].

Dans l'ensemble, ce furent des années heureuses et peut-être la période la plus productive de ma vie. Mais elles furent ternies par un gros nuage noir. Pendant l'été 1999, Kim décida d'abandonner la science dans une circonstance qui m'accabla beaucoup. Elle avait alors un poste temporaire de recherche à l'université de Durham et il lui restait une année à accomplir. Mais les choses allèrent si mal qu'elle en démissionna et elle accepta un emploi de professeur de lycée à Londres.

Il y a des moments en recherche où rien ne va, et où la seule chose à faire est de trancher dans le vif, de changer de thème de recherche, de trouver de nouveaux collaborateurs, de nouveaux projets... Il faut changer de peau comme un serpent pour survivre. Kim traversait l'une de ces périodes dramatiques et, en temps normal, elle aurait simplement changé radicalement de thème de recherche. Mais les choses prirent un cours différent car les chercheurs seniors de Durham, qui auraient dû se soucier d'elle, décidèrent de mettre leur veto aux changements qu'elle souhaitait.

Cette vicissitude devait forger pour toujours ma vision de la nature de la science. J'en conclus au moins que la physique ne ressemblait pas au football, où il est efficace d'avoir deux catégories de personnes, les joueurs et les entraîneurs. En science, les entraîneurs doivent aussi être

1. La première fois que j'eus à écrire une lettre de recommandation pour l'un de mes doctorants, j'envoyai le brouillon à Andy, qui fit irruption dans mon bureau en hurlant : « Bordel, João, tu ne peux pas insulter l'establishment dans une lettre de recommandation ! »

de bons joueurs, sans quoi ils se sentent menacés par le talent et s'efforcent de l'éliminer. C'est exactement ce qui arrivait à Kim pendant ce sombre été. Ce n'était pas un incident isolé. Quelques mois plus tôt, un brillant doctorant était parti pour des raisons voisines. Tous deux ont quitté la recherche parce qu'ils étaient loin en avance sur les seniors, et cela causa de la rancœur.

D'être une femme n'a certes pas aidé Kim. Comme elle me le disait :

Ils ne s'opposent pas au changement de sujet en tant que tel, mais au fait que ce changement me conduira à passer du temps à Londres. Ils soutiennent que ma motivation réelle est de me rapprocher de toi et que la science n'est qu'un prétexte. C'est là où je trouve qu'ils sont sexistes : j'ai partagé mon bureau avec un chercheur dans la même situation, à qui on a permis de s'absenter de Durham pendant de longues périodes. Ce sont les mêmes personnes qui ont estimé que, dans son *cas, il se déplaçait bien entendu pour de seuls motifs scientifiques, et que ce n'était qu'une heureuse coïncidence si sa petite amie se trouvait habiter la ville où il se rendait si souvent.*

La Grande-Bretagne est obsédée par le « politiquement correct », dans ce qui est considéré comme un langage acceptable, dans la distinction entre plaisanteries de « bon » ou de « mauvais » goût, dans le comportement et les attitudes des gens, bref dans tout ce qui est inessentiel et superficiel. De ce point de vue, je suis le parangon du « cochon de mâle chauvin » et je m'en targue. Je ferai juste remarquer que ce « politiquement correct » dans le langage et les manières permet à des gens avec de graves préjugés xénophobes, racistes aussi bien que sexistes de passer pour d'authentiques champions de la cause des femmes : il leur suffit de scander leur discours d'expressions « il ou elle ». Dans les coulisses, là où se prennent les vraies décisions, ils continuent d'être les misogynes couards qu'ils ont toujours été.

Dans ce domaine comme dans bien d'autres, Cambridge est le théâtre de nombre d'anecdotes croustillantes. Je me souviens d'une conférence destinée à promouvoir la place des femmes en physique, et au cours de laquelle les hommes présents étaient tellement excités par leurs propres contributions au sujet qu'ils ne laissaient la parole à aucune des femmes. Je me souviens aussi avec une tendresse particulière de l'un de ces champions si prompt à placer des « il ou elle » dans ses interventions, mais qui n'avait pas découvert que lorsqu'on regarde fixement les seins d'une femme, elle s'en rend compte. Étant donnée la nature de ses regards, je n'étais pas surpris que les femmes ne les trouvent pas flatteurs. J'étais un jour occupé à discuter avec ce type d'une subtilité de la relativité lorsque Kim passa devant nous. À son habitude, son regard s'accrocha à ses fesses. Je sortais déjà avec Kim, aussi mon côté latin s'insurgea et je dis : « Pas mal, non ? » Inutile de dire qu'il m'évita ensuite comme la peste.

Le départ de Kim de la science joua un rôle crucial pour moi au cours de ces années où s'édifiait la VVL. Je sollicitai beaucoup moins l'establishment, et certaines des opinions extrêmes formulées dans ce livre se sont formées à cette époque. Les développements de la VVL doivent beaucoup à un besoin physique d'insulter l'hypocrisie et la corruption de l'establishment scientifique.

Cette colère et cette énergie étaient ce dont j'avais besoin. La VVL décolla vraiment. Et la vue du haut des nuages était si colorée que je dois admettre, malgré tout, que ces deux années furent joyeuses.

Mon travail sur la VVL au cours de ces deux années reflète surtout l'influence de John Moffat dans mon effort pour réconcilier la VVL et la relativité. Non que je craigne de contredire la relativité, mais j'étais séduit par la plus grande facilité d'étendre ces théories

« conservatrices » en dehors de la cosmologie. J'étais prêt à élargir mes centres d'intérêt, et c'était très difficile dans le cadre de la théorie qu'Andy et moi avions formulée. Au début, cela ne nous gênait pas car nous voulions juste trouver une rivale à la théorie de l'inflation, et celle-ci n'avait rien à dire hors de la cosmologie. Mais mes objectifs étaient maintenant plus ambitieux, je voulais que la VVL dépasse l'inflation en prédisant quelque chose qui concerne la physique de l'Univers actuel plutôt qu'un bref épisode de l'Univers primordial.

Je commençais donc une entreprise qui continue encore aujourd'hui : convertir la VVL d'une théorie isolée en une large classe de modèles. Tant que l'expérience ne nous indique pas lequel de ces modèles est vrai, nous devons jouer avec tous. Il y a, de la même manière, des centaines de modèles d'inflation, et cet état de choses va durer aussi longtemps que l'un d'eux n'est pas vérifié de manière concluante.

Je finis par produire ma propre version d'une théorie VVL invariante de Lorentz, ce qui n'avait rien d'évident. Mes efforts aboutirent cependant et conduisirent à un éventail étonnant de prédictions.

Comme Moffat l'avait fait, j'examinai de très près les notes en petits caractères du second postulat de la relativité pour chercher d'autres voies vers une théorie VVL invariante de Lorentz. Je me souvins alors d'une discussion qu'Andy et moi avions eue avec ce responsable de *PRD* qui avait intelligemment demandé si une variation de *c* pouvait être un phénomène observable. Il avait remarqué qu'en changeant par exemple la façon de mesurer le temps (les « unités » de temps) on pouvait toujours rendre (ou non) variable la vitesse de la lumière, et que si un résultat dépend du choix des unités, il ne peut clairement pas représenter un aspect intrinsèque de la réalité.

Le responsable de *PRD* avait employé cet argument pour attaquer l'idée d'une variation de la vitesse de la lumière, mais j'avais ensuite réalisé que l'argument pouvait être retourné pour attaquer de la même façon la constance de la vitesse de la lumière. De ce point de vue, il paraissait que postuler cette constance n'était qu'une convention, une définition de l'unité de temps qui assure alors la vérité du postulat. Le célèbre postulat d'Einstein n'était-il qu'une tautologie ?

La réponse est à la fois oui et non. Je me rendis vite compte que *certains* aspects de ce postulat dépendent des unités choisies, mais d'autres non. Les vaches d'Einstein ont effectué une expérience réelle (ou plus exactement Michelson et Morley l'ont fait) et le second postulat ne peut donc pas être tout à fait creux. De fait, si je dis que la vitesse de la lumière ne dépend pas de sa couleur, la véracité de cette affirmation ne dépend pas d'un choix d'unité. Si je prends deux rayons lumineux de couleurs différentes, que je mesure leurs vitesses au même endroit, avec les mêmes règles et les mêmes horloges, et que je calcule le rapport de ces vitesses, je trouverai toujours 1 quelles que soient mes unités. Le rapport de deux vitesses n'a pas d'unité, comme pi (rapport de deux longueurs), et il ne dépend donc pas du choix des horloges ou des règles. Par conséquent, face à l'argument destructeur du responsable de *PRD*, cet aspect du second postulat de la relativité est inattaquable[1].

D'autres aspects sont effectivement des tautologies ou des conventions. Affirmer que la vitesse de la lumière est identique en des temps ou en des lieux différents repose précisément sur un choix d'horloges : comment puis-je être sûr que leur tic-tac se fait bien partout et

1. La théorie VVL de Moffat jouit aussi de la même immunité puisqu'elle dit que le *rapport* des vitesses des photons et des gravitons varie au cours du temps.

toujours au même rythme ? Un tel « fait » ne peut être qu'une définition, un tacite agrément entre physiciens. Plus concrètement, dans le cadre de théories où alpha varie, les horloges électroniques sont comme la pendule de grand-père, elles battent la mesure d'une manière légèrement différente sur la Terre et sur la Lune. En affirmant que la vitesse de la lumière est la même en tout lieu et en tout temps, nous commettons la même erreur qu'en emmenant la pendule de grand-père dans un vaisseau spatial.

Je compris donc que si une partie du second postulat d'Einstein avait une signification physique, le reste n'en avait pas et ne pouvait refléter le résultat d'une quelconque expérience. Je décidais alors de conserver la partie essentielle et d'abandonner le reste, ce qui me laissait assez de place pour que la vitesse de la lumière puisse varier dans l'espace ou le temps. Le résultat était une théorie VVL invariante de Lorentz, dans laquelle en tout point donné de l'espace-temps la vitesse de la lumière ne dépendait ni de sa couleur, ni de sa direction, ni de la vitesse de la source ni de celle de l'observateur. Le résultat d'une expérience de Michelson et Morley demeurait le même qu'en relativité restreinte et la valeur de c en un point donné représentait encore la limite *locale* de vitesse. Par contre, la valeur de cette limite pouvait varier d'un lieu à l'autre ou d'une époque à l'autre. Ces caractéristiques ne sont pas valables pour tous les parfums de la VVL, mais je décidais de m'en tenir à la version « vanille simple » pour un temps.

Ces deux années heureusement sans complications passées à jouer avec cette version « conservatrice » furent essentielles pour ma confiance en moi. Je fus enfin capable de formuler la VVL en utilisant un principe de moindre action : Maupertuis était de retour. Mais le plus important est que je pouvais appliquer la VVL à d'autres branches de la physique que la cosmologie. Cela conduisit à une explosion de prédictions et de traits intéressants qui stimulèrent plus encore mon enthousiasme pour mon jouet[1].

Explorant la physique des trous noirs dans la VVL, je rencontrai par exemple nombre de surprises. Les trous noirs sont une prédiction étonnante de la relativité générale : ce sont des objets si massifs et compacts que la lumière ne peut pas en sortir, ni rien d'autre. Comme les autres objets, la lumière en relativité « tombe » vers les corps massifs à proximité. Une fusée aux moteurs éteints retombe vers la Terre, et la lumière fait de même. Les fusées ont une « vitesse de libération » au-dessus de laquelle elles peuvent échapper à l'influence de la Terre, et en dessous de laquelle elles resteront éternellement à son voisinage, confinées par son attraction. La vitesse de libération d'un trou noir dépasse la vitesse de la lumière !

Soyons plus précis. La vitesse de libération dépend de deux choses : la masse de l'objet qui vous attire et la distance à laquelle vous en êtes. Le premier point est évident : il faut une poussée plus importante pour quitter Jupiter que pour la Terre. Mais si une fusée est déjà en orbite autour de la Terre, il suffit pour la faire partir d'une poussée plus faible que si elle se trouvait encore à la surface. Une définition plus rigoureuse d'un trou noir est qu'il s'agit d'un objet pour qui existe une distance en dessous de laquelle la vitesse de libération dépasse c. Comme rien ne peut aller plus vite que la lumière, si vous êtes en dessous de cette distance, vous êtes coincé pour de bon.

Les trous noirs doivent pour cela être massifs et compacts, de sorte que la distance de non-retour se trouve au-dessus de leur surface et non

1. Je dois préciser que plusieurs de ces découvertes sont particulières aux théories VVL invariantes de Lorentz et ne sont pas correctes dans d'autres approches.

enfouie à l'intérieur. La région où la vitesse de libération atteint la vitesse de la lumière est appelée « horizon » du trou noir. Comme son cousin cosmologique, cet horizon définit une surface au-delà de laquelle gît l'inconnu, puisque rien ne peut venir de l'intérieur pour nous dire ce qui s'y passe. L'intérieur d'un trou noir est coupé de nous en permanence.

Un trou noir est noir car, même si la matière à l'intérieur rayonne, la lumière revient sur le trou noir comme un feu d'artifice retombe sur Terre. Nous ne pouvons donc pas espérer voir directement un trou noir. Tout ce que nous pouvons espérer voir ce sont des vaisseaux spatiaux approcher de l'horizon, freiner comme des fous tandis que leurs équipages envoient des SOS frénétiques puis un soudain silence… Non que leur équipement soit en panne mais parce que leurs appels au secours sont maintenant engloutis avec eux dans leur chute incontrôlable vers le trou noir vorace.

Que peut faire une variation de *c* dans tout cela ? Je découvris rapidement que, dans les théories VVL, la vitesse de la lumière ne varie pas seulement dans le temps, mais aussi dans l'espace. L'effet est presque imperceptible à proximité des étoiles ou des planètes, mais il devient extraordinaire près d'un trou noir. À ma grande horreur, mes équations conduisaient inexorablement à la conclusion qu'en approchant de l'horizon, la vitesse de la lumière tendait vers zéro !

Les conséquences en sont fantastiques. Certaines théories VVL prédisent que vous ne pouvez pas pénétrer l'horizon d'un trou noir. Dans la VVL conservatrice comme dans la relativité restreinte, la vitesse de la lumière est toujours la limite de vitesse, elle peut juste changer d'une route à l'autre. Votre vitesse doit toujours être inférieure à la vitesse locale de *c*, et si la limite de vitesse tombe à zéro, vous venez de rencontrer le feu rouge absolu. Vous *devez* vous arrêter à l'horizon d'un trou noir. Au bord du précipice, votre tentative de suicide est rendue impossible. Les trous noirs sont verrouillés contre le désastre.

Une autre manière de présenter les choses est de remarquer que les montres à quartz rencontrent de grandes irrégularités, selon la VVL, à proximité d'un trou noir. De quelque manière que l'on définisse le temps, ces horloges marquent différemment le temps près du trou noir. Les processus biologiques sont eux-mêmes de nature électromagnétique, et donc la rapidité avec laquelle nous vieillissons est une excellente horloge électronique. Je trouvai que nous vieillirions beaucoup plus vite près d'un trou noir, non pas à cause de la dilatation einsteinienne du temps, mais parce que les interactions électromagnétiques iraient beaucoup plus vite. Près d'un trou noir VVL, nos battements cardiaques s'accéléreraient et nous vieillirions plus vite. Ou, inversement, nous verrions notre mouvement vers le trou noir ralentir, en le mesurant au rythme de notre vie. En approchant, une éternité s'écoulerait (mesurée par notre horloge interne) là où une seconde à peine serait passée si *c* était resté constant. L'horizon d'un trou noir VVL est un objectif situé à l'infini, une frontière inaccessible de l'espace au-delà de laquelle se situe un curieux écrin d'éternité.

Je trouvais déjà cela baroque, mais cette théorie VVL « conservatrice » me réservait des conséquences encore plus étonnantes. Ayant compris que *c* pouvait varier dans l'espace aussi bien que dans le temps, je me mis à rechercher d'autres variations spatiales possibles. L'une d'elles était alléchante : les « autoroutes ». Il s'agit d'objets possibles dans certaines théories VVL des champs, des cordes cosmiques le long desquelles la vitesse de la lumière est beaucoup plus grande.

Les cordes cosmiques sont des objets, hypothétiques, prédits dans certaines théories de physique des particules. Leur origine est assez voisine de celle des monopoles magnétiques qui ennuyaient tant Guth. Seulement, à la différence des monopoles qui sont ponctuels, les cordes cosmiques sont linéaires. Ce sont de longues et minces concentrations d'énergie qui sillonnent l'Univers. Pour le moment, ces cordes cosmiques, comme les trous noirs ou les monopoles, n'ont pas été observées, mais il s'agit d'une prédiction logique de théories de physique des particules qui rencontrent de très grands succès.

En intégrant ces cordes cosmiques aux équations de cette théorie VVL, un monstre en sortit. La vitesse de la lumière pouvait devenir beaucoup plus grande à proximité immédiate de la corde, comme si une enveloppe de vitesse rapide de la lumière l'entourait.

Cela créerait un couloir avec une limite de vitesse extrêmement élevée traversant l'Univers. C'est exactement ce dont rêve le voyage spatial : une autoroute. Mieux encore ! Souvenez-vous de mes vaches folles et leur éternelle jeunesse quand elles se déplaçaient à des vitesses vertigineuses alors que l'éleveur raisonnable vieillissait de jour en jour. La dilatation einsteinienne du temps crée une fâcheuse situation pour le voyage spatial. Même s'il devenait possible de voyager à une vitesse proche de celle de la lumière, et de pouvoir ainsi effectuer un aller-retour vers de lointaines étoiles en une vie terrestre, au retour les voyageurs trouveraient leur civilisation disparue. Les quelques années de voyage pour les passagers correspondraient à des millénaires sur Terre.

Pas de tels soucis le long d'une corde cosmique avec la VVL. L'effet de dilatation du temps existe toujours, puisque la théorie satisfait l'invariance de Lorentz, mais tout comme en relativité restreinte, cet effet ne devient important que lorsque le voyageur se déplace à une vitesse proche de celle de la lumière, qui est ici la valeur *locale* de *c*. Comme celle-ci est beaucoup plus grande à proximité de la corde, il demeure possible de voyager à des vitesses considérables tout en restant très en dessous de la valeur locale de *c*, et la dilatation temporelle demeure alors négligeable. L'astronaute entreprenant peut alors emprunter une de ces « autoroutes » pour explorer les coins les plus éloignés de l'Univers tout en se déplaçant beaucoup moins vite que la vitesse locale de la lumière. Il éviterait ainsi le paradoxe des jumeaux de Langevin et aurait presque le même âge à son départ et à son retour. Il pourrait non seulement visiter les galaxies lointaines au cours de sa vie, mais aussi en revenir au cours de la vie de ses contemporains.

C'est une conséquence ensorcelante de la VVL et, si elle est vraie, elle changera complètement notre perception de notre place dans l'Univers et nos perspectives de contact avec une vie extra-terrestre. Mais la conséquence la plus spectaculaire porte sur l'image d'ensemble de l'Univers associée à ces théories.

Einstein avait introduit la constante cosmologique pour rendre l'Univers statique et éternel. Comme beaucoup de savants, à cette époque comme par la suite, il était profondément troublé par l'idée d'un Univers avec une naissance bien définie (même si c'était il y a des milliards d'années). Après tout, que s'était-il passé avant le big-bang, qu'est-ce qui avait fait « boum » ? Cela a-t-il un sens de parler du commencement du temps lui-même ? Pour Einstein comme pour beaucoup d'autres, un Univers éternel avait bien plus de sens du point de vue philosophique.

Mais l'Univers statique ne put littéralement pas résister aux observations de Hubble, et Einstein devait répudier l'outil employé pour aboutir à ses fins : la constante cosmologique. Au cours des décennies suivantes, seul le fait de prendre ses désirs pour des réalités laissa Lambda à l'écart de la plupart des spéculations cosmologiques. Einstein et ses pairs n'imaginaient pas par quels parcours tortueux Lambda reviendrait sur la scène de la cosmologie à la fin du XXe siècle.

L'inflation fut le cadre de l'un de ces retours, mais d'autres surprises étaient en réserve. Depuis l'annonce de l'expansion cosmique par Hubble, des observations astronomiques similaires avaient été exécutées avec une précision sans cesse accrue. Au cours des dernières années, les astronomes ont ainsi étudié les supernovae de galaxies lointaines dans l'espoir de découvrir à quelle vitesse se dilatait l'Univers dans le passé. L'objectif était de mesurer le rythme du ralentissement que devait entraîner l'attraction gravitationnelle de la matière.

Le résultat parut tout à fait paradoxal : l'Univers semble se dilater plus vite aujourd'hui que dans le passé ; l'expansion cosmique accélère ! Cela n'est possible que si une mystérieuse force répulsive écarte les galaxies en s'opposant à la tendance naturelle de la gravité de les rapprocher. L'idée d'une telle force est bien sûr très familière aux théoriciens : la constante cosmologique d'Einstein, Lambda, relève encore la tête.

C'est une péripétie inattendue : Lambda ne semble pas être nul. Mais si l'énergie du vide est une composante significative de l'Univers, pourquoi commence-t-il seulement à en ressentir les effets ? Comme nous l'avons vu, Lambda a une tendance dominatrice, et si elle existe, il y a bien longtemps qu'elle aurait dû l'emporter sur la matière ordinaire, expédiant toutes les galaxies à l'infini. Pourquoi donc l'Univers est-il toujours ici ?

La VVL apporte une solution possible. Nous avons vu qu'une diminution brutale de *c* transférait l'énergie du vide vers la matière ordinaire et résolvait le problème de la constante cosmologique. Il est maintenant possible que le dragon se morde la queue, en construisant une théorie dynamique où la constante cosmologique soit elle-même responsable du changement de la vitesse de la lumière. Dans ce cas, chaque fois que la vitesse de la lumière diminue brutalement, Lambda est convertie en matière et un big-bang survient. Dès que Lambda cesse de dominer, la vitesse de la lumière se stabilise et l'Univers évolue comme d'habitude. Cependant un petit résidu de constante cosmologique demeure en arrière-plan, et il finit tôt ou tard par revenir au premier plan. Selon la VVL, les astronomes viennent juste d'observer la réémergence de la constante cosmologique.

Mais dès que cela arrive, Lambda se met rapidement à dominer l'Univers, ce qui crée les conditions d'une nouvelle décroissance brutale de la vitesse de la lumière, et d'un nouveau big-bang ! Le processus continue sans cesse, dans une succession éternelle de big-bangs.

De façon étrange, et assez élégante, il est possible que la VVL conduise à un Univers éternel sans début ni fin. Le futur que nous prévoyons pour l'Univers est plutôt triste. La domination croissante de Lambda va pousser toute la matière de l'Univers vers l'infini, le ciel va s'assombrir avec la dispersion des galaxies qui deviendront des êtres solitaires voués à l'oubli dans un océan de néant. Mais sous ces conditions désolées, la VVL prédit la génération d'une grande quantité d'énergie à partir du vide et cet Univers vide fournit les conditions d'un nouveau big-bang et le cycle recommence.

Il est paradoxal qu'un changement de la vitesse de la lumière rende l'Univers éternel, et que la plus grande erreur d'Einstein devienne son principal titre de gloire.

Mais ces découvertes bouleversantes ne sont pas la fin de l'histoire. Ayant réalisé que plusieurs théories VVL étaient possibles et qu'elles avaient des conséquences dans toutes les branches de la physique, j'étais prêt à redevenir radical et à examiner toutes les conséquences d'une brisure de l'invariance de Lorentz. Ma confiance nouvelle augmenta quand je pris conscience que la VVL avait quelque chose à dire à propos du problème ultime de la physique, l'obstacle auquel s'attaquait la théorie des cordes. J'étais prêt pour une randonnée sauvage.

12
Le mal des hauteurs

Vous serez peut-être surpris d'apprendre qu'Einstein est mort profondément déçu par ses œuvres. Il est facile de minimiser ses doléances en les attribuant aux objectifs excessivement élevés que se fixe un mégalomane, mais elles ont quelque fondement. Toute sa vie, Einstein a recherché la beauté mathématique, la simplicité conceptuelle et, par-dessus tout, l'unité cosmique. Pensez aux ondes cérébrales derrière l'unicité de la masse et de l'énergie, ou l'explication remarquable qu'il a donné de l'égalité de la masse inertielle et de la masse grave. Toutes ses théories tournent autour d'une quête de l'unité : rassembler des concepts sous un seul parapluie, plus grand, plus beau et mieux conçu.

Mais ensuite, la quarantaine venant, il se trouva bloqué dans ce qui allait devenir sa perpétuelle obsession. Il avait déjà été bloqué auparavant, mais cette fois il devait mourir sans avoir trouvé la solution. Le mystère non résolu qui l'emporta finalement sur Einstein était la recherche d'une théorie unifiant l'électromagnétisme et la gravité, une *théorie de tout* comme on aime à dire aujourd'hui. Mais cette quête finale pour une beauté réunifiée ne conduisit qu'à une terrible pagaille au fur et à mesure que de nouvelles forces étaient découvertes, les interactions faible et forte responsables des réactions nucléaires, et que des complications techniques commencèrent à s'additionner.

Pour rendre les choses pires encore, le problème évolua graduellement vers la nécessité d'unifier la gravité avec la mécanique quantique. Nous savons que nous vivons dans un monde quantique. L'énergie n'existe que par multiples d'unités élémentaires, les quanta. Des incertitudes affectent les observations à chaque fois qu'on essaie d'examiner de très petites quantités de matière ne contenant que quelques quanta. On sait que l'électricité et son jumeau, le magnétisme, sont quantifiés, et le photon se révèle être la particule qui représente les unités élémentaires de l'électromagnétisme. Les interactions faible et forte sont aussi quantifiées, ceci est bien compris.

Par contre, personne n'a jamais construit une théorie correcte de la gravité quantique, et le graviton (le quantum de gravité) reste mal compris et fuyant. Unifier la gravité avec les autres forces semble donc futile pour le moment puisque nous ne pouvons pas avoir une théorie unifiée dans laquelle une moitié est quantifiée et pas l'autre.

La gravité quantique est devenue un excitant intellectuel majeur, un peu comme le dernier théorème de Fermat ou quelques autres cauchemars que les savants se donnent à eux-mêmes. Sera-t-elle la confrontation finale de la VVL ?

Comme d'habitude, comprendre complètement le problème exige la maîtrise de nombre de questions techniques qui ne sont claires que pour les experts. Mais le cœur du problème s'explique facilement en langage de tous les jours. Depuis la décennie de dur travail qui conduisit Einstein à la relativité générale, nous savons que la gravité est une manifestation de la courbure de l'espace-temps. Celui-ci n'est plus un décor rigide dans lequel se déroulent des événements, il peut se tordre et se voiler de sorte que le paysage évolue en figures complexes qui sont la dynamique de la gravité.

Quantifier la gravité signifie donc quantifier l'espace et le temps. Il devrait exister des quantités indivisibles, minimales, de longueur et de durée, des quanta fixes constituant toute période ou toute séparation. Ces quanta sont appelés la longueur de Planck (L_P) et le temps de Planck (t_P) et personne ne sait vraiment ce qu'ils sont, sinon qu'ils doivent être minuscules.

Mais avant de trop y penser (nous y reviendrons plus loin), il devrait être évident que pour quantifier l'espace et le temps nous devons disposer de règles et d'horloges absolues, deux concepts que la relativité restreinte nous interdit. En effet, si l'espace et le temps sont granulaires, leurs atomes sont absolus. Mais il n'y a pas d'espace ou de temps absolus. Nous sommes prisonniers de nos propres concepts. Nous avons la théorie quantique d'un côté, la relativité de l'autre, et nous avons pour objectif de construire une théorie de gravité quantique en utilisant leurs préceptes. Mais ce qui en sort est une contradiction.

Je dois souligner que la nécessité d'une théorie quantique de la gravité ne résulte pas d'un conflit avec l'expérience, car nous ne connaissons pas encore d'effet physique qui soit régi par la gravité quantique. Il est possible qu'il n'y ait pas d'unification, que la gravité ne soit tout simplement pas quantifiée. Mais une telle possibilité semble insulter notre sens de la logique. La nature exige un principe unique capable d'englober la variété chaotique des théories que nous utilisons actuellement pour expliquer le monde physique qui nous entoure.

De plus, nous avons déjà rencontré le mystère de la gravité quantique, dans notre définition de l'époque de Planck, cette période très précoce de la vie de l'Univers où son expansion était trop rapide pour qu'il soit compris sans faire appel à la gravité quantique. En ce sens, la quête de la gravité quantique est une quête de nos origines, profondément enfouies dans l'époque de Planck. Mais nous découvrons maintenant que cette boîte noire de notre ignorance n'est qu'une partie d'un problème plus vaste. Elle fait partie des regrets d'Einstein sur son lit de mort, de sa symphonie inachevée. Les derniers mots d'Einstein, prononcés en allemand, ne furent pas compris de son infirmière, mais il est bien possible qu'ils aient été quelque chose comme : « Je savais bien que je finirais par me faire avoir. »

Nous ne sommes pas aujourd'hui plus malins qu'Einstein quand il rendit son dernier soupir et qu'il dit ce qu'il avait à dire. Près de cinquante ans plus tard, les physiciens contemplent avec un dédain dissimulé ses derniers efforts (la théorie métrique non symétrique de la gravité) comme s'ils étaient ceux d'un vieillard sénile. Mais personne n'aime reconnaître que nos propres, et maigres, efforts sont méprisables, pour ne pas dire plus. J'imagine Dieu hurler de rire en voyant toutes les âneries que nous avons rassemblées comme théories quantiques de la gravité.

Mais nous compensons notre manque de réussite par le panache. Ainsi, nous n'avons pas une « réponse définitive », mais au moins deux et, bien que personne n'ait la moindre idée de la manière dont pourraient être testées ces théories avec la technologie actuelle, chacun est prêt à clamer être le seul détenteur du Saint Graal et que tous les autres sont des charlatans.

Les deux principaux cultes de la gravité quantique sont appelés la théorie des cordes et la théorie des boucles. Comme elles n'ont aucun lien avec les expériences ou les observations, elles sont des accessoires de mode dans le meilleur des cas, des sources de guerres féodales dans le pire. Elles constituent des familles rivales : si vous travaillez en théorie des boucles et que vous allez à une conférence sur les cordes, la tribu locale vous contemple avec stupeur et vous demande ce que diable vous faites là. En supposant que vous ne finissiez pas bouilli dans un chaudron, vous rentrez chez vous, pour vous faire tancer par vos collègues des boucles, horrifiés et certains que vous avez perdu la tête.

Comme dans n'importe quel culte, ceux qui ne se conforment pas à la ligne du parti sont ostracisés et persécutés. Quand un brillant jeune théoricien des cordes écrivit un article fournissant de dangereuses munitions aux gens des boucles, on entendit que « s'il en écrit un autre comme celui-là, il perdra sa carte du syndicat des cordes ». Une mentalité de foule s'est développée et porter l'étiquette « boucle » ou « corde » ouvre ou ferme des portes selon le cas. Si vous avez une étiquette « boucle » n'imaginez même pas vous porter candidat à un poste chez les « cordes ».

Une grande animosité, allant parfois jusqu'à la haine viscérale, a grandi entre ces factions. Cela évoque fortement les « réponses finales » données par des fanatiques religieux, avec leur panoplie singulière de dénominations. Le monde serait tellement mieux sans les fondamentalismes religieux, qu'ils soient de la variété scientifique ou non. Je pense parfois que l'existence de ces peuplades est la meilleure preuve que Dieu n'existe pas.

Einstein porte malheureusement une lourde responsabilité pour avoir introduit cet état d'esprit en physique fondamentale. Le jeune Einstein s'était donné la tâche d'éliminer de ses théories tout ce qui ne pouvait pas être vérifié par l'expérience. Cet objectif recommandable en fit un anarchiste scientifique, démolissant l'espace et le temps absolu, l'éther et d'autres fantaisies polluant la physique de son temps. Mais il changea de mentalité en vieillissant. Il devint plus mystique et se mit à penser que la seule beauté mathématique, plus que l'expérience, pouvait guider les savants dans la bonne direction. Par malheur, quand il découvrit la relativité générale en utilisant cette stratégie, il réussit ! Et cette expérience le perdit pour le reste de sa vie, elle brisa le lien magique entre son cerveau et l'Univers, le lien qui ne cherchait d'indice que dans la seule expérience. De fait, il produisit peu de travaux de valeur après la relativité générale et il se détacha de plus en plus de la réalité.

Aujourd'hui c'est l'Einstein vieillissant que cherchent à émuler les chercheurs travaillant sur la gravité quantique, dans leur croyance stérile que c'est plus la beauté divine que l'expérience qui leur indiquera la bonne direction. Cette obsession du formalisme est ce qui, à mon avis, a fait dérailler des générations de chercheurs dans ce domaine. Ils adorent en quelque sorte le vieil Einstein, sans avoir conscience que le jeune mépriserait certainement sa version âgée, et que c'est peut-être lui que nous devrions suivre (à supposer que nous devions suivre qui que ce soit).

Quand John Moffat rendit pour la première fois visite à Niels Bohr dans les années 1950, après avoir correspondu avec Einstein sur sa théorie unificatrice, Bohr lui dit : « Einstein est devenu un alchimiste. »

Il n'est guère surprenant que la VVL ait son mot à dire sur la gravité quantique. Après tout, elle secoue les fondations de la physique, et le problème de la gravité quantique est une question aussi fondamentale de la physique que l'on peut l'imaginer. La situation est très différente dans le cas de l'inflation qui ne dit rien de la gravité quantique. Quand les défenseurs de l'inflation ont tenté de la dériver comme sous-produit de la gravité quantique, ils ont échoué. Leur espérance était que l'inflation apparaisse naturellement au cours de l'époque quantique, mais personne ne sait comment cela pourrait se produire. Par contraste, la VVL change de manière irréversible la perspective de quantifier la gravité. Cela me conduisit à explorer d'autres variantes de la théorie, avec des conséquences directes sur les modèles de gravité quantique et de théorie des cordes.

Je ne veux pas trop entrer dans les détails des théories actuelles de gravité quantique, aussi donnerai-je juste un avant-goût de leurs frasques. La théorie des cordes constitue un effort majeur d'unification et de quantification de la gravité, et elle a récemment connu une renaissance sous la forme de quelque chose appelé la théorie M. Selon les fervents de la conviction M, le monde est formé de cordes plutôt que de particules (dans les dernières années, les cordes cèdent la place à des membranes et à d'autres objets encore). La longueur de ces cordes est généralement identifiée à la longueur de Planck mentionnée plus haut : pour la majorité des applications concrètes, les cordes ne se distinguent donc pas des particules.

À un niveau fondamental, par contre, un monde de cordes diffère beaucoup d'un monde de particules, et il existe deux raisons principales qui peuvent rendre les cordes désirables. La première est qu'une quantification inévitable de l'espace-temps semble émerger dans un tel monde : si les plus petits objets ont une taille non nulle, toute région plus petite n'a guère qu'un intérêt métaphysique puisque nous ne disposons pas d'un scalpel assez fin pour la disséquer. À cause de cette quantification effective de l'espace-temps, il n'est pas surprenant que bien des difficultés techniques associées à la quantification de la gravité s'évaporent dans un monde de cordes. La théorie des cordes n'est donc pas une médiocre tentative de quantifier la gravité.

La seconde bonne raison de défendre les cordes est leur capacité à unifier des particules ou des forces apparemment différentes. Les cordes d'une guitare vibrent selon toute une série d'harmoniques, et de la même manière, les « cordes fondamentales », comme on les appelle, peuvent être jouées selon leur propre série d'harmoniques. Chaque note de la corde possède des propriétés différentes et stocke une quantité différente d'énergie de vibration. Loin de la corde, un observateur ne distingue pas l'objet vibrant mais seulement ce qui ressemble à une particule. L'étonnante réalisation des théoriciens des cordes est que pour un tel observateur, chaque note correspond à un type différent de particules.

Cela pourrait être l'unification définitive ! Les photons, les gravitons, les électrons, bref toutes les particules et toutes les forces ne seraient que des configurations différentes d'un type unique d'objet : les cordes fondamentales. C'est une très belle vision, comme beaucoup d'aspects de la théorie des cordes.

Tout cela serait parfait, si on n'oubliait pas toujours de préciser qu'il ne s'agit que d'une théorie « en construction ». En réalité, l'espace-temps n'a pas été quantifié de manière cohérente, ni la courbure. En fait, la théorie des cordes est incapable de considérer l'espace-temps à la manière relative d'Einstein : les cordes existent dans un espace-temps extérieur et fixe, guère différent de celui de l'Univers mécanique de Newton. La série d'harmoniques musicales des cordes constitue un autre échec catastrophique : cette musique est peut-être la plus douce des harmonies célestes, mais elle n'a rien à voir avec le monde réel. La particule la plus légère prédite (après les particules de masse nulle comme le photon ou le graviton) est des milliards de milliards de fois plus lourde qu'un électron. La grande unification des cordes demeure encore du domaine du rêve.

Mais les désastres ne s'arrêtent pas là. En 1980, la théorie n'était cohérente que dans un monde possédant vingt-six dimensions. À la suite d'une révolution, elle ne l'était plus qu'à dix dimensions (ou deux, voire, accrochez-vous bien, *moins* deux dimensions). Aujourd'hui onze dimensions sont de rigueur. Mais les théoriciens des cordes n'ont aucune vergogne : si quelqu'un a l'inconscience de proposer une théorie qui fonctionne avec trois dimensions d'espace et une de temps, ils la rejettent comme évidemment fausse.

Cela est mal, mais, à mon avis, le pire est qu'il existe en y regardant de près des milliers de théories possibles de cordes et de membranes. En supposant même que quelqu'un finisse par trouver une théorie qui explique le monde tel que nous le voyons, avec toutes les particules en quatre dimensions, il resterait à répondre à la question : Pourquoi est-ce *cette* théorie et pas une des autres ? Andy Albrecht explosa un jour : « La théorie des cordes n'est pas la théorie de tout, c'est la théorie de n'importe quoi ! »

Cette critique est aujourd'hui réfutée par la remarque que toutes ces théories de cordes et de membranes ont été rassemblées ces dernières années dans une structure unique : la théorie M. Les théoriciens M en parlent avec une telle ferveur religieuse qu'il n'est pas souvent noté que la théorie M n'existe pas. Il s'agit seulement d'une expression se référant à une théorie hypothétique que personne ne sait, en pratique, construire. Pour ajouter à sa mystique, le grand maître qui forgea le terme n'a jamais expliqué ce que signifiait ce M, et les théoriciens M débattent chaudement de cette question importante : M pour mère ? M pour membrane ? À mon avis, le plus pertinent serait M pour masturbation.

Tout bien réfléchi, je ne comprends pas pourquoi tant de jeunes chercheurs impressionnables tombent sous le charme supposé de la théorie M. Les gens des cordes ne sont arrivés à rien, avec une théorie inexistante. Leurs prétentions à la beauté sont d'une arrogance intolérable : nous sommes tous assurés de vivre dans le plus élégants des Univers, par la grâce des dieux des cordes. Personnellement, je ne trouve pas l'attrait esthétique suffisant, et je pense qu'il est temps que quelqu'un pointe du doigt le roi qui descend l'Avenue des Cordes, revêtu du glorieux manteau M, et s'écrie « Le roi est nu ! »

Malgré tout cela, Je dois admettre que je ne suis pas indifférent à la beauté mathématique de la théorie des cordes. D'ailleurs, avant de me tourner vers la cosmologie, j'avais commencé au cours de l'été 1990 un doctorat en théorie des cordes. Mais je fus rapidement déprimé par l'absence complète de perspective expérimentale. Tout ce que je voyais, c'était une mafia de pseudo mathématiciens très imbus d'eux-mêmes, se lançant à la tête un jargon maçonnique pour dissimuler leur manque de réussite scientifique. J'abandonnai la théorie des cordes, je devins un cosmologiste et je n'ai jamais regretté ce sage tournant de ma carrière. Que dix ans plus tard, je me retrouve entortillé dans les cordes ne manquait donc pas d'ironie.

Le théoricien des cordes responsable de ce changement était Stephon Alexander, qui devint post-doc à l'Imperial College à l'automne 2000. Il n'était pas comme les autres : il avait l'esprit large, plein de visions, et sa personnalité était exubérante.

Stephon Alexander

Stephon était né à Trinidad, mais sa famille avait émigré aux États-Unis quand il avait sept ans. Il grandit surtout à New York, dans le Bronx, à une époque où beaucoup de gens essayaient désespérément de rénover les quartiers les plus pauvres. Les enfants les plus brillants furent insérés dans des programmes spéciaux et des directeurs charismatiques furent nommés pour entraîner des changements. Stephon en bénéficia et, après le lycée De Witt Clinton, il reçut des bourses de plusieurs universités prestigieuses. Jazzman talentueux (il joue du saxophone), il opta cependant pour une carrière de physicien. Diplômé de Haverford, il reçut un doctorat de Brown University sous la direction de Robert Brandenberger, un cosmologiste qui est depuis longtemps mon ami. Mais Stephon se lança vite dans la théorie des cordes, absorbant avec avidité la vaste littérature sur le sujet.

Pendant sa thèse, Stephon se lança dans une nouvelle voie étonnante en montrant comment la VVL pouvait être associée à la théorie M. Avant qu'il ait eu le temps de rédiger sa découverte, Elias Kiritsis publia indépendamment la même idée en Crète. C'est une infortune qui affecte continuellement les jeunes étudiants travaillant sur des sujets de physique très actifs. Mais, comme il arrive souvent dans de tels drames, le travail de Stephon était suffisamment différent (plus détaillé dans certaines directions, moins dans d'autres) pour qu'il puisse le publier.

Leur idée était simple et brillante. Comme je le disais, la théorie M ne s'occupe pas seulement de cordes de la taille de Planck, objets linéaires unidimensionnels, mais aussi de membranes, objets plats bidimensionnels. D'ailleurs, une fois réalisé que la théorie M « vit » dans un monde à onze dimensions, il devient évident qu'il peut exister tout un zoo d'objets de dimensions plus grandes. Dans le jargon de la théorie M, on les appelle des « p-branes ».

L'espace-temps que nous voyons n'a cependant que quatre dimensions. Nous savons depuis Kaluza et Klein qu'il est possible de réconcilier ces deux affirmations en repliant les dimensions supplémentaires en cercles de très petits rayons de sorte que nous ne puissions pas les voir. Mais il se pourrait au contraire que nous vivions sur une 3-brane, c'est-à-dire une grande membrane, peut-être infinie, à trois dimensions auxquelles s'ajoute le temps. Cette cosmologie, appelée « branaire », ne demande pas aux dimensions supplémentaires d'être minuscules, mais seulement que nous soyons, pour une raison ou une autre, confinés dans cette 3-brane qui flotte béatement dans un espace à onze dimensions. Bien entendu, il reste à expliquer pourquoi la matière ne peut pas quitter la brane, pourquoi nous ne nous esquivons pas dans les dimensions supplémentaires. Différents mécanismes ont été avancés pour confiner dans la brane la matière dont nous sommes faits.

Kiritsis et Stephon ont étudié quelle serait la vie sur une brane se déplaçant près d'un trou noir. En supposant constante la vitesse de la lumière dans l'espace complet à onze dimensions, ils ont découvert qu'elle variait à l'intérieur de la brane ! Plus précisément, ils ont trouvé que la vitesse de la lumière, telle qu'elle apparaîtrait de l'intérieur de la brane, était reliée à la distance entre celle-ci et le trou noir : quand la brane s'en approche la vitesse apparente de la lumière diminue. Il n'y a aucun conflit direct avec la relativité puisque la vitesse fondamentale de la lumière est constante dans l'espace-temps à onze dimensions. Mais vous obtenez une VVL si vous ne connaissez du monde que la brane tridimensionnelle que vous appelez l'Univers.

Ces articles furent pour moi un souffle venu du passé : ils me rappelaient mon point de départ quand, en plaisantant dans un pub avec Kim un soir de janvier 1997, j'avais justifié la VVL par l'idée de dimensions supplémentaires. J'avais joué avec l'idée d'une VVL inspirée de Kaluza et Klein avant de me tourner vers d'autres idées, et maintenant les théoriciens des cordes jouaient précisément avec le même type de théorie. Je n'aime pas l'aspect de culte que prend la théorie des cordes, mais je ne suis pas sectaire sur la question. Je fus donc très heureux de commencer à travailler avec Stephon sur des réalisations possibles de la VVL dans la théorie M.

En octobre 2000, Stephon arriva à l'Imperial College où nous devînmes rapidement de bons amis. Il trouva rapidement un logement à Notting Hill, où il se mêla très vite à la vaste communauté antillaise. Bien qu'il devienne peu à peu très chic, Notting Hill est encore un quartier très agréable. La raison en est simple.

En 1944, dans une tentative désespérée pour briser le moral des Anglais, les Allemands bombardèrent Londres avec les premiers missiles, les « bombes volantes » V1 et V2. Les effets en furent dévastateurs, beaucoup plus sérieux que tout ce que les bombardiers classiques avaient réussi à faire. Des pâtés entiers de maisons étaient anéantis quand un missile tombait. En particulier, de grands dommages furent causés au centre historique de Londres.

Après la guerre, dans un pays en miettes, peu de gens songèrent à reconstruire des quartiers entiers dans le style du XIXe siècle typique du vieux Londres. Il y avait peut-être assez d'argent pour restaurer une maison par-ci par-là, mais là où un V1 ou un V2 avaient causé des dommages étendus, s'élevèrent de monstrueux bâtiments de béton ou de briques rouges. De nos jours, une simple promenade dans le centre de Londres suffit à indiquer où sont tombés les missiles.

Adolf Hitler n'imaginait pas le service qu'il rendait à la démocratie. Dans les années 1950 et 1960, à la grande période de l'état-providence britannique, ces monstruosités devinrent des logements municipaux à bon marché pour les gens modestes. Cela a joué un rôle efficace pour empêcher la formation de ghettos, et des quartiers comme Notting Hill mélangent riches et pauvres. Des bourgeois bohèmes coudoient des communautés démunies venues des Caraïbes, de l'Irlande, du Maroc ou du Portugal[1].

J'emmenai Stephon au Globe, une boîte antillaise, avant de découvrir une semaine plus tard qu'il connaissait bien plus d'endroits de ce genre que je l'aurais imaginé. Mais c'est au Globe que Stephon et moi allions conduire la plupart de nos discussions sur la réalisation d'une VVL dans la théorie M. À cette époque, l'Imperial College m'écrasait sous tout un tas de charges sans intérêt, et je m'en éclipsais aussi souvent que possible. L'atmosphère détendue du Globe se révéla

1. Le film célèbre « Coup de foudre à Notting Hill » qui se déroule dans notre quartier a nécessité un intense passage à l'eau de Javel : une scène dans Portobello Road réussit à ne pas montrer un seul noir. Mon esprit mathématique estima immédiatement la probabilité que cela arrive « par hasard ». Cette probabilité n'est pas aussi faible que celle que l'Univers soit plat par hasard, mais cela demeure néanmoins très suspect.

au contraire très favorable à nos réflexions. Nous planions le plus souvent dans une bulle, en plein « voyage »[1]. Dans cette période, mon travail scientifique était victime de ce que l'on pourrait appeler « le mal des hauteurs ».

Au fil des mois, Stephon devint connu au Globe comme « Le Professeur ». Nous étions souvent assistés dans nos discussions par « L'Aigle », un Jamaïcain plein de ressources toujours prêt à nous aider. Pour être franc, méditer dans ce type d'environnement et dans cet état d'esprit est à la fois un bien et un mal. Cela ressemble parfois à un rêve : tant que vous dormez, tout se déroule parfaitement, mais dès votre réveil, si vous vous souvenez encore de quelque chose, vous réalisez souvent que vos réflexions ne sont qu'un monceau d'inepties (les vaches d'Einstein sont une très rare exception). Stephon et moi eûmes de nombreux faux départs, mais cette période fut très amusante. Comme Stephon le soulignait, il est impossible d'accélérer la créativité.

Et un jour, nos spéculations conduisirent enfin à quelque chose de concret. Stephon essayait de relier la théorie M à ce que l'on appelle la géométrie non commutative. Il s'agit d'une version de la géométrie dans laquelle l'espace est en quelque sorte « atomisé ». Nous avons examiné le mouvement de « photons » dans un tel espace, et nous avons abouti à un résultat surprenant. Quand la longueur d'onde de la lumière était beaucoup plus grande que les grains d'espace, il ne se passait rien d'inhabituel. Mais, à de très courtes longueurs d'onde, la lumière commençait à remarquer qu'elle ne vivait pas dans un espace continu et qu'elle devait sauter de grain en grain. Cela augmentait sa vitesse, et cela d'autant plus que sa longueur d'onde était petite. En pratique, nous trouvions que la vitesse de la lumière dans un espace non commutatif dépendait de sa

1. Il s'agit bien entendu d'une métaphore !

couleur, et qu'elle augmentait à de très courtes longueurs d'onde. Nous étions tombés sur une nouvelle façon de réaliser la VVL.

Notre idée était donc de construire *indirectement* une cosmologie VVL. Dans notre modèle, la vitesse de la lumière ne dépendait pas du temps lui-même, comme dans le modèle qu'Andy et moi avions proposé. Nous utilisions au contraire le Big-Bang chaud pour induire des changements dans *c*. En remontant le temps vers la naissance de l'Univers, le plasma cosmique devient de plus en plus chaud, ce qui signifie que l'énergie moyenne des photons devient aussi plus élevée, et donc sa longueur d'onde de plus en plus courte. Il arrive donc un moment où cette longueur d'onde est si courte que le phénomène de dépendance de la vitesse de la lumière avec la longueur d'onde s'amorce. Un plasma plus chaud conduit donc à une vitesse plus grande de la lumière dans l'Univers. Nous obtenons ainsi une vitesse variable de la lumière dans l'Univers primordial, non pas parce que l'Univers était jeune mais parce qu'il était chaud.

La période suivante fut très étrange, Stephon et moi partant dans des directions opposées à chaque tournant. Stephon voulait relier plus étroitement notre travail aux subtilités de la théorie M, mais je savais que cela nous éloignerait du royaume des observations. Aussi, j'essayais de rendre notre modèle plus « terre à terre » et capable de conduire à des prédictions cosmologiques et observationnelles. Cela m'obligeait à introduire des hypothèses raides et arbitraires qui horrifiaient totalement le sens de la beauté de Stephon, en bon théoricien des cordes. Au cours de ce conflit, Stephon et moi vivions une tragédie courante : personne ne sait comment construire une cosmologie quantique, combinant la gravité quantique avec la cosmologie, et permettant aux succès expérimentaux de celle-ci d'influer sur celle-là.

Ce qui en résulta peut être décrit de manière adéquate comme un croisement entre un cheval et un éléphant, ni chair ni poisson, une sorte de mule avec une trompe. Il n'est pas étonnant que nous ayons recueilli des réactions très mitigées, aussi bien des théoriciens des cordes que des cosmologistes. Bien entendu, nous nous en moquions et, pour nous, ces articles délirants resteront toujours associés à l'ambiance du Globe et aux vertus du mal des hauteurs. Mais j'avais appris une leçon importante. Si vous jouez le rôle des Nations Unies, vous êtes pris sous les feux des deux camps. Cette situation est endémique à la cosmologie actuelle et la gravité quantique. Se rencontreront-elles un jour ?

Andrei Linde décrivit un jour la relation épineuse entre cosmologie et gravité quantique en employant une métaphore intéressante, basée sur une anecdote réelle. Aux temps du bloc soviétique, il fut décidé de construire un métro reliant deux parties d'une grande capitale d'Europe de l'Est. Le travail commença en forant des tunnels de chaque côté. Cependant, au cours des travaux, il devint évident que le travail d'arpentage exécuté au départ était terriblement imprécis, et il n'était nullement garanti que les deux tunnels se rencontreraient un jour !

Mais être débrouillard était certainement un atout majeur à l'ère soviétique, et le feu vert fut très vite redonné par le comité de planification. La logique derrière cette décision était simple : si les tunnels se rencontraient, on aurait une ligne de métro comme prévu au départ, et s'ils ne se rencontraient pas, on disposerait de *deux* lignes de métro.

Pour la cosmologie et la gravité quantique, nous pensons la même chose. Nous progressons réellement depuis chaque côté. Cependant… je crains parfois le pire.

Si je flirtais avec les Montaigus, je n'oubliais pas les Capulets pour autant, et les liens les plus étroits entre la VVL et les théories de gravité quantique viennent sans doute de ma collaboration avec Lee Smolin, l'un des créateurs de la théorie des boucles.

Lee Smolin

À l'automne de 1999, Lee arriva à l'Imperial College comme professeur invité. Il amenait avec lui de nombreux étudiants et post-docs. Il mena à Londres une vie indépendante, effectuant le plus clair de ses travaux dans des cafés. On le vit rarement dans son bureau (il avait, amusante coïncidence, le même petit bureau qui avait été témoin quelques années plus tôt des longues nuits où la VVL prit forme). C'est pour cela que nous ne nous sommes pas vraiment rencontrés pendant près d'un an.

Au début, Lee n'était pas au courant de la VVL et ce n'est que par l'intermédiaire d'une influence étrangère que nous finîmes par travailler ensemble. Je dois dire que Stephon et moi n'étions pas les premiers à suggérer une vitesse de la lumière dépendant de la couleur, bien que nous étions parmi les premiers à baser un modèle cosmologique dessus. De nombreuses personnes avaient exploré, dans le cadre de différentes théories de gravité quantique, le concept d'une vitesse de la lumière dépendant de son énergie. Je citerai par exemple Giovanni Amelino-Camelia en Italie, Kowalski-Gilkman en Pologne, ainsi que Nikos Mavromatos et Subir Sarkar en Angleterre.

Ce sont eux, Giovanni en particulier, qui implantèrent la VVL dans l'esprit de Lee. Ce qui l'intéressait le plus était la perspective que les effets de la VVL puissent amener les théories de gravité quantique dans le domaine des expériences dès les prochaines années. À la différence de la plupart des autres théoriciens de la gravité quantique, Lee ne croyait pas que Dieu allait lui faire une gâterie, c'est-à-dire que ses petites théories se révéleraient justes uniquement parce qu'elles étaient « élégantes ». Au contraire, Lee voulait que les expériences submergent la gravité quantique et qu'elles laissent la nature décider par elle-même. Par conséquent, au lieu se tenir sur la défensive et le refus, ses yeux brillaient quand quelqu'un disait que la gravité quantique pourrait être testée. C'est ainsi que nous avons commencé à travailler ensemble.

Notre travail se basait sur une prémisse d'une simplicité déconcertante. Nous savions que la gravité quantique devait prédire de nouveaux phénomènes et de nouvelles observations. Mais pour une fois, contrairement à toutes les tendances du domaine, nous étions modestes. Nous avons supposé que la technologie actuelle ne permettrait aucunement de sonder ces effets. Nous n'étions certains que d'une seule chose : aux énergies misérablement basses accessibles aux accélérateurs, ou aux grandes échelles d'espace-temps auxquels nos senseurs peuvent mesurer la courbure, aucun effet de gravité quantique n'a jamais été vu, et la gravité classique (c'est-à-dire la relativité générale) était une excellente approximation, c'est le moins que l'on puisse dire, du monde réel.

Notre unique hypothèse était donc l'existence d'un *seuil*, d'une frontière au-delà de laquelle les nouveaux effets dus à la théorie ultime de la gravité quantique deviendraient importants, mais en deçà de laquelle ils resteraient négligeables. Une énergie, appelée énergie de Planck (E_P), devait marquer ce seuil, et les nouveaux effets ne devaient apparaître qu'au-dessus. De même, il devait exister une longueur, la longueur de Planck (L_P), précisant quel agrandissement un microscope devrait atteindre avant d'être capable de voir la nature discrète de l'espace et de la courbure. Enfin, une durée, le temps de Planck (t_P) précise quelle doit être la brièveté ces nouveaux effets.

En fait, Lee et moi n'avions pas même besoin de connaître les valeurs de l'énergie, de la longueur, ou du temps de Planck. La seule nécessité était qu'il existe un seuil, d'un côté duquel la vie serait à peu près la même que d'habitude, et de l'autre côté duquel on entrerait dans un nouveau monde inconnu, où la gravité deviendrait quantique et où toutes les forces et toutes les particules de la nature s'unifieraient.

Ceci est tout à fait raisonnable. La relativité générale se ramène à la gravité de Newton dans toutes les circonstances où l'intensité de la gravité n'est pas trop forte. De même, quelque forme que prenne la gravité quantique, elle doit commencer par réaffirmer et réitérer ce que tous les rabbins précédents ont dit auparavant. Autrement dit, elle doit être indiscernable des théories actuelles en première approximation, et ne prédire de nouveaux effets que pour des conditions extrêmes : à des énergies très élevées, pour des distances très courtes, ou pour des durées très brèves. Ceci n'est pas autre chose qu'une contrainte observationnelle.

Mais c'est alors que nous remarquâmes une contradiction aveuglante. Supposons qu'un éleveur regarde une vache paître dans une prairie. La vache est beaucoup plus grande que la longueur de Planck et l'éleveur est donc certain que sa vache n'est pas affectée par des soucis dus à la gravité quantique. Mais imaginons maintenant que, dans son habituelle cavalcade folle, Cornelia passe près d'elle à une vitesse très proche de celle de la lumière. Cornelia voit inversement la vache se déplacer très vite par rapport à elle : elle lui paraît donc contractée dans la direction de son mouvement, comme le prévoit la relativité restreinte. Si elle se déplace assez vite, Cornelia peut voir sa consœur contractée à une épaisseur plus petite que la longueur de Planck, et elle en conclura donc qu'elle est affligée d'une fièvre gravitationnelle quantique, quelle qu'en soit la nature. Cornelia ne serait pas tellement surprise de la voir faire des claquettes, effectuer une danse du ventre, ou n'importe quelle excentricité à laquelle la gravité quantique pousse les vaches.

Mais comme la vache en train de paître est une entité unique, son comportement devait être prédit par tous selon la même théorie. En fait, que la même théorie soit utilisée par tous les observateurs est l'exigence minimale d'une unification. Il n'est pas possible d'avoir une situation où l'éleveur et Cornelia doivent employer des théories différentes pour décrire le même objet. Ce n'est pas seulement une insulte à l'unification, c'est incohérent avec le principe de relativité. Si tout mouvement est relatif, Cornelia ne peut pas savoir qu'elle est en mouvement et que l'éleveur est immobile.

Cornelia et l'éleveur sont à nouveau en désaccord, cette fois sur la frontière entre gravité classique et quantique.

Nous rencontrons des paradoxes semblables que nous définissions le seuil entre gravité classique et quantique par une longueur de Planck, par une énergie de Planck ou par un temps de Planck. Par exemple, en utilisant le langage de l'énergie, le problème se trouve directement au cœur de la plus célèbre équation de la physique : $E = mc^2$. Nous avons appris que des particules en mouvement ont des masses plus élevées, ce qui empêche d'accélérer quoi que ce soit au-delà de la vitesse de la lumière. L'éleveur voit un électron au repos comme une particule bien élevée, puisque son énergie est beaucoup plus basse que l'énergie de Planck. Cornelia, elle, attribue à l'électron une énergie beaucoup plus haute puisqu'elle le voit en mouvement par rapport à elle, et donc avec une masse beaucoup plus importante. En utilisant $E = mc^2$ elle conclut que cette masse plus élevée correspond à une énergie plus grande. Si elle se déplace assez rapidement, elle peut attribuer à l'électron une énergie supérieure à l'énergie de Planck, et en déduire qu'il est régi par des effets quantiques gravitationnels. Elle aboutit à nouveau à une contradiction.

Pendant plusieurs mois, à partir de janvier 2001, Lee et moi avons discuté longuement de ces paradoxes. Nous nous rencontrions dans des cafés de South Kensington ou de Holland Park pour ruminer ce problème. La racine du mal était clairement la relativité restreinte. Tous ces paradoxes résultaient d'effets bien connus comme la contraction des longueurs, la dilatation du temps, ou $E = mc^2$, tous des prédictions directes de la relativité restreinte. Tous interdisaient de fixer une frontière bien définie, commune à tous les observateurs, et capable de confiner les effets quantiques gravitationnels. Un barrage semblait manquer à la gravité quantique : ses effets se répandaient partout, et la raison sous-jacente n'était autre que la relativité restreinte.

La conséquence en était inévitable : pour édifier une théorie cohérente de la gravité quantique, quelle qu'elle soit, nous devions commencer par abandonner la relativité restreinte. Nous avons alors compris que beaucoup des incohérences connues, affligeant les théories de gravité quantique proposées jusqu'alors, résultaient sans doute également d'avoir religieusement supposé comme vraie la relativité restreinte. Notre raisonnement fut donc qu'avant de faire quoi que ce soit de plus intelligent, il fallait remplacer la relativité restreinte par quelque chose qui rende au moins la longueur, l'énergie ou la durée de Planck identiques pour tous les observateurs. Un mouvement ne devait jamais contracter quelque chose de plus grand que la longueur de Planck en dessous de cette valeur. Des particules en mouvement pouvaient paraître plus massives, mais si leur énergie au repos était plus basse que l'énergie de Planck, elle devait le rester quelle que soit leur vitesse. À l'énergie de Planck (ou à la longueur, ou à la durée), tous les effets de relativité restreinte devaient disparaître, et ces quantités devaient devenir absolues. Telles étaient nos exigences.

La difficulté était de trouver une théorie nouvelle qui les satisfasse. Une chose était évidente : nous allions nécessairement entrer en conflit avec la relativité restreinte. Mais, comme nous l'avons vu, celle-ci repose sur deux principes indépendants. Le premier est la relativité du mouvement, le second la constance de la vitesse de la lumière. Une des solutions possibles à notre problème pouvait être d'abandonner la relativité du mouvement. Peut-être, à de très grandes vitesses, des observateurs devenaient-ils conscients de leur mouvement absolu ? Une sorte de vent d'éther serait alors ressenti, et Cornelia se rendrait alors compte que l'éleveur était immobile tandis qu'elle-même se déplaçait follement.

C'est une possibilité, bien sûr, mais nous avons choisi l'alternative évidente : préserver la relativité du mouvement, mais admettre qu'à de très hautes énergies, la vitesse de la lumière ne soit plus constante. C'est ainsi que la VVL se faufila dans nos discussions.

En introduisant des modifications minimales à la relativité restreinte, nous fûmes vite capables de dériver la contrepartie des transformations de Lorentz dans notre théorie. Ce fut un grand plaisir. Les nouvelles équations étaient beaucoup plus compliquées, il s'agit de transformations dites « non linéaires », mais elles respectaient autant que possible à la fois la relativité restreinte et la relativité générale. Selon nos transformations, l'espace et le temps devenaient de moins en moins flexibles en s'approchant de la longueur ou du temps de Planck. Tout se passait comme si la vitesse de la lumière augmentait en approchant de la frontière entre gravité classique et gravité quantique. Sur la frontière, la vitesse de la lumière semblait devenir infinie, et un espace et un temps absolus réapparaissaient, non pas en général, mais pour une longueur et un temps spécifiques, ceux de Planck, de telle sorte que tous les observateurs s'accordent sur ce qui était classique et quantique en gravité. Notre théorie traçait donc sans ambiguïté une frontière entre les deux royaumes.

La célèbre équation d'Einstein $E = mc^2$ est devenue une telle icône que je ne pus m'empêcher de ressentir des vagues de plaisir en établissant sa contrepartie dans notre théorie. Bien que ce soit un abus scandaleux de mathématique pour un livre de ce genre, je dois reproduire ici notre formule. Pardonnez-moi, et jetez-y un coup d'œil :

$$E = mc^2 / (1 + mc^2/E_P)$$

c représente ici la valeur — approximativement constante — de la vitesse de la lumière à basse énergie. Je sais qu'elle n'est pas aussi simple que la splendeur écrite par Einstein, mais si vous connaissez un peu de mathématiques, vous remarquerez très vite une propriété remarquable de cette formule. Un électron immobile par rapport à l'éleveur peut paraître aussi massif qu'elle le veut à Cornelia, qui passe à toute vitesse : il suffit qu'elle se déplace assez vite. Si elle utilise la formule habituelle $E = mc^2$, elle pourrait voir un électron d'énergie supérieure à l'énergie de Planck, et nous arrivons à la conclusion déconcertante qu'elle se trouve en désaccord avec l'éleveur sur la nécessité ou non de la gravité quantique pour comprendre cet électron.

Rien de tel avec notre formule ! Bien que m ne soit pas limité pour Cornelia, des mathématiques élémentaires montrent que l'énergie E de l'électron ne peut jamais dépasser l'énergie de Planck E_P. Ainsi, la vache et l'éleveur sont d'accord sur l'absence de comportement quantique gravitationnel de cet électron.

À l'époque de la guerre froide, chaque fois qu'un physicien calculait un nouvel effet, il se dépêchait d'en explorer les applications militaires. Cela est particulièrement vrai des physiciens américains. Neil Turok m'a raconté qu'il avait un jour dîné, lors d'une conférence, avec Edward Teller à qui il avait mentionné au cours de la conversation qu'il travaillait sur les monopoles magnétiques. À la grande horreur de Neil, le vieil homme commença immédiatement à estimer l'énergie que pourrait libérer une bombe à monopole magnétique.

De telles attitudes sont aujourd'hui risibles, bien sûr, mais pour exciter Lee, je calculais combien d'énergie serait libérée par une bombe quantique gravitationnelle, selon notre formule. Quelle macabre fortune posséderait dans notre théorie l'homme d'une richesse phénoménale ?

Supposons que des accélérateurs très puissants parviennent à produire de grandes quantités de particules possédant la masse de Planck, et que l'on construise une sorte de bombe avec eux. D'après notre théorie, une telle bombe libérerait exactement *la moitié* de l'énergie que libère une arme nucléaire classique de même masse. En d'autres termes, une telle arme quantique gravitationnelle coûteuse aurait exactement la moitié de la puissance d'une arme nucléaire classique beaucoup plus économique. Pour des particules plus massives, avec des masses égales à 2 ou 3 fois la masse de Planck, le résultat serait encore pire. Je fus heureux de trouver que même des généraux ne seraient probablement pas assez stupides pour nous engager, Lee ou moi [1].

Pendant que tout ce travail prenait forme, au cours de l'été 2001, devinez ce qui se passa ? Lee quitta l'Imperial College ! Quelqu'un là-bas peut-il commencer à voir se dessiner une esquisse ? Ou est-ce trop dur intellectuellement ?

Une grande controverse s'était élevée sur le contrôle du financement généreux que Lee recevait de l'extérieur. Mais le méchant prostitué refusait de remettre l'argent, et les proxénètes ne trouvaient pas cela drôle.

Finalement, le désagrément fut mineur car Lee avait déjà décidé de partir au Canada pour le Perimeter Institute (PI). La principale raison derrière cette décision était que le PI était un nouveau centre de recherche qui voulait se gérer d'une manière totalement différente des instituts scientifiques traditionnels. Dans des lieux comme l'Imperial College, on voit sans cesse se créer de nouveaux instituts, trans-instituts, hyper-instituts, qui ne sont à mon avis que des « *sub*-stituts » sexuels pour les chercheurs vieillissants qui en sont nommés directeurs. Le PI cherchait au contraire à réduire ses structures et à éliminer autant de niveaux de direction que possible. La philosophie était que toutes

1. Malheureusement, comme l'explique notre article, il existe une possibilité que l'énergie de Planck soit négative, ce qui retourne l'argument.

les idées nouvelles semblant sortir des jeunes savants, ceux-ci devaient être les moteurs de l'organisation scientifique. Max Perutz disait que le secret d'une bonne science était simple : pas de politique, pas de comités, pas d'auditions, juste des gens doués et fortement motivés. Aussi simple que cela.

J'ai toujours de grandes réserves au sujet des utopies, mais je souhaite vraiment tout le succès possible au PI. Au minimum, cela apportera une très mauvaise publicité aux actuelles bureaucraties scientifiques corrompues, où l'explosion récente de niveaux administratifs a pour conséquence que les bureaucrates ne sont responsables que devant d'autres bureaucrates au lieu de l'être devant les gens pour qui ils sont supposés travailler. Même si le modèle « communiste » du PI échoue, il montrera néanmoins qu'il y a quelque chose de mauvais dans les alternatives classiques et que cette prolifération de bureaucrates doit être arrêtée. Personnellement, je les mettrais tous à la porte, et je leur infligerais en prime une longue peine de prison, mais vous connaissez déjà mes idées sur la question.

En septembre 2001, je visitai le PI pour la première fois et Lee et moi mîmes la dernière main à notre théorie. C'était exactement une semaine après les attentats du 11 septembre, et je trouvai Lee profondément perturbé par ces événements. Il arrivait de New York où il était allé rendre visite à des amis, et il était évident qu'il n'avait pas dormi de la nuit. Je subissais quant à moi de plein fouet les effets du décalage horaire, aussi l'expérience était-elle singulière.

Nous reprîmes des forces dans un bar où nous avons commandé de la bière et du vin. Nous étions comme un disque rayé, ressassant continuellement les événements de la semaine. Cela devint tellement ridicule que nous nous sommes forcés à parler de physique, le seul objectif apparemment logique dans ce monde de fous. De fait, cela nous apaisa.

Nous étions tous les deux tellement fatigués que nous somnolions de temps à autre, nous réveillant juste pour voire l'autre somnoler aussi. C'est dans ces circonstances insolites que la percée finale de notre théorie nous apparut soudain ! C'était admirable[1].

Lee était si content de notre résultat qu'il voulut le soumettre à *Nature*. Je lui dis que je suivais une politique d'embargo de *Nature*, refusant de soumettre des articles à cette revue avant qu'ils châtrent leur responsable de la cosmologie. Lee se mit à rire et il suggéra la *Physical Review*. Il me dit également que *Nature*, dans l'un de ses éditoriaux, avait eu l'audace d'accuser la *Physical Review* de ne plus publier de recherches innovantes. À la suite de cela, il existait une certaine tension entre les deux revues. Nous avons ri tous les deux de tout cela, de l'importance que s'accordent tous ces gens inutiles qui chantent leur chant du cygne dans un monde où personne ne s'occupe plus d'eux.

Notre article finit par paraître dans les *Physical Review Letters*, non sans les drames habituels, mais qui s'en soucie ? L'important est que Lee et moi continuons à explorer notre théorie et la combinaison explosive de la VVL et de la gravité quantique.

À la différence de la théorie des cordes ou de la théorie des boucles, notre théorie n'a pas la prétention d'être une théorie finale (d'ailleurs elle suppose que nous ne la connaissons pas). Mais elle pose, à partir d'arguments très simples, ce que toute théorie cohérente devra supposer. Au passage, notre modèle conduit à des prédictions concrètes de

1. Pour les experts, il s'agissait de travailler dans l'espace des impulsions plutôt que dans l'espace réel. La frontière entre gravité classique et quantique est plus facile à établir en termes d'énergie et d'impulsion. Ce point élémentaire nous avait bloqué pendant des mois.

nouvelles observations. Pourrons-nous bientôt les tester ? Dans mon esprit, la principale chose qui manque est un pont, aussi fragile soit-il, entre gravité quantique et expérience. Nous en manquons désespérément.

Personne ne sait où conduira ce travail, mais laissez-moi terminer par une dernière histoire : le mystère des rayons cosmiques d'énergie ultra-haute. Nous savons que les rayons cosmiques sont des particules, des protons par exemple, se déplaçant à grande vitesse à travers l'Univers. Ils résultent en général de processus astrophysiques cataclysmiques, comme des explosions d'étoiles en supernovae, ou de détonations plus violentes encore que nous ne comprenons pas encore complètement. Leur gamme d'énergie est extrêmement large, mais il était prévu depuis de nombreuses années qu'il devait exister une coupure, une énergie maximale au-delà de laquelle aucun rayon cosmique ne devait être observé.

La raison de cette coupure est simple. Dans leur voyage à travers l'Univers, les rayons cosmiques rencontrent des photons de l'océan de rayonnement cosmologique qui remplit tout. Ces photons sont très froids et leurs énergies sont très basses. Mais, du point de vue d'un proton cosmique très rapide, ils possèdent une énergie énorme : cela est une conséquence de la relativité restreinte et une application banale des transformations de Lorentz.

Plus le rayon cosmique est rapide, plus il possède d'énergie, et plus les photons du rayonnement cosmologique lui paraissent énergiques. Au-dessus d'une certaine énergie, la collision est si violente que le photon arrache de la matière de l'intérieur du proton, sous forme de particules appelées mésons. Le rayon cosmique primaire perd de son énergie au cours de ce processus, énergie transférée aux mésons. Toute énergie dépassant le seuil de production de ces mésons est donc retirée du rayon cosmique.

L'étonnant est que des rayons cosmiques possédant une énergie supérieure à cette limite ont été observés ! Cette anomalie semble inexplicable pour le moment. Mais un instant de réflexion révèle que, pour calculer l'énergie du photon telle qu'elle apparaît au rayon cosmique, il faut effectuer une transformation de Lorentz. Le raisonnement suppose vraies les lois de la relativité restreinte pour calculer le point de vue du proton. Ces lois sont peut-être fausses, comme nous le suggérions, Lee et moi (ainsi qu'Amelino-Camelia et beaucoup d'autres avant nous).

S'agit-il du premier écart entre observation et relativité restreinte ? D'une indication de la VVL ? Cela pourrait-il même être notre premier aperçu de la gravité quantique ?

Il est difficile de résumer le statut actuel de la VVL, au moment où je termine ce livre, parce qu'elle est encore plongée dans le maelström de l'investigation scientifique. La VVL est maintenant une étiquette rassemblant de nombreuses théories différentes. Toutes prédisent, d'une façon ou d'une autre, que la vitesse de la lumière n'est pas constante et qu'il faut revoir la relativité restreinte. Certaines de ces théories contredisent la relativité du mouvement, comme la première théorie qu'Andy et moi avons proposée, d'autres non. Certaines prédisent que la vitesse de la lumière varie dans l'espace et le temps, comme la théorie de Moffat ou ma théorie VVL invariante de Lorentz. D'autres prédisent au contraire que la lumière de différentes couleurs se déplace à des vitesses différentes, comme les théories que j'ai développées avec Stephon ou avec Lee. Il est aussi possible de combiner certaines de ces théories, et d'avoir des variations de *c* à la fois dans l'espace-temps et selon la couleur. Certaines de ces théories ont été conçues comme modèles pour la cosmologie, d'autres comme descriptions des trous noirs, et d'autres encore comme solutions à la gravité quantique.

Et ce n'est qu'un petit échantillon. Les archives Internet utilisées par les physiciens ont maintenant accumulé une vaste littérature sur la question. J'ai récemment écrit un article de synthèse rassemblant toutes les idées de VVL proposées jusqu'à maintenant. J'espère que c'est un signe de maturité, et non de sénilité.

La raison d'une telle diversité est que nous ne savons pas laquelle de ces théories est correcte, ni même si l'une est correcte. Il existe aussi des centaines de modèles d'inflation, et la situation a peu de chances d'évoluer tant qu'une preuve convaincante de l'inflation n'est pas trouvée. Le cas de la VVL est différent car, en contraste avec l'inflation, elle a beaucoup à dire sur une physique qu'il est possible de tester ici et maintenant. Il ne s'agit pas seulement d'un peu de maquillage apposé sur l'Univers primordial, la VVL doit se révéler à travers des effets subtils directement accessibles aux expérimentateurs. L'exemple le plus direct est l'observation d'une variation d'alpha effectuée par Webb. L'accélération présente de l'expansion de l'Univers pourrait également constituer une signature caractéristique de la classe de théories VVL qui prédisent une variation de *c* dans l'espace-temps.

Jusqu'à maintenant, toutes ces relations avec l'expérience sont des postdictions, mais mon travail présent sur les VVL est essentiellement consacré aux prédictions. Il n'existe pas de manière plus efficace de fermer la bouche aux critiques que de prédire un nouvel effet et de le vérifier par une expérience. Dans cet esprit, John Barrow, mon étudiant Håvard Sandvik et moi avons consacré beaucoup de travail à montrer que la valeur d'alpha devrait être différente quand on la mesure par des raies spectrales d'étoiles compactes ou de disques d'accrétion autour de trous noirs. L'observation d'un tel effet serait une consécration spectaculaire de la VVL. Nous avons également découvert que certains des modèles de VVL qui expliquent les observations de Webb prédisent de petites déviations du principe de Galilée qui énonce que tous les corps tombent de la même manière. Une expérience, STEP, menée à bord d'un satellite devrait bientôt départager ces théories en compétition, selon qu'elles attribuent des variations d'alpha à une variation de la charge de l'électron ou à celle de *c*. Nous attendons avec impatience ces nouvelles observations.

Au contraire, les rayons cosmiques d'énergie ultra-haute et les anomalies similaires découvertes par les astronomes ont beaucoup plus à dire sur les théories qui prédisent les variations de *c* avec la couleur. Ces théories impliquent également de nouveaux phénomènes comme la correction à $E = mc^2$ dont j'ai parlé. Chaque fois que je trouve une nouvelle prédiction, je me précipite à la recherche des physiciens expérimentateurs qui seraient capables de l'observer. La plupart du temps, ils me disent que je suis fou et qu'il n'existe aucun moyen de mesurer des effets aussi minimes avec les ressources actuelles. Mais je suis plus optimiste qu'eux, et j'ai toujours pensé que les expérimentateurs étaient plus intelligents qu'ils le pensent. Une preuve que la VVL est juste n'est peut-être pas si éloignée que cela.

Et si elle est fausse ? Il est amusant de voir que certains de mes collègues, une minorité en vérité, espèrent fermement voir *chuter* la VVL. Il s'agit de gens qui n'ont jamais eu le courage de chercher eux-mêmes quelque chose de vraiment neuf. C'est malheureusement un fait que certains savants ne s'éloignent jamais beaucoup des chemins battus, que ce soit en théorie des cordes, en cosmologie de l'inflation, ou dans la théorie du rayonnement cosmologique et sa mesure. Il est évident que quelque chose d'aussi audacieux que la VVL est un affront porté à l'image qu'ils se donnent, et ils ont donc *besoin* de la voir échouer. Mais ils sont à côté de la plaque. Si elle échoue, j'essaierai à nouveau avec quelque chose d'encore plus radical, car c'est de se perdre dans la jungle qui rend la science intéressante à pratiquer.

Il va sans dire que si la VVL se révèle correcte, ces personnes vont immédiatement renier toutes leurs insultes précédentes et se mettre à travailler dans ce domaine. Ce sont des moutons de Panurge, qui jouent la sécurité, mènent une vie facile, généreusement récompensés par les subventions et l'appui de l'establishment scientifique. On a souvent dit que toute idée nouvelle traverse trois phases aux yeux de la communauté scientifique. Dans la première, elle est considérée comme une aberration dont on ne veut pas entendre parler. Dans la deuxième phase, elle est considérée comme sans doute correcte, mais dénuée d'intérêt. Dans la troisième étape, il s'agit de la plus grande découverte jamais faite et tous s'en disputent la paternité. Sans nul doute, si la VVL est correcte, nous ne manquerons pas, parmi ses détracteurs actuels, de gens qui déformeront l'histoire pour proclamer leur priorité.

Il est tout aussi certain que je serai à ce moment-là parti dans une autre aventure intellectuelle.

Épilogue
Plus vite que la lumière

Au moment où est imprimé ce livre, personne ne sait si la VVL est juste ou fausse, et si elle est juste, sous quelle incarnation particulière. Nous ne savons pas non plus quelles pourraient être ses implications les plus immédiates : la cosmologie, les trous noirs, l'astrophysique, la gravité quantique ? Les indications présentes pour la VVL, les découvertes de John Webb et ses collaborateurs, les résultats des supernovae et les rayons cosmiques d'énergie ultra-haute, demeurent controversés. Mais, même si ces observations se révèlent être des illusions dues à des erreurs expérimentales, certaines théories VVL survivront. Le domaine sera juste un peu moins excitant. D'autres observations peuvent nous attendre juste au coin de la rue, prêtes à confirmer ou à réfuter la théorie. Tout est en suspens.

On me demande souvent si une telle situation est énervante, ou bien si je me sentirais humilié si la VVL est réfutée. Ma réponse est toujours qu'il n'y a aucune humiliation à voir sa théorie rejetée. Cela fait partie de la science. Ce qui est important est *d'essayer* de nouvelles idées, et quoi qu'il arrive à la VVL, c'est ce que j'ai fait. Je me suis battu pour élargir les frontières de la connaissance en sautant dans cette zone grise où les idées ne sont pas encore justes ou fausses mais ne sont que de simples ombres, des possibilités. Je me suis lancé dans l'obscurité de la spéculation, et j'ai ainsi participé à la Grande Histoire Policière, décrite de manière si vivante dans *L'évolution de la physique*, ce présent merveilleux que mon père m'a donné il y a tant d'années. Je ne regretterai jamais ce que j'ai fait.

Il y a une autre raison de ne rien regretter : les gens extraordinaires que la VVL m'a permis de rencontrer. Tous les personnages de ce livre sont devenus des amis proches, et je reste en contact avec tous. Rien que cela en valait la peine.

Je n'ai jamais travaillé à nouveau avec Andy, mais il est resté mon gourou. Je l'appelle toujours avant de disjoncter sur des questions de politique scientifique, mais je trouve amusant que ses conseils soient récemment devenus plutôt anarchistes. Andy a conservé un intérêt lointain dans la VVL, mais il s'intéresse maintenant à des idées plus orthodoxes. Il est actuellement à l'Université de Californie, à Davis, en train de construire un nouveau groupe de cosmologie. Sa famille et lui semblent très heureux de leur nouvelle vie. J'ai cependant parfois surpris Andy à grommeler que ses étudiants présents ne valent pas ceux du bon vieux temps de l'Imperial College.

John Barrow est parti s'installer à Cambridge, dans un vrai palais, et il est professeur à l'université. Il écrit toujours chaque année un livre et dix articles scientifiques au minimum. Nous avons continué à travailler de temps en temps ensemble, sur toutes sortes de théories de « constantes variables », la VVL entre autres. Il vient régulièrement à Londres, et nous nous rencontrons dans les nobles quartiers de la Royal Astronomical Society, qui est une sorte de club pour gentlemen anglais. Nous discutons, bavardons, et badinons en dégustant du vin, puis nous écrivons un nouvel article ensemble. Quelle manière très britannique de pratiquer la science…

Stephon est toujours à l'Imperial College, mais il est sur le point de retourner aux États-Unis comme post-doc à l'université Stanford. Il est plus que jamais une force de la nature, la source d'un courant inépuisable d'idées nouvelles en cosmologie et en théorie des cordes. Cela fait maintenant quelque temps que nous ne sommes pas allés au Globe, mais Stephon a croisé l'autre jour Son Éminence l'Aigle au volant d'un étincelant cabriolet BMW. Stephon a comme projet à long terme de lancer un nouvel institut de recherche aux Caraïbes, le CIAS (Carribean Institute of Advanced Study). C'est dans cette sorte d'initiative que réside le futur de la science.

Mais la personne dont je suis maintenant le plus proche est Lee, suite aux développements que j'ai racontés à la fin de ce livre. En fait, l'histoire se poursuit toujours et nous continuons à travailler sur notre version de la gravité quantique en trouvant des résultats de plus en plus intéressants. Nous nous rencontrons à Londres ou au PI, qui monte en puissance et qui est maintenant l'un des centres scientifiques les plus bouillonnants dans le monde. Le PI est actuellement hébergé dans un ancien restaurant, complet avec un bar et une table de billard, ce qui n'est peut-être pas sans rapport.

Un visiteur régulier des lieux est John Moffat, qui est maintenant à la retraite mais qui est toujours aussi prolifique. Certaines des idées récentes les plus excitantes sur la VVL lui sont dues, ainsi qu'à son collaborateur Michael Clayton. Je ne cesse de le pousser à écrire ses mémoires, tant il a traversé de choses, gaies et tristes en parts égales. Il forme également notre dernier lien avec la génération exceptionnelle des Einstein, Dirac, Bohr et Pauli, et vous pouvez me croire, les histoires que j'ai introduites dans ce livre ne sont qu'une petite partie de ce qu'il a à raconter. J'ai cependant récemment compris pourquoi il n'avait pas essayé de les publier : la physique n'est qu'une petite partie de son histoire. Nous sommes plus larges que la vie.

Avec un générique aussi éblouissant, je suis conscient de vous avoir raconté plus de détails privés qu'il n'est habituel dans un livre de ce genre. Je pense que cela a permis de transmettre le sentiment que la science n'est pas seulement amusante à faire, mais que c'est aussi une expérience humaine remarquable qui rassemble les gens. De ce point de vue, l'histoire de la VVL peut être animée, mais elle est loin d'être extrême. Je m'en suis rendu compte quand j'ai découvert l'histoire qui se cache derrière le livre favori de mon enfance, *L'évolution de la physique*, écrit par Einstein et Infeld. C'est en effectuant des recherches pour ce livre que je l'ai apprise.

Leopold Infeld était un savant polonais qui travaillait avec Einstein sur divers problèmes scientifiques importants dans les années 1930. Einstein commença à se comporter comme son mentor, et quand il devint clair qu'une invasion allemande de la Pologne se préparait, Einstein comprit ce qui allait arriver à Infeld s'il restait là-bas. Naturellement, Einstein décida de sauver son ami. Mais, vers la fin des années trente, il avait appuyé l'immigration de tant de familles juives que ses recommandations n'avaient pratiquement plus aucune valeur aux yeux des autorités américaines. Elles ignorèrent ses plaidoiries en faveur d'Infeld. Einstein essaya de lui trouver un poste de professeur dans une université américaine, mais les temps étaient durs et cela aussi échoua. Comme les tensions montaient en Europe, l'avenir d'Infeld semblait vraiment très sinistre.

De désespoir, Einstein se raccrocha à l'idée d'écrire un livre de vulgarisation scientifique en collaboration avec Infeld. Ce fut *L'évolution de la physique*, ce livre qui bien des années plus tard, allait me séduire par sa beauté unique et me conduire à devenir physicien. Ce livre, écrit en toute hâte en deux mois à peine, fut un tel succès qu'il rendit Infeld soudain désirable aux yeux des autorités américaines. Sans lui, Infeld aurait très probablement fini en fumée dans quelque enfer nazi.

L'histoire de la VVL n'est certes pas aussi dramatique, mais j'espère vous avoir montré que la science est avant tout une expérience humaine enrichissante, peut-être la plus pure que l'on puisse offrir dans un monde imparfait. J'espère aussi vous avoir montré ce qui se passe réellement au fur et à mesure que la science nouvelle se fait. Croyez-moi, cela n'a rien à voir avec les enchaînements rationnels et logiques que les historiens des sciences portent à notre crédit. Si vous considérez les « fermiers », ces enchaînements peuvent paraître un compte rendu fidèle de la réalité. Mais si vous considérez « les pionniers », l'histoire est très différente. Il s'agit de tâtonner dans le noir, d'essayer, d'essayer encore, et le plus souvent d'échouer de manière spectaculaire, mais sans jamais cesser d'être follement amoureux de votre quête ni d'être excité sans mesure par ce que vous faites.

Tandis que j'écris ces derniers mots sous les ciels bleus de l'Afrique de l'Ouest, je pense à une vieille femme que j'ai rencontrée hier dans un village perdu. Elle est l'arrière grand-mère de l'un de mes amis qui approche de la trentaine. Personne ne connaît son âge exact : à son époque, personne ne se préoccupait de compter les années, ou de mesurer la distance entre le berceau et le cercueil. Elle paraissait sage et belle, tandis qu'elle parlait de sa douce voix chaude, mélangeant les sons musicaux de la langue mandingue avec des grognements expressifs et des pauses, tout en regardant autour d'elle avec ses yeux étrangement troublants (j'appris ensuite qu'elle était aveugle).

Comme beaucoup de personnes âgées, elle aimait raconter son enfance, en ce temps lointain où personne n'avait jamais vu de blanc autour du village, bien que la Gambie soit leur colonie aux yeux des Britanniques (bon exemple de l'illusion du pouvoir). Elle disait que la vie était meilleure en ces jours, que les gens étaient plus heureux. Quand je lui demandai pourquoi, elle me répondit : « Il y avait plus de riz ».

En voyageant autour de ce village, je me rappelais les marins portugais du XVe siècle qui échangeaient des miroirs à bon marché contre de l'or auprès des tribus africaines locales. Les marins pensaient qu'ils escroquaient les Africains, mais réfléchissons un instant. La valeur de l'or est une pure convention, un accord non écrit initialement limité aux cultures européennes et asiatiques. Pour autant que je le sache, personne ne mange de l'or. Ce que les anciens Africains pensaient de ce commerce n'est pas connu, mais il est concevable qu'ils avaient l'impression d'escroquer les marins. Ils leur donnaient des morceaux de rocher inutiles en échange de remarquables objets qui leur permettaient de voir leur reflet.

Entre les savants et l'establishment, existe souvent un pareil trompe-l'œil culturel. Ils croient qu'ils nous possèdent, nous pensons que nous avons tout et qu'ils sont justes une bande de gens coincés. Ils ont le pouvoir, le succès facile et l'impression de tout contrôler, mais nous pensons qu'ils se trompent grossièrement. C'est nous qui avons le dernier rire glorieux, nous qui aimons l'inconnu par-delà toute tendance, politique ou ligne du parti. Nous aimons notre travail au-delà de tout ce que les mots peuvent décrire. Nous avons en partage toute l'allégresse de l'Univers.

Remerciements

Ce livre n'aurait pas été possible sans l'aide de Kim Baskerville, Amanda Cook et Susan Rabinder qui m'ont appris à lire et à écrire dans la belle langue anglaise. Je les remercie de ne jamais avoir perdu patience.

Ce livre n'existerait pas non plus, bien sûr, sans tous ses protagonistes. Je remercie mes compagnons d'armes, Andy Albrecht, John Barrow, John Moffat, Stephon Alexander et Lee Smolin. Ils ne sont pas seulement de grands savants mais aussi des êtres humains de grande valeur et je les remercie pour leur chaleureuse amitié.

Mais en toute honnêteté, je n'aurais jamais pensé diffuser la VVL si elle n'avait pas suscité une telle vague d'intérêt dans les médias. Je suis donc reconnaissant à nombre de personnes dans bien des pays, mais avant tout à David Sington, producteur du documentaire « La plus grande bévue d'Einstein », qui m'a ouvert la voie pour ce livre.

J'ai donné de nombreuses conférences dans des écoles et des lycées pendant l'écriture de ce livre. Ces élèves innocents ne savaient pas qu'ils me servaient de cobayes pour éprouver mes arguments. Je suis reconnaissant à plus d'un jeune esprit vif pour m'avoir ainsi éclairé.

Bien des remerciements également à Kim, Davis, Andy, les deux John, Stephon et Lee pour avoir relu les épreuves de ce livre et y avoir apporté de nombreux et riches commentaires.

Pour l'essentiel, ce livre n'a pas été écrit à Londres où je me suis plutôt consacré à mes travaux de recherche. Mes *griffonnages* ont donc eu lieu un peu partout, exacerbant mes tendances nomades, et je voudrais remercier pour leur hospitalité tous ceux qui m'ont accueilli, en particulier Gianna Celli du Centre Rockefeller de Bellagio.

Enfin, je voudrais dédier ce livre à mon père, Custodio Magueijo, qui m'a acheté tous ces livres excentriques quand j'étais enfant. C'est sans doute à lui que je dois le plus.

Crédits

Je veux remercier Paul Thomas pour les dessins du Chapitre 2, Meilin Sancho pour les photos d'Andy Albrecht et Stephon Alexander, le studio Pembrey à Cambridge pour la photo de John Barrow, Patricia Moffat pour la photo de son mari, Dina Graser pour la photo de Lee Smolin, *l'Astrophysical Research Consortium* et la collaboration *SDSS* pour la photo de la galaxie NGC6070, O. Lopez-Cruz, I. Sheldon, le *NOAO, l'AURA* et la *NSF* pour l'image optique de l'amas de Coma, le *ROSAT Science Data Center* et le *Max-Planck Institut für Extraterrestrische Physik* pour l'image en rayons X du même amas, et *le Goddard Space Flight Center* de la NASA et le *COBE Science Working Group* pour la carte établie par le *DMR*.

Au sujet de l'auteur

João Magueijo est docteur en physique, diplômé de l'Université de Cambridge. Professeur de physique théorique à l'Imperial College de Londres, où il fut boursier de recherche de la Royal Society, il fut aussi *professeur invité* à l'Université de Californie à Berkeley et à l'Université de Princeton.

Table des matières

1 Vraiment loufoque 1

Où un jeune et brillant physicien a l'idée de résoudre les paradoxes les plus irritants de la théorie du big bang en changeant une seule règle du jeu : la théorie de la relativité restreinte d'Einstein ! Les quelques années qui suivirent cette inspiration tombée du ciel un jour de pluie se révéleront d'une surprenante intensité.

Partie I
La vitesse de la lumière

2 Les rêves « bovins » d'Einstein 17

Comment le jeune Albert Einstein, à la suite d'un rêve surprenant, remet en question la nature de l'espace et du temps, et construit ainsi la théorie restreinte de la relativité. La constance de la vitesse de la lumière devient la pierre angulaire de la physique moderne.

3 Questions de gravité 49

Où il apparaît que réconcilier la gravité avec la relativité restreinte est un chemin long et laborieux même pour Einstein, mais aboutissant à ce triomphe qu'est la théorie générale de la relativité : l'espace et le temps sont des acteurs indissociables, modelés par la matière et l'énergie.

4 La plus grande erreur de sa vie 79

De la théorie de la relativité générale découlaient très naturellement l'expansion de l'Univers et le big bang. Einstein n'y croit pas et ajoute à sa théorie la « constante cosmologique », prédisant ainsi plutôt un

Univers statique, juste avant que les observations astronomiques n'indiquent le contraire !

5 Un sphinx dans l'Univers 97

Ne commettant pas la même erreur qu'Einstein, Friedmann prédit l'expansion de l'Univers et imagine des modèles qui permettent de décrire avec un grand succès sa structure et son évolution à grande échelle. Mais bien que théoriquement possible, cet Univers semble terriblement improbable.

6 Dieu sous amphétamines 133

La théorie de « l'inflation » ou la constante cosmologique (dont on limite les effets à une très brève période de l'histoire de l'Univers) permettent de résoudre nombre de paradoxes, jusque-là soumis aux cosmologistes. S'agit-il de réponses satisfaisantes ?

Partie 2
Des années lumineuses

7 Par un humide matin d'hiver 155

Où un jeune et brillant physicien a une subite inspiration pour dénouer les paradoxes de la cosmologie : la vitesse de la lumière change avec le temps. Contredisant la théorie de la relativité restreinte, cette intuition hétérodoxe n'enthousiasme pas, et son auteur lui-même ne progresse guère dans cette voie.

8 Les nuits de Goa 169

Une collaboration fiévreuse dénoue peu à peu les difficultés inhérentes à la théorie d'une vitesse variable de la lumière (VVL), certains obstacles conceptuels sont levés, et le projet de construire une théorie mathématiquement cohérente commence à prendre forme.

9 La crise de l'âge mûr 197

La perspective de remettre gravement en question l'héritage d'Einstein ne va pas sans perturber les physiciens. Un chercheur peut-il risquer une carrière et une réputation en se lançant sur des voies hétérodoxes, lorsqu'il commence à avoir des responsabilités et un nom ?

10 Le combat pour Gutenberg 219

En recherche, les idées nouvelles doivent suivre un véritable parcours du combattant pour se faire connaître : elles doivent recevoir l'agrément des revues bien établies qui décident — ou non — de les publier. La théorie de João Magueijo mit ainsi des mois avant d'être diffusée.

11 Le jour d'après 249

Comme toutes les nouvelles théories, la théorie VVL se découvre des précurseurs, et des querelles d'antériorité se font jour. Comme le plus souvent, les théories se révèlent suffisamment différentes et s'enrichissent mutuellement. Il est en fait possible de construire de nombreuses théories VVL, toutes cohérentes et soumises à l'épreuve de l'expérience.

12 Le mal des hauteurs 277

S'enrichissant de nouvelles idées, la VVL voit son domaine d'application s'étendre. Elle permet notamment d'imaginer que puissent un jour fusionner les deux grandes théories de la physique du XXe siècle que sont la relativité générale et la mécanique quantique.

Épilogue *Plus vite que la lumière* 311

Remerciements 317

Crédits 319

Au sujet de l'auteur 320

BIBLIOTHEQUE MUNICIPALE
MEYREUIL

047247-(I)-(3)-BOU 80°-INT-ABS

STEDI, 1, boulevard Ney, 75018 Paris
Dépôt légal, Imprimeur, n° 8128
Dépôt légal : octobre 2003
Imprimé en France